U0256832

GREEN BOOK

智库成果出版与传播平台

环境绿皮书

GREEN BOOK OF ENVIRONMENT

中国环境发展报告（2019~2021）

ANNUAL REPORT ON ENVIRONMENT DEVELOPMENT OF CHINA (2019-2021)

迈向多方参与的自然保护地体系建设

主 编／靳 彤

社会科学文献出版社
SOCIAL SCIENCES ACADEMIC PRESS（CHINA）

图书在版编目（CIP）数据

中国环境发展报告. 2019－2021：迈向多方参与的自
然保护地体系建设 / 靳彤主编. －－北京：社会科学文
献出版社，2021.12
（环境绿皮书）
ISBN 978－7－5201－9255－2

Ⅰ.①中…　Ⅱ.①靳…　Ⅲ.①环境保护－研究报告－
中国－2019－2021　Ⅳ.①X－12

中国版本图书馆 CIP 数据核字（2021）第 213875 号

环境绿皮书

中国环境发展报告（2019~2021）
　　——迈向多方参与的自然保护地体系建设

主　　编／靳　彤

出 版 人／王利民
责任编辑／陈　颖
责任印制／王京美

出　　版／社会科学文献出版社·皮书出版分社（010）59367127
　　　　　　地址：北京市北三环中路甲 29 号院华龙大厦　邮编：100029
　　　　　　网址：www. ssap. com. cn
发　　行／市场营销中心（010）59367081　59367083
印　　装／三河市东方印刷有限公司

规　　格／开　本：787mm×1092mm　1/16
　　　　　　印　张：20　字　数：295 千字
版　　次／2021 年 12 月第 1 版　2021 年 12 月第 1 次印刷
书　　号／ISBN 978－7－5201－9255－2
定　　价／138.00 元

本书如有印装质量问题，请与读者服务中心（010－59367028）联系

感谢阿里巴巴公益基金会和社会公益自然保护地联盟对本书出版的大力支持

环境绿皮书编委会

社会公益自然保护地联盟机构名单

（按拼音排序）

阿里巴巴公益基金会
保护国际基金会
北京慈海生态环保公益基金会
北京市企业家环保基金会
大自然保护协会
国际鹤类基金会
国际野生生物保护学会
合一绿学院
红树林基金会
老牛基金会
美境自然
巧女公益基金会
全球保护地友好体系
全球环境研究所
山水自然保护中心
深圳市一个地球基金会
世界自然保护联盟
世界自然基金会
桃花源生态保护基金会
腾讯公益慈善基金会
银泰公益基金会
云南省绿色环境发展基金会
中国绿化基金会
中国绿色碳汇基金会
中华环境保护基金会
自然之友

主要编撰者简介

靳　彤　北京大学动物学博士，大自然保护协会（TNC）中国项目科学主任。拥有近 20 年的一线研究与保护实践经验，深度参与了云南国家公园探索、滇金丝猴社区保护地、社会公益保护地等项目，主持和参与了多个自然保护地规划和流域保护修复规划，在国内外学术期刊上发表了 20 余篇文章。现领导中国 TNC 科学团队为自然保护地管理提升、基于自然的解决方案、流域保护修复等各领域工作提供科学支撑，依托项目实践进行最佳实践总结和工具方法开发，切实体现 TNC"以科学为基础"的工作方法。担任全球保护教练网络中国联络人、国际土地保护网络（ILCN）理事、社会公益自然保护地联盟执委会成员、社区保护地（ICCA）中国工作组成员、中国动物学会灵长类学分会理事。

摘　要

2018～2020 年是我国生态环境治理具有里程碑意义的一个阶段，习近平生态文明思想体系的确立和"生态文明入宪"，带动顶层设计取得了一系列意义深远的重要成果，将推动一系列结构性甚至是社会认知层面有利于绿色发展的变化。这三年是我国打响蓝天、碧水、净土三大污染防治攻坚战的关键执行期，环境质量稳中有升，空气、水和土壤污染防治都取得了一定的进步。但考虑到污染根本性的症结并没有得到大的改变，如源头治理的挑战、多方参与的不足、跨部门跨地区协调的复杂性，以及污染问题本身的不确定性，我们对于长期有效地解决生态环境挑战依然存疑。从长远来看，这些方面的进步可能才是环境治理见效的重要条件。本书总报告《污染防治攻坚战成效显著，环境污染根本症结仍未解决（2018～2020 年）》从顶层设计、法律制度建设、执法行动、污染防治效果等方面对中国环境保护的总体形势进行了详细的阐述和分析。

2018～2020 年，我国在自然生态环境保护方面也采取了很多新的举措，尤其是 2019 年中共中央办公厅、国务院办公厅印发了《关于建立以国家公园为主体的自然保护地体系的指导意见》，标志着我国自然保护地进入全面深化改革的新阶段。该指导意见强调了自然保护地建设"多方参与"的基本原则，明确指出要"探索公益治理、社区治理、共同治理等保护方式"，为民间力量参与建设和管理自然保护地提供了较大的政策空间。

社会公益自然保护地（简称"公益保护地"）就是为了填补现有保护地体系的空缺，补充已有保护地在资金、技术和人力等方面的不足，而探索的

一种由民间机构、社区或个人治理或管理的自然保护地模式。与政府管理的保护地相比，公益保护地更加灵活，在政府无法开展保护工作的地区，可以成为很好的补充手段。它不仅可以连接和扩大已有保护区，还可将集体土地和个人土地以较低成本纳入保护地中，为民间力量提供了参与保护工作的机会，也提供了新的保护地资金来源。2017 年，23 家机构联合发起成立了社会公益自然保护地联盟，旨在配合国家的生态文明建设，聚合公益机构力量，推动公益保护地发展，以期帮助国家有效保护 1% 的国土面积。

本书在"建设以国家公园为主体的自然保护地体系"的大背景下，以"社会公益自然保护地"为专题，对我国公益保护地的源起、现状、问题挑战、发展机遇与制度需求进行了详细的梳理和阐述，从国际视角回顾了公益保护地在其他国家的发展历程与经验教训，并从实践角度深度解读了 10 个不同类型的公益保护地，以期为公益保护地制度建设提出相应的政策建议，为推动公益保护地实践提供可资借鉴的经验参考。

目 录

Ⅴ 附录

皮书数据库阅读**使用指南**

总 报 告
General Report

G.1
污染防治攻坚战成效显著，
环境污染根本症结仍未解决
（2018～2020年）

彭 林　张伯驹[*]

摘　要：　2018～2020年，是我国环境治理具有里程碑意义的一个阶段。以习近平生态文明思想体系的确立作为引领，环境治理和绿色发展被赋予了前所未有的政治权威性，带动顶层设计取得一系列意义深远的重要成果，进而转化成更加具体的环保法律制度创新。这三年正好是污染防治攻坚战的执行期，是习近平生态文明思想和一系列新理念、新战略转化成实实在在的治理实践的重要周期，见证了我国环保执法行动的新突破、新高度。值得一提的是，2020年是一个非常特殊的年份。

---

* 彭林，政治学博士，广州市社会科学院副研究员，自然之友会员，主要研究方向为环境政治、灾害政治、城市政治；张伯驹，自然之友理事，中国环境科学学会环境管理分会委员，主要研究方向为环境治理、环境公共政策。

　这一年原本是"十三五"规划和污染防治攻坚战的收官之年,却在年初遭遇新冠肺炎疫情。这场严重的疫情给社会经济运作都带来了严重、持久的冲击。但对于污染防治攻坚战乃至环境治理全局而言,这场巨灾既带来了额外的压力和挑战,也注入了一些意外的反思和变革动力。

关键词： "十三五"　污染防治攻坚战　顶层设计　环境治理

一　习近平生态文明思想确立与顶层设计变化

　2018～2020 年,生态环境保护事业顶层设计取得了一系列重大的新突破,成为中国环境治理重要的转折点。其中,意义最为重大的是 2018 年 5 月在北京召开的全国生态环境保护大会(简称"生态环保大会")。生态环保大会正式确立习近平生态文明思想,生态文明建设的政治优先性被提升到了前所未有的高度。正如习近平在生态环保大会讲话中强调的那样:生态环境是关系党的使命宗旨的重大政治问题,也是关系民生的重大社会问题,最高领导层对提升环境治理的能力和治理效果展现出了前所未有的政治决心。

　作为对生态文明新思想和生态环保大会精神的落实,2018 年 6 月《中共中央　国务院关于全面加强生态环境保护　坚决打好污染防治攻坚战的意见》(简称《污染防治攻坚战意见》)印发,启动了为期三年的蓝天、碧水、净土三大污染防治攻坚战。2018 年 7 月 10 日,第十三届全国人大常委会第四次会议通过《关于全面加强生态环境保护　依法推动打好污染防治攻坚战的决议》,为各级机构完成污染防治政治任务提供有针对性的权威法制保障。

　生态文明建设顶层设计的第二大重要突破体现为"生态文明入宪"。2018 年 3 月 11 日,十三届全国人大一次会议表决通过宪法修正案,把新发展理念、生态文明和建设美丽中国的要求写入宪法。修正案还增设了国务院领导和管理生态文明建设的职权,强化了生态文明法治建设的宪法依据。

我国生态环境保护顶层设计的第三个里程碑变化是新组建了生态环境部和生态环境保护综合执法队伍。生态环境部统一行使生态和城乡各类污染排放监管与行政执法职责，被诟病多年的环境治理体系碎片化弊端有望逐步得到纠正，有助于增强环境治理体系的统一性、独立性、权威性和有效性。

顶层设计第四个重要变化体现为中共中央办公厅和国务院办公厅（简称"两办"）联合印发的一系列具体的改革方案和重要的政策指导意见。"两办"处于中国行政权力结构的顶端，颁布的政策文件具有很强的权威性和政策转化力。除了《污染防治攻坚战意见》外，2018年12月印发的《关于深化生态环境保护综合行政执法改革的指导意见》和《行业公安机关管理体制调整工作方案》，2019年印发的《关于建立以国家公园为主体的自然保护地体系的指导意见》和《关于在国土空间规划中统筹划定落实三条控制线的指导意见》，都涉及生态环境保护重要的改革创新领域，对相关领域的体制改革提出了具体思路。2020年印发的《关于构建现代环境治理体系的指导意见》，在明确强调党政领导地位的前提下，对环境治理的多元主体参与给予了迄今最权威的政治认可，对企业、社会组织和公众共同参与环境治理提出了具体的权威指导意见。

二　法律制度建设新发展①

在顶层设计升级完善的带动下，中观层面的专项环保法律制度在这三年也迎来新的发展。现代环境治理的一个重要特征就是法治化，而环境治理法治化的首要衡量标准就是专项立法的完善程度。2018～2020年，全国人大常委会一共完成12部生态环境领域专项法律的制定修改，进一步填补了环境立法空白。

---

① 本部分的内容重点参考杨朝霞、林禹秋、王赛《"十三五"期间环境立法工作不断完善》，中国网，http://www.china.com.cn/opinion2020/2020-10/26/content_76843057.shtml，2020年10月26日；李万祥：《生态保护领域立法扎实推进》，《经济日报》，http://www.ce.cn/xwzx/gnsz/gdxw/202101/31/t20210131_36276034.shtml，2021年1月31日。

其中，2018 年通过的《中华人民共和国土壤污染防治法》体现了我国立法的高水平，得到了专业法学界的认可。该法的亮点主要体现在三个方面：一是树立了风险防控原则，规定了土壤污染风险评估、管控、修复等系列制度；二是确立了分类管理原则，按照优先保护类、安全利用类和严格管控类等类别，对农用地进行分类施策；三是规定了对用途变更为住宅、公共管理与公共服务用地的事前土壤污染状况调查程序，强化了对人居环境安全的保障。

2020 年颁布的《中华人民共和国生物安全法》则成为全球首部旨在建立最广泛生物安全保障防线的生物安全专门法，具有重要的创新意义。该法采用了最广义的生物安全概念，对与生物利用直接或间接相关的公共卫生安全、生物技术安全、人类遗传资源与生物资源安全、微生物实验室安全、生态安全、农业生产安全、国防军事安全等一系列安全问题做出了全面规定。

2021 年正式施行的《中华人民共和国长江保护法》是我国首次在国家层面进行大江、大河全流域立法探索。立法专家在立法过程中超越传统的要素立法、行业立法、分散立法模式，采用整体主义立法思维，对长江经济带的生态环境保护和资源开发利用问题进行系统规定。该法还为将来其他江河流域立法和环境法典的出台积累了宝贵经验。

2020 年突发的新冠肺炎疫情也为生态环保立法提供了"意外"的积极动力，特别是直接推动了野生动物保护的立法进度。2020 年 2 月 24 日第十三届全国人民代表大会常务委员会第十六次会议通过了《全国人民代表大会常务委员会关于全面禁止非法野生动物交易、革除滥食野生动物陋习、切实保障人民群众生命健康安全的决定》，这是一项由最高立法机关以简易程序快速出台的专门决定，具有准法律效力，目的是在短时间来不及修法的情况下，尽快消除非法交易、滥食野生动物给公共卫生安全带来的重大风险隐患，实现依法有效应对新冠肺炎疫情。

除了立定新法外，立法机关还按照生态文明思想的要求对多部法律进行了修改。例如，2018 年修订的《中华人民共和国农村土地承包法》贯彻了"发展的生态化"理念，要求土地经营权流转不得破坏农业综合生产能力和农业生态环境。2019 年修订的《中华人民共和国森林法》明确将"践行绿水青山就是金山银山理念"作为立法目的，规定在符合公益林生态区位保护要求和不影响公益林生态功能的前提下，可以基于科学论证合理利用公益林林地资源和森林景观资源，适度开展林下经济、森林旅游等。2019 年修订的《中华人民共和国土地管理法》贯彻了"空间的有序化"理念，统筹城乡生产、生活、生态用地，通过空间利用规划制度和用途管制制度，强化了对湿地、林地、草地等生态用地的保护，增加了对耕地质量保护的规定，要求按照耕地总量不减少、质量不降低的原则防止土地荒漠化、盐渍化、水土流失和土壤污染。2020 年修订的《中华人民共和国固体废物污染环境防治法》，在生活垃圾分类、限制过度包装、危险废物分级分类管理等方面做了专门规定。

三 执法行动强度空前

2018～2020 年是污染防治攻坚战役的三年执行期，这个时期的环境治理从政治优先性到行动强度都被提升到了前所未有的水平。

两办印发《污染防治攻坚战意见》标志着污染防治三年攻坚行动正式启动。但实际上，这场规模和强度都空前的污染整治行动的系统部署可以上溯到 2017 年，包括 2017 年两会政府工作报告、11 月召开的党的十九大、12 月召开的中央经济工作会议等重要政治场合，都对未来三年的污染防治攻坚战做出了筹划。2018 年 4 月，习近平总书记主持召开中央财经委员会第一次全体会议，研究打好污染防治攻坚战的总体思路，再次明确提出要打赢蓝天保卫战，还提出打好柴油货车污染治理、城市黑臭水体治理、渤海综合治理、长江保护修复、水源地保护、农业农村污染治理攻坚战等标志性重大战役。

污染防治攻坚战以大气污染、水污染和土壤污染为重点治理对象，但有排序侧重：大气污染最优先、最关键，水污染和土壤污染次之。2017 年两会期间李克强总理在政府工作报告中首次提出"打赢蓝天保卫战"；2017 年底召开的中央经济工作会议进一步提出，打赢蓝天保卫战是污染防治的重

点。决策者之所以将防治大气污染作为最优先目标，不仅是因为大气污染对公共健康影响最直接、最广泛，而且空气污染的变化相对更直观，无论是恶化还是改善，都更容易被公众感受到，能够"明显增强人民的幸福感"。

三年行动计划从组织形式和组织过程来看属于典型的运动模式，但政治规格更高，贯彻力度更强，周期也较长，而且配套了一系列更复杂、更有针对性的组织手段和技术手段来提高执行效果。比如，利用新发展起来的环保督察机制来提高污染防治攻坚战役的执行力度和质量。2019年开展第二轮例行环保督察，受理转办群众举报问题多达1.89万件。聚焦打好长江保护修复攻坚战和打赢蓝天保卫战等重点工作，开展中央生态环境保护专项督察。① 污染治理离不开高水平的科技支撑，为了提高贯彻水平，中央对污染严重、治理难度较大的地区和企业组织专家团队开展专项攻关、"一市一策"驻点帮扶。

四　污染防治攻坚战效果

（一）大气污染防治

大气污染治理是污染防治攻坚战任务最重、优先性最强的部分，被中央视为重点突破方向。相应地，针对大气污染治理的政治、制度配套也最为充分，贯彻压力尤其大。2018年印发的《打赢蓝天保卫战三年行动计划》（简称《三年行动计划》）提出了具体的大气污染整治目标：到2020年，二氧化硫、氮氧化物排放总量分别比2015年下降15%以上；PM2.5未达标地级及以上城市浓度比2015年下降18%以上，地级及以上城市空气质量优良天数比例达到80%，重度及以上污染天数比例比2015年下降25%以上。

在力度空前的政治动员和连续4年（从2017年算起）的资源投入之

---

① 李干杰：《深入贯彻落实中央经济工作会议精神　坚决打好污染防治攻坚战》，《中国环境监察》2019年第1期；李干杰：《坚决打好打胜污染防治攻坚战》，《人民日报》2020年1月16日。

下，2018~2020 年全国大气质量整体情况相较于往年有所改善，并超额实现"十三五"提出的总体目标和量化指标。2018 年，全国 338 个地级及以上城市中，217 个城市环境空气质量超标，占全部城市数的 64.2%，而空气质量达标的城市仅为 121 个，占全部城市数的 35.8%。2019 年，空气质量达标的城市数量增加到 157 个，占全部城市数的比例提升到 46.4%；环境空气质量超标城市下降到 180 个，占全部城市数的 53.3%。到《三年行动计划》收官之年的 2020 年，6 项主要污染物平均浓度同比均明显下降。全国 PM2.5、PM10、O_3、SO_2、NO_2、CO 平均浓度同比分别下降 8.3%、11.1%、6.8%、9.1%、11.1%、7.1%。其中，O_3 浓度自 2015 年以来首次实现下降；NO_2 浓度在连续几年基本维持不变的情况下明显下降。2020 年第四季度，京津冀及周边地区、汾渭平原等重点地区 39 个城市 PM2.5 平均浓度为 62 微克/立方米，比 2016 年同期下降 39%；重污染天数比 2016 年同期下降 87%。全国地级及以上城市优良天数比例为 87%，比 2015 年上升 5.8个百分点（目标为 3.3 个百分点）；全国 PM2.5 平均浓度为 33 微克/立方米，PM2.5 未达标城市平均浓度比 2015 年下降 28.8%（目标为 18%），均超额完成《三年行动计划》的目标要求。[1]

整体污染防控目标的实现证明了专项整治的成效，但重点地区的污染仍然严重。例如，2018~2019 年，大气污染在多个重点区域仍出现明显的季节性反弹。2018 年 11 月至 2019 年 3 月初，京津冀及周边地区、汾渭平原，以及华中、华东部分区域多次出现大范围重污染天气。2019 年 1 月，全国 168 个重点城市中逾百座 PM2.5 浓度同比上升。其中，京津冀及周边地区"2+26"城市平均优良天数占比为 35.3%，同比下降 13.9 个百分点；PM2.5 浓度为 108 微克/立方米，同比上升 16.1%。[2] 2020 年新冠肺炎疫情期间的"春节霾"更反映出大气污染治理的任重道远。2020 年 1~2 月，在

① 数据整理自生态环境部：《生态环境部召开 2 月例行新闻发布会》，2021 年 2 月 25 日，http://www.mee.gov.cn/xxgk2018/xxgk/xxgk15/202102/t20210225_ 822424. html。

② 公众环境研究中心：《秋冬季污染反弹考验"差别化"管理》，2019 年 4 月 16 日，https://wwwoa.ipe.org.cn//Upload/202002270853082136.pdf。

新冠肺炎疫情导致社会经济活动水平大规模下降的背景下，华北甚至华中地区在春节期间仍然出现大范围雾霾，空气污染严重。

造成大气污染季节性反弹的深层次原因在于以重工业为主的产业结构、地方经济发展压力以及长期的治理能力欠缺，这些结构性问题难以通过短时间的"运动式"治理获得明显改观。以2020年新冠肺炎疫情期间的"春节霾"为例，虽然社会活动水平下降，连总体排放都下降了30%，但工业生产并没有停止，特别是像钢铁、化工、焦化这样的高排放、高耗能重工业生产还要维持，重污染天气的重要诱因并没有明显消减。① 随着2018~2019年对企业进行"差别化"监管，华北等地区钢铁和焦化等高排放行业的产量有所反弹，燃煤排放增加。而这些高排放产业的生产高峰期就集中在10月之后。以钢产量大省河北为例，正是由于差别化监管，不再实行2017年那样的"一刀切"全行业限产，2018年河北钢铁产量大幅上升，11月的粗钢产量同比增幅超过20%。② 此外，伴随着产量上升，一些重点企业的环境表现出现下滑，环境违法现象重新抬头。③

2020年2月底生态环境部对《三年行动计划》进行总结指出，京津冀及周边地区和汾渭平原污染相对较重。从重点区域看，长三角地区空气质量总体基本达标；京津冀及周边地区和汾渭平原PM2.5和O_3浓度仍然超过国家二级标准。而且京津冀及周边地区、汾渭平原、东北地区、西北地区在"个别时段重污染天气仍有发生"④。重点地区大气污染的季节性反弹，说明"蓝天保卫战"依然面临地方经济粗放式发展等诸多因素的制约，政策的有效落实和目标达成仍需坚定地推动和社会各界的广泛合作。

① 《生态环境部部长黄润秋在两会"部长通道"接受媒体采访》，2020年5月26日，https：//baijiahao.baidu.com/s？id=1667749802513356890&wfr=spider&for=pc。
② 中商产业研究院：《2018年河北省粗钢产量同比增长0.8%》，https：//s.askci.com/news/chanxiao/20190130/1451231141094.shtml。
③ 公众环境研究中心：《秋冬季污染反弹考验"差别化"管理》，2019年4月16日，https：//wwwoa.ipe.org.cn//Upload/202002270853082136.pdf。
④ 生态环境部：《生态环境部召开2月例行新闻发布会》，2021年2月25日，http：//www.mee.gov.cn/xxgk2018/xxgk/xxgk15/202102/t20210225_822424.html。

（二）水污染防治

污染防治攻坚战的第二大战役是针对水污染的碧水保卫战。2018～2020年，在中央和各地的努力下，《水污染防治行动计划》及碧水保卫战目标任务基本实现，我国地表水质量整体情况得到进一步改善。2018年全国地表水Ⅰ～Ⅲ类水体比例为71%，比2017年上升3.1个百分点，劣Ⅴ类比例为6.7%，比2017年下降1.6个百分点。2019年全国地表水质量达到或好于Ⅲ类水体比例上升到74.9%，地表水质量劣Ⅴ类水体比例下降到3.4%。2020年，全国1940个地表水国控断面中，Ⅰ～Ⅲ类水体比例为84.6%，劣Ⅴ类水体比例进一步下降到1.0%。江河水质也得到进一步改善，Ⅰ～Ⅲ类水质断面比例从2018年的74.3%提升到2020年的88.7%，劣Ⅴ类断面比例从2018年的6.7%下降到2020年的0.9%。引人注目的重点城市黑臭水体的环境整治，从生态环境部公布的结果来看，工作完成比例超过90%，完成了《三年行动计划》设定的目标。全国湖泊整体水质也得到了提升，2019年劣Ⅴ类水质湖泊（9个）占比较2018年下降了0.8个百分点，2020年比2019年又下降1.9个百分点。①

但与大气污染相似，全国水环境治理存在明显的不平衡、不协调的问题，不同地区、不同流域、不同水体的污染治理效果不尽相同。从地区横向比较来看，河北、山东、云南、陕西和新疆5省区的劣Ⅴ类水体比例偏高；从不同河流比较来看，劣Ⅴ类水质比例较高的河流依然集中在海河（劣Ⅴ类占比7.5%）、辽河（劣Ⅴ类占比8.7%）和黄河（劣Ⅴ类占比8.8%）流域，制造业发达、水环境污染压力更大的长江（劣Ⅴ类占比0.6%）、珠江（劣Ⅴ类占比3%）和浙江、福建一带（劣Ⅴ类占比0.8%）流域的水质反而总体更好，劣Ⅴ类水质比例明显低于华北和东北地区流域水质。从湖泊来看，重点地区的主要湖泊整体水质仍有待改善，特别是湖泊富营养化治理依然非常艰难。目前，中国最大的三个湖泊（鄱阳湖、洞庭湖、太湖）都是轻度富营养化。2020年，全国99个监测湖库中，中度富营养的有5个，轻

---

① 数据整理自2018～2020年《中国生态环境状况公报》。

度富营养的有 14 个。个别重点监测湖泊，比如巢湖和洱海水质还出现下降。① 我国湖泊富营养化的最主要原因是农业面源污染，防控难度大，还需要长期投入、长期治理。

海洋生态环境治理也是碧水保卫战的重要组成部分。2018 年生态环境部的组建标志着我国海洋环保工作进入一个新的发展阶段。生态环境部整合了原环保部和原国家海洋局的海洋生态环保职能，2019 年 5 月 9～10 日召开的全国海洋生态环境保护工作会议指出，当前海洋生态环境保护在工作格局、工作目标、工作方式、工作区域上已发生重大转变，改善海洋生态环境质量成为海洋环保核心。生态环境部于 2019 年首次发布《中国海洋生态环境状况公报》，在内容上将原环保部的《近岸海域生态环境质量公报》和原国家海洋局的《中国海洋环境状况公报》整合在一起。该公报显示，全国近岸海域水质级别为一般，劣Ⅳ类水质海域主要分布在辽东湾、黄河口、江苏沿岸、长江口、杭州湾、浙江沿岸、珠江口等经济发达地区的近岸海域，主要污染指标为无机氮和活性磷酸盐。2018～2019 年，生态环境部监测的点位中，优良（Ⅰ类和Ⅱ类）海水比例从 74.6% 上升到 76.6%，劣Ⅳ类海域面积减少 4930 平方千米。2018 年监测的 194 个入海河流断面，劣Ⅴ类水质断面虽然比 2017 年下降了 6.1%，但仍达到 29 个，占比达 14.9%。2019年劣Ⅴ类水质断面显著减少，下降到 8 个，但Ⅲ、Ⅳ类水质断面都比上年度有所增加。2020 年，渤海、黄海海域未达到Ⅰ类水质的海域面积也有所增加。②

全国不同海域水质也存在明显差别。辽东湾和渤海湾污染严重，东海近岸海域水质较差，黄海 2018 年劣Ⅳ类海域面积较 2017 年有所增加。沿海省份中，海南、河北和广西近岸海域水质优，山东、辽宁和福建近岸海域水质

---

① 生态环境部：《生态环境部通报 2020 年 12 月和 1～12 月全国地表水、环境空气质量状况》，2021 年 1 月 16 日，http://www.gov.cn/xinwen/2021-01/16/content_5580339.htm；曲久辉：《怎样才能治好我们的水》，《净水技术》，2020 年 8 月 18 日，https://mp.weixin.qq.com/s/UoNyftIzZjpy_g6kdzOvlw。

② 数据整理自 2018～2019 年《中国海洋生态环境状况公报》及生态环境部 2 月例行新闻发布会。

良好，江苏和广东近岸海域水质一般，天津近岸海域水质差，浙江和上海近岸海域水质极差。①

渤海作为海洋生态环境治理的重点和污染防治攻坚的标志性内容，被生态环境部作为攻关对象。生态环境部会同有关部门和环渤海三省一市于2018年11月发布了《渤海综合治理攻坚战行动计划》。经过近三年的努力，2020年渤海近岸海域优良水质比例达到82.3%，同比增加4.4个百分点，高于73%的任务目标；被纳入渤海入海河流劣Ⅴ类国控断面整治专项行动的10个重点断面完成消劣；累计完成滨海湿地整治修复8891公顷，整治修复岸线132公里，后两项指标均大幅度超过《三年行动计划》设定的目标。②

作为污染防治《三年行动计划》的另两个标志性战役，水源地和重点城市黑臭水体的环境整治同样引人注目。从生态环境部公布的结果来看，两项工作完成比例均超过90%，都完成了《三年行动计划》设定的目标。然而高完成率的背后仍有隐忧。以黑臭水体整治为例，整治方式以工程式治理为主，虽然投入巨额资金，却缺乏有效验收、监督和长效保障机制，再加上源头污染治理仍然存在漏洞，一些城市水体在治理后再次污染的风险依然严峻。例如，安徽、江苏、湖南、广东等省的部分城市在2018~2019年都出现过上报已完成整治的黑臭水体返黑返臭的情况。③ 而且2018年以来的经济下行，再叠加新冠肺炎疫情带来的经济压力，会容易引起一些地方排放源的污染反弹，水污染治理依然任重道远。

① 数据整理自2018~2019年《中国海洋生态环境状况公报》及生态环境部2月例行新闻发布会。

② 生态环境部：《生态环境部召开2月例行新闻发布会》，http://www.mee.gov.cn/xxgk2018/xxgk/xxgk15/201901/t20190127_691113.html。

③ 程士华：《近三分之一水体返黑返臭 安徽芜湖黑臭水体整治敷衍被通报》，新华网，2018年12月4日，http://www.xinhuanet.com/politics/2018-12/04/c_1123806927.htm；薛玲：《整治后的水体为何还会返黑返臭？这次会议专题询问水污染防治》，扬子晚报网，2019年5月24日，https://www.yangtse.com/content/710171.html；生态环境部：《广东清远市黑臭水体整治弄虚作假 周边居民叫苦不迭》，2018年6月11日，http://www.mee.gov.cn/gkml/sthjbgw/qt/201806/t20180611_442890.htm；白田田：《湖南通报城乡黑臭水体整治进展，部分黑臭水体出现返黑返臭现象》，新华社，2018年10月26日，http://www.gov.cn/xinwen/2018-10/26/content_5334606.htm。

（三）土壤污染防治

在这三年中土壤污染治理有两个重大事件。第一个大事件是《中华人民共和国土壤污染防治法》（简称《土壤污染防治法》）的出台。《土壤污染防治法》不仅填补了该领域立法的长期空白，还为将来更加规范、精细、科学地治理奠定了基础。另一个重大事件是中央统一部署的净土保卫战。土壤污染防治被纳入高规格、全国性的专项整治行动，这本身就是我国环境治理的一个新突破。不过，从目标的细化和量化程度，以及实际整治效果来看，净土保卫战暴露出的问题比较多。这不仅归因于我国土壤污染问题面积大、积累重，还要归因于基础治理能力不足，缺乏全面和公开的权威数据信息。以2018年和2019年的《中国生态环境状况公报》为例，相较于大气环境和水环境大量翔实的数据信息，土壤环境质量的部分非常简短，公布数据的充实和详细程度明显不足。不仅如此，2018年公报中土地资源及耕地面积、农业面源等重要的土壤环境相关信息仍沿用2017年的数据，当年数据并未更新。2019年首次公布全国耕地质量等级数据和水土流失数据，但总体土壤环境质量数据仍很粗略。但无论如何，三年的净土保卫战，结合《土壤污染防治法》的颁布实施，为今后科学有效的土壤污染治理奠定了新的起点。

（四）生态环境治理的其他重要方面

1. 自然生态保护与生态质量

进入"十三五"阶段以后，生态环境质量成为我国生态环境治理的关注重点，折射出我国环境治理整体理念和治理方式的转型升级。这三年，全国生态环境质量总体保持稳定，略有好转。2018年全国生态环境质量优和良①的

---

① 依据《生态环境状况评价技术规范》（HJ192—2015）评价。生态环境状况指数大于或等于75为优，植被覆盖度高，生物多样性丰富，生态系统稳定；55～74为良，植被覆盖度较高，生物多样性较丰富，适合人类生活；35～54为一般，植被覆盖度中等，生物多样性一般，较适合人类生活，但有不适合人类生活的制约性因子出现；20～34为较差，植被覆盖度较差，严重干旱少雨，物种较少，存在明显制约人类生活的因素；低于20为差，条件较恶劣，人类生活受到限制。

县域面积占国土面积的 44.7%，2020 年上升到 46.6%，主要分布在青藏高原以东、秦岭 - 淮河以南及东北的大小兴安岭地区和长白山地区；生态环境质量一般的县域面积占比从 2018 年的 23.8% 下降到 2020 年的 22.2%，主要分布在华北平原、黄淮海平原、东北平原中西部和内蒙古中部；生态环境质量较差和差的县域面积变化不大，从 2018 年的 31.6% 小幅下降到 31.3%，主要分布在内蒙古西部、甘肃中西部、西藏西部和新疆大部。①

海洋生态系统健康状态较差，河口、海湾、滩涂湿地、珊瑚礁、红树林等典型海洋生态系统，只有 23.8% 处于健康状态，76.2% 处于亚健康和不健康状态。其中，所有河口、海湾和滩涂湿地都处于亚健康和不健康状态。到了 2019 年，处于健康状态的海洋生态系统比例进一步下降到 16.7%，处于亚健康和不健康状态的生态系统比例则上升到 83%。②

外来物种入侵是我国面临的严峻生态环境威胁，并且呈逐年上升趋势。截至 2019 年，全国已发现 560 多种外来入侵物种，其中 213 种已入侵国家级自然保护区。71 种危害性较高的外来入侵物种先后被列入《中国外来入侵物种名单》，52 种外来入侵物种被列入《国家重点管理外来入侵物种名录（第一批）》。③

在生态红线方面，2018 年度初步完成了京津冀、长江经济带和宁夏等 15 个省份生态保护红线的划定，山西等 16 个省份基本形成划定方案。生态环境部等七部门联合开展"绿盾 2018"自然保护区监督检查专项行动，查处了一批破坏生态环境的违法违规案件。

值得注意的是，随着以公益组织为主体的"社会公益自然保护地联盟"的成立，社会力量更深入地参与到自然生态保护工作当中。2018 年，社会公益自然保护地联盟建立社会公益自然保护地规范、标准和评估体系以支持一线公益机构开展保护工作，并提出具体的保护目标：到 2030 年帮助国家有效保护 1% 的国土面积。

---

① 数据整理自 2018 ~ 2020 年生态环境部发布的《全国生态环境质量简况》。
② 数据整理自 2018 ~ 2019 年《中国海洋生态环境状况公报》。
③ 数据整理自《2019 年中国生态环境状况公报》。

2. 气候变化应对与能源改革

气候变化对生态环境和人类生存环境的负面影响主要体现为极端气候增加和海平面上升。2018～2020年，全国平均气温持续偏高，2018～2020年的全国平均气温分别为10.1℃、10.34℃、10.25℃，分别比常年偏高0.5℃、0.8℃和0.7℃。2018～2020年，全国主要地区连续高温天数增加。2019～2020年冬季全国气温为1961年以来历史同期第五高，其中山东、江苏、安徽、浙江和广东五省经历了历史最暖冬季。①

与温度升高相关的极端天气增加的趋势在过去三年不断增强。中国气象局的数据显示，2018年全国平均降水量较常年偏多，2019年降水量虽然比2018年偏少，但仍比常年偏多2.5%。2020年全国平均降水量较常年偏多10.3%，为1951年以来第四多。七大江河流域，除珠江流域外，其他流域降水量均偏多。其中，2020年长江流域和黄河流域的降水量均为1961年以来同期最多，长江流域出现了1998年以来最严重汛情，全年气象灾害造成的直接经济损失较近十年平均偏多。

气候变化与极端天气增加的相关性还可以从华南地区台风和强降雨规律的变化当中体现出来。研究显示，过去10年平均气温的持续增高，导致我国华南地区台风数量减少，但单个台风强度和破坏力增加。② 广州市气象局的数据还显示，升温还导致强降雨的降水强度增加，而且强降雨的时段向凌晨偏移，导致灾情预防和应急响应难度增加，造成严重损失的风险增加。③

气候暖化还导致海平面上升，不仅侵蚀陆地，威胁沿海基础设施，还会导致破坏性风暴潮和洪水的增加。2018～2019年，我国沿海海平面总体呈波动上升趋势，1980～2019年，上升速率为3.4毫米/年。2018年中国沿海

---

① 数据整理自2018～2020年《中国生态环境状况公报》《中国气候公报》；中国气象局微信公众号：《官宣！又是一个暖冬》，2020年3月4日，https://mp.weixin.qq.com/s/vH0kMTk41Dugau5lnry9ww。

② 刘绍臣：《气候暖化背景下极端天气事件频发》，广州市气象局气象灾害应急防御工作研讨会，2021年3月3日。

③ 广州市气象局：《广州市2020年气候概况及2021年气候预测》，广州市气象局气象灾害应急防御工作研讨会，2021年3月3日。

海平面比常年高48毫米，2019年比常年高72毫米，为1980年以来第三高，而过去10年中国沿海平均海平面均处于近40年来的高位。①

在碳排放强度方面，经初步核算，2018年单位国内生产总值二氧化碳排放比2017年下降约4.0%，超过年度预期目标0.1个百分点；比2005年下降45.8%，超过了"到2020年单位国内生产总值二氧化碳排放降低40%~45%"的目标。

从能源结构来看，2018~2020年，全国煤炭消费量绝对增长，但在能源结构中所占比例持续下降。2018~2020年，全国能源消费总量从46.4亿吨标准煤增长到49.8亿吨标准煤，实现了"十三五"规划纲要制定的"能源消费总量控制在50亿吨标准煤以内"的目标，而且天然气、水电、核电、风电等清洁能源消费占能源消费的总量比重从2018年的22.1%提升到24.3%，煤炭消费量占能源消费的总量比重则从2018年的59.0%下降到2020年的56.8%。②

能源领域一个值得关注的新热点是以电动汽车为代表的新能源汽车产业发展及其给我国环境治理带来的新动能。长远来看，新能源汽车的技术迭代和普及有助于提高能源利用效率，促进更统一的碳排放控制，降低对石化能源的依赖性，减少对环境的不利影响。③而电动化+自动驾驶+网联化的交通出行模式，有助于提高出行效率，④长远来看有可能推动共享交通的发展，降低私家车消费，甚至有可能催生效率更高、环境更好的城市空间规划模式，减轻公共部门和私营部门在交通基础设施方面的投资压力。⑤

3. 固体废弃物管理，疫情防控与经济发展平衡

固体废弃物管理按照废弃物产生源头可以划分为生活垃圾、建筑垃圾、工

① 数据整理自2018~2020年《中国生态环境状况公报》《中国气候公报》。

② 数据整理自2018~2020年《中国生态环境状况公报》和《中华人民共和国国民经济和社会发展统计公报》。

③ Securing America's Future Energy, *America's Workforce and the Self-Driving Future: Realizing Productivity Gains and Spurring Economic Growth*, 2018, https://avworkforce. secureenergy. org.

④ 高亢：《电动、智能化共享出行方式将提高民众出行效率》，新华社，2019年1月12日，https://baijiahao. baidu. com/s? id = 1622455550747647231&wfr = spider&for = pc。

⑤ 第一作者对文远知行（WeRide）工作人员的访谈，广州，2020年12月6日上午。

业垃圾、危险废物等主要方面。中央部署的污染防治攻坚战包含与固体废弃物管理相关的内容，主要按照废弃物的环境影响，分布在"蓝天保卫战"和"净土保卫战"两大专项整治行动框架下。其中，前者主要针对露天垃圾焚烧和垃圾发电企业超标排放，后者主要体现在危险废物整治、城镇生活垃圾无害化处理和"无废城市建设"目标上。笔者结合国家部署的专项污染防治行动，从更加整体性的角度来分析这三年我国固体废弃物的环境影响和治理效果。

在主要固废处理门类中，危险废物被认为是"重中之重"，并且成为三年污染防治攻坚战役的重要整治对象。2019 年 10 月，生态环境部下发《关于开展危险废物专项整治工作的通知》，针对危废的全国性执法行动启动了。但这场中央组织的专项整治行动主要是针对工业废物，排查对象主要是"化工园区、重点行业危险废物产生单位、所有危险废物经营单位"。但另外一类由固废处理产生的危险废物——飞灰却没有得到足够的关注，针对这类危险废物的监管体系甚至基础研究都仍然存在明显不足。

飞灰治理暴露出来的缺陷，一定程度上折射出我国整个生活垃圾处理部门环境污染监管存在的不足。国家发改委和住建部在 2016 年发布《"十三五"全国城镇生活垃圾无害化处理设施建设规划》，设定了我国生活垃圾处理整体沿着重焚烧、偏后端的技术路线。在国家政策的直接推动下，2016～2020 年全国垃圾焚烧厂数量和垃圾焚烧量持续增长。2018 年，全国正式投入运营的垃圾焚烧厂有 389 个，2020 年则增长到 492 个，有焚烧炉 1202 座，垃圾焚烧占垃圾无害化处理总量的比例从 2014 年的 32% 提升到 2019 年的51%，提前达到"十三五"规划目标。同样是在 2018 年，垃圾焚烧处理量首次超过卫生填埋量。[①] 垃圾焚烧有助于快速减量，减轻土地占用和土壤污染，还能够实现热能发电。但由于我国生活垃圾湿度较高、分类水平较差，

---

① 芜湖生态中心：《垃圾焚烧行业民间观察报告第四期：359 座生活垃圾焚烧厂信息公开与污染物排放报告》，2020 年 10 月 23 日，http://www.waste - cwin.org/node/2643；全国能源信息平台：《31 省 492 家垃圾焚烧项目势力分布统计报告之一》，2020 年 10 月 23 日，https://baijiahao.baidu.com/s? id = 1681319127411701706&wfr = spider&for = pc；朱茜：《2021 年中国垃圾发电产业图谱》，2021 年 1 月 18 日，https://mp.weixin.qq.com/s/szWHlobVV - WmJdQ4Wxrncg。

再加上监管体系和监管能力不足，伴随着垃圾焚烧行业的扩张，这项废弃物处理技术产生的空气污染和健康风险逐渐被放大。第三方机构调查报告显示，2017年31座垃圾焚烧厂累计超标排放高达3349次，2018年45座焚烧厂超标排放更是高达6335次。[①]

环境监管部门也注意到日益严重的焚烧厂超排违排问题。例如，2017年环保部下发通知，要求垃圾焚烧企业全部于2017年9月30日前完成"装、树、联"三项任务（简称"三项任务"），[②] 但根据生态环境部2019年公布的数据，完成三项任务的垃圾焚烧厂有353家，与投产企业总数相比仍存在较大的缺口。2018年3月新组建的生态环境部通过了《生活垃圾焚烧发电行业达标排放专项整治行动方案》。针对垃圾焚烧发电行业超排的执法还被纳入"蓝天保卫战"计划，在全国开展专项整治，对环境管理不到位的150家垃圾焚烧发电厂开展专项整治行动，目前已经全部完成整改任务。其中关闭10家，停产整治4家，投入改造资金达10亿元。但考虑到实时监管体系仍未实现全覆盖，监管能力存在欠缺，再加上"重焚烧、轻回收、重后端处理、轻源头减量"政策激励结构短时间内难以扭转，焚烧发电企业超排违排的问题仍需要通过长期的多方努力才有可能得到有效遏制。

值得注意的是，2020年的突发新冠肺炎疫情给固体废弃物管理带来了意外冲击，特别突出的一点就是以医疗废弃物为主的危险废物大规模增加，加大了污染治理难度。根据生态环境部2020年底公布的数据，全国医疗废弃物处置能力每天为6200多吨，较疫情前增加了27%。为了应对疫情造成的压力，生态环境部要求医疗废弃物处理严格做到两个100%，即医疗机构及设施环境监管和服务100%全覆盖，医疗废弃物、废水收集处置100%全

---

① 芜湖生态中心：《垃圾焚烧行业民间观察报告第四期：359座生活垃圾焚烧厂信息公开与污染物排放报告》，http://www.waste-cwin.org/node/2643；全国能源信息平台：《31省492家垃圾焚烧项目势力分布统计报告之一》，https://baijiahao.baidu.com/s?id=1681319127411701706&wfr=spider&for=pc；朱茜：《2021年中国垃圾发电产业图谱》，2021年1月18日，https://mp.weixin.qq.com/s/szWHlobVV-WmJdQ4Wxrncg。

② "装"是指所有企业依法安装自动监测设备；"树"是指企业树立显示屏，向公众公开实施监控数据；"联"是指所有企业依法与环保部联网，并把数据传输到环保部。

落实，做到"应收尽收，应处尽处"，保障环境安全。截至 2020 年 11 月底，对 3 万多个项目实施告知承诺，对 12 万个项目豁免环评登记表备案手续。各级生态环境部门共审批建设项目涉及投资总额 18.5 万亿元，同比上升 18.5%。全国近 8.4 万家企业被纳入监督执法正面清单。①

与新冠肺炎疫情直接相关的废弃物当中，很重要的一部分是不可降解的塑料口罩。这些口罩不一定都从医院流出，不一定都进入正规的固废处理体系，可能未经处理直接进入大自然，造成直接、长期的环境污染。有研究报告全球有大约 15.6 亿个口罩流入海洋，导致了额外的 4680 ~ 6249 吨海洋塑料垃圾。② 虽然我国没有相关数据，但肯定存在类似问题。这些由疫情产生的不可降解的垃圾对我国土壤、水体和沿海海洋生态的污染还没有得到足够的关注。

五 总结

从指导思想、理念和宏观制度变化等方面看，2018 ~ 2020 年这个时期无疑将会被载入中国环境治理发展史册。特别是习近平生态文明思想的确立和"生态文明入宪"，给我国生态环境治理带来深远的影响，并且会推动一系列结构性甚至是社会认知层面有利于绿色发展的变化。生态环境部的组建和综合环境执法制度的建立，为解决长期以来掣肘我国环境治理质效的行政管理体系碎片化问题提供了令人期待的契机。

这三年从行动层面来看也让人印象深刻。轰轰烈烈的三年攻坚行动带有强烈的运动式治理和运动式执法的色彩，而且就环境治理而言，这三年的动员强度前所未见。这样的行动模式有其内在的合理性，例如，可以将技术性任务分解成政治责任，提高执行效果；利用政治权威克服技术官僚体系碎片

---

① 《"应收尽收 应处尽处"全国医疗废物处置能力较疫情前增 27%》，央视网，https://news.cctv.com/2020/12/30/ARTIXo0g2zLKN81fgOF1yjuH201230.shtml。

② 转引自零废弃联盟《超 15 亿只废弃口罩流入海洋 | 请不要乱丢弃口罩》，2021 年 2 月 10 日，https://mp.weixin.qq.com/s/KGFOb – hBWkL5tVDoMj3QfA。

化弊端，增强条块之间的协调性。而且与过往的运动式整治相比，这场三年行动计划在责任分解、制度支撑、科技辅助等方面无疑有明显进步，精细化、科学化程度提高。但考虑到污染根本性的症结并没有大的改变，源头治理的挑战、多方参与的不足、跨部门跨地区协调的复杂性，以及污染问题本身的不确定性，让人们会对高度政治化的运动式治理是否能有效解决决策者提出的生态环境挑战依然存疑，但至少新一轮的动员有助于确立新的一系列制度，促进能力建设，凝聚共识。从长远来看，这些方面的进步可能才是环境治理见效的重要条件。

与环境污染防治相对应的，是我们对于自然生态环境的保护。2017年10月，党的十九大报告提出，建立以国家公园为主体的自然保护地体系。2018年3月，中共中央印发《深化党和国家机构改革方案》，明确提出加快建立以国家公园为主体的自然保护地体系。2019年，中共中央办公厅、国务院办公厅印发了《关于建立以国家公园为主体的自然保护地体系的指导意见》（简称《指导意见》），标志着我国自然保护地进入全面深化改革的新阶段。

《指导意见》明确了建成中国特色的以国家公园为主体的自然保护地体系的总体目标。同时提出三个阶段性目标任务：到2020年，构建统一的自然保护地分类分级管理体制；到2025年，初步建成以国家公园为主体的自然保护地体系；到2035年，自然保护地规模和管理达到世界先进水平，全面建成中国特色自然保护地体系。自然保护地占陆域国土面积的18%以上。

在我国，自然保护地体系的建设一直是以政府为主导进行的，但是中国的民间组织也一直积极地以自己的行动在自然保护方面提供民间智慧和民间方案，为国家行动提供有力支持。2017年，23家机构联合发起成立了社会公益自然保护地联盟，旨在配合国家的生态文明建设，聚合公益机构力量，推动公益保护地发展，以期帮助国家有效保护1%的国土面积。

2019年，在中国建设以国家公园为主体的自然保护地体系的背景下，公益保护地的政策空间有了较大改善。《指导意见》中明确指出：探索公益治理、社区治理、共同治理等保护方式。这3种形式与IUCN以及公益自然

保护地联盟倡导的治理类型完全一致。在自然保护地体系中，公益保护地获得了较大的政策空间。未来在自然保护地立法中，公益保护地的登记备案制度也正在被立法机构所考虑。

由公益组织或社区发起的类似公益保护地的行动正在增多，例如观鸟爱好者正在大量参与湿地鸟类的监测工作，SEE 基金会任鸟飞 2018～2019 年资助了超过 100 个湿地鸟类保护的民间机构和团体，开展了类似于公益保护地的工作。但这类民间建立的保护地仍然缺乏明确的边界和范围。由中国生物多样性保护与绿色发展基金会发起的"绿会保护地"项目，在全国命名102 个绿会保护地，大多由志愿者团体管理，但由于缺乏明确的地理边界和长期机制化保护行动，与国际公认的保护地标准还存在差距。如果类似的保护地能够按照公益保护地的定义，明确边界，开展长期的保护行动，并与利益相关者沟通获得法律或事实上的保护地位，那么由民间力量管理的公益保护地有可能大规模增加。但公益保护地也需要坚持一定的标准和定义，避免公益保护地被泛化，引起公众和决策者的误解。

主 题 报 告
Thematic Reports

G.2

我国公益保护地的问题挑战、
发展机遇与制度建设

黄宝荣　魏　钰　龚心语*

摘　要：　自1956年我国建立自然保护区至今，我国自然保护地面积已
占国土面积的18%以上，国家公园体制改革也取得了重要进
展，但是以国家公园为主体的自然保护地体系仍然存在一些
问题。本文分析了国家公园体制改革及中国社会公益保护地
面临的问题，结合公益保护地的特点展望了公益保护地建设
前景，并提出推动我国公益保护地制度建设的政策建议。本
文认为，我国国家公园体制改革过程中面临各利益相关方的
冲突和阻力，存在资金短缺、保护空缺、产权制度不健全等

* 黄宝荣，中国科学院科技战略咨询研究院研究员，主要研究方向为生态环境保护战略与政
策、国家公园和自然保护地体制改革；魏钰，中国科学院科技战略咨询研究院博士后，主要
研究方向为国家公园体制和政策；龚心语，中国科学院科技战略咨询研究院科研助理，主要
研究方向为国家公园体制和政策。

问题，通过引入公益机构，从健全法律法规、理顺监管职责、建立激励机制、完善沟通协调机制、多角度发挥公益机构优势和作用方面推动公益保护地建设，可以在新理念输入、资金投入、技术支撑等方面提高我国自然保护地的管理成效，为完善自然保护地治理体系、提高生态系统完整性以及保护、守护生态安全底线提供有力支撑。

关键词： 公益保护地　自然保护地　国家公园

一　国家公园体制改革的进展与问题

（一）国家公园体制改革的进展

经过 60 多年的努力，我国已经建立了数量众多、类型丰富、功能多样的自然保护地体系。从 1956 年我国建立自然保护区开始，截至 2018 年，我国各类自然保护地总量达 1.18 万处，其中国家公园体制试点 10 个，世界自然遗产 13 项，世界地质公园 37 处，国家级海洋特别保护区 71 处，占国土面积的 18% 以上。2013 年党的十八届三中全会提出建设国家公园体制，2015 年启动国家公园体制试点，推动我国国家公园体制改革取得重要进展。

1. 建立统一的管理机构

2018 年 3 月，中共中央印发《深化党和国家机构改革方案》，确定组建国家林业和草原局，2018 年 4 月 10 日，国家公园管理局正式挂牌成立，并于 5 月由国家发展改革委整体移交国家公园体制试点工作的职责。自此，我国各类自然保护地有了统一的管理机构，实现统一管理，彻底解决了长期存在的"九龙治水""多头管理"的问题。2019 年 1 月，《关于建立以国家公园为主体的自然保护地体系的指导意见》通过，强调形成以国家公园为主体、自然保护区为基础、各类自然公园为补充的自然保护地管理体系。国家初步组建了统一的管理机构，基本完成了顶层设计，正在努力构建统一事权、分级管理体制。

2. 实现利益相关方的参与

我国自国家公园体制改革伊始就十分重视利益相关方参与，不仅在试点工作中充分发挥了政府各部门的作用，还促进了各利益相关方的广泛参与。2014 年 10 月，国务院发展研究中心、世界自然保护联盟、世界自然基金会等机构联合组织召开了"生态文明建设与国家公园体制论坛"，各政府部门充分利用了这个平台，交流彼此看法，寻求改革共识。2019 年 1 月，中国科学院科技战略咨询研究院、中国科学院生态环境研究中心、清华大学国家公园研究院、北京林业大学自然保护区学院共同主办，社会公益自然保护地联盟协办了"改革开放再出发——国家公园体制改革回顾与展望"研讨会，参与国家公园体制改革的领导、研究人员代表进行了经验交流。保尔森基金会、世界自然基金会、桃花源生态保护基金会等国内外组织也共同参与到国家公园建设中。

与此同时，国家公园建设成为各大媒体关注的热点话题，媒体宣传引发了社会各界的讨论；主管部门也利用各种媒体向社会公众传播国家公园坚持生态保护第一、国家代表性和全民公益性的建设理念。国家公园治理体系、空间规划、法律法规、资源管理体制等多种形式研究项目的开展为国家公园体制改革提供了科学支撑①。

3. 加强自然生态系统的保护

进行国家公园试点工作以来，试点地区启动了林地清收还林、外来物种清除、生态廊道建设、裸露山体生态治理等工作，三江源、东北虎豹、祁连山、神农架、钱江源等试点区初步搭建了生态系统监测平台，为构建国家公园立体化生态环境监管格局打下了基础②，国家公园试点区生态环境得到改善。

---

① 王毅、黄宝荣：《中国国家公园体制改革：回顾与前瞻》，《生物多样性》2019 年第 2 期，第 117～122 页。

② 《从国家公园，到公园国家——对话全国政协委员、国家林业和草原局局长张建龙》，http：//www. forestry. gov. cn/main/195/20190310/102234476917780. html。

4. 管理制度不断完善

国家公园的建立需要法律的保障，虽然目前我国国家公园法律体系并不完善，但是国家公园相关制度在不断推进，颁布了三江源、武夷山、神农架国家公园条例，启动南山、钱江源国家公园条例立法程序。各个国家公园发布了地方性管理办法，如《钱江源国家公园山水林田河管理办法》《三江源国家公园管理规范和技术标准指南》等。审议通过了《关于建立以国家公园为主体的自然保护地体系的指导意见》，编制了《国家公园设立规范》和《国家公园空间布局方案》，这些工作推动了我国国家公园改革有序进行。

（二）国家公园体制改革的问题

虽然国家公园体制改革取得了一定成绩，但由于我国具有重要保护价值的自然生态系统及周边地区往往分布着大量人口等各种历史遗留问题，面对新时代生态文明建设和高质量发展与保护的要求，国家公园体制改革仍然面临许多问题。

1. 建立并完善国家公园体制将面临各种利益冲突和阻力

未来我国的国家公园建设很大程度上将通过整合现有保护地来完成，在这过程中难免会遇到各种阻力。新的国家公园建立将涉及众多机构和人员的归并整合、财权事权调整和人事变动，影响一些机构和个人的利益，存在抵制的阻力。

我国各类自然保护地侧重区域范围内的监管和运行，忽视保护地与社区的共享发展，保护地与社区协调发展的矛盾依然突出。同时，受传统政绩观的影响，地方政府的发展理念没有发生根本改变，盲目崇拜 GDP，过度追求 GDP 的增长。保护区所在地普遍把各类保护地看作带动地方发展的摇钱树，过度追求门票和商业收入，对绿水青山的保护缺少足够的重视，致使保护地的生态保护为资源开发让路，损害了保护地的生态保护和公共服务功能，造成了保护与开发的矛盾冲突。

2. 未形成多元资金投入机制，普遍面临资金短缺问题

一直以来，我国各类自然保护地在财权事权关系上职责不够明确，央地

关系没有理顺，权责分配不合理，在很大程度上影响了保护地的保护和管理成效。财政资金对自然保护地的资金投入分中央、省级和市县三级。从运行情况来看，中央资金对国家级自然保护区的补助相对最高，而对风景名胜区等其他自然保护地的补助相对较少，有些保护地甚至得不到中央财政的资助，只能依靠地方行政命令开展日常工作（见表1），中央财政资金的缺口较大。

表1　保护地的中央专项资金

编号	保护地名称	针对该类保护地的中央专项资金	针对该类保护资源的中央专项资金
1	国家级自然保护区	√	√
2	国家级风景名胜区	√	—
3	国家级地质公园	√	√
4	国家级湿地公园	—	√
5	国家级森林公园	√	√
6	国家级海洋特别保护区（含国家级海洋公园）	√	—
7	国家级水产种质资源保护区	—	—
8	国家级畜禽遗传资源保护区	—	—
9	国家矿山公园	—	√
10	国家级水利风景名胜区	—	—
11	国家级典型地震遗址	—	—
12	饮用水水源保护区	—	√

资料来源：彭琳、赵智聪、杨锐：《中国自然保护地体制问题分析与应对》，《中国园林》2017年第4期，第108～113页。

　　原有的各类保护地资金投入不足，现行国家公园体制试点的财政资金也十分有限，没有形成稳定持续的投入机制。各级试点区开展集体土地赎买和流转、企业退出、矿业权退出、生态移民等工作均需大量资金，远超地方政府承受能力，因此普遍存在资金短缺问题[①]。由公益组织出资对保护区等保护地进行管理，可以有效解决国家和地方管护资金投入不足的问题。

---

① 王毅、黄宝荣：《中国国家公园体制改革：回顾与前瞻》，《生物多样性》2019年第2期，第117～122页。

3. 保护存在空缺，割裂了生态系统的完整性

由不同的行业部门对各类自然保护地进行管理，各自为政的管理体制导致各类保护地在没有宏观统筹的情况下不断扩展空间范围，一方面造成交错重叠、边界不清，另一方面也出现了保护空缺，一些重要生境缺乏有效保护，一些珍稀物种面临濒危，还有很多生境没有被纳入保护地的覆盖范围。即便是对于已经建成的自然保护区而言，也有很多未经科学论证，更缺乏全面、系统、严谨的科学考察。不少自然保护区在建立时仅凭一纸文件，没有明确的管理边界范围①、没有专属的管理机构和相应的编制。这些情况加剧了各类自然保护地在管理上的矛盾。鉴于此，引入专业的公益组织，对相关保护地进行统一保护，可以在很大程度上填补保护空缺，更好地推动保护地的系统完整保护，为生物多样性提供更多保障。

4. 保护地的产权制度不健全，影响到了确权和保护

我国自然保护地的土地权属复杂。从总体上看，国有土地及其附属的资源在各类自然保护地中占主导地位，但在东、中部地区，特别是东南沿海地区，自然保护地中的集体土地、林地占比较高，且很多区域存在权属不清的问题，土地所有权、使用权、经营权、管理权、收益权混乱②。国家公园是在已有自然保护地基础上得以建立的，不可避免地划入大量集体土地，土地权属问题直接影响到了国家公园的统一确权登记和统一管理。从最早通过《建立国家公园体制试点方案》的试点区来看，集体土地所占比重较大（见表2），其权属如何有效处置和管理已经成为极为重要和突出的问题。由社会公益组织对包括国家公园在内的自然保护地进行托管，有利于推进产权制度改革，明晰产权关系，提高管理效率。

---

① 蒋明康：《我国自然保护区保护成效评价与分析》，《世界环境》2016 年第 S1 期，第 70 ~ 73 页。

② 沈兴兴、虞慧怡：《中国国家级自然保护区治理模式的转型探索研究》，《环境科学与管理》2015 年第 11 期，第 10 ~ 13 页。

表 2   国家公园体制试点区的土地结构概况

试点区域	总面积 （平方公里）	国有土地面积 比例（%）	集体土地面积 比例（%）	林地面积比例 （%）
长城试点区	60	50.61	49.39	91.13
东北虎豹试点区	14612	—	—	—
钱江源试点区	252	20.4	79.6	20.4
武夷山试点区	983	28.74	71.26	87.86
神农架试点区	1170	85.8	14.2	90
南山试点区	636	41.5	58.5	78.3
大熊猫试点区	27134	—	—	89.73
三江源试点区	123100	100	0	87.86
普达措试点区	300	78.1	21.9	—
祁连山试点区	52000	—	—	—

资料来源：各国家公园体制试点区体制试点方案。

二   中国社会公益保护地的特点与问题

（一）中国社会公益保护地的特点

1. 由政府监督，民间机构实施管理

公益保护地通常实行"三权"分置的管理体制，即所有权、管理权和监管权分离。以明确的保护地所有权为基础，保护地管理机构与土地所有者签订委托管理协议，将管理权托付给相关公益机构或个人，例如非政府组织、营利性机构、科研机构、宗教团体、个人或群体等。管理机构主要负责募集资金、制定保护行动计划、日常管理及配合执法机关进行保护区执法[1]。政府主要行使监管权，对保护地的各项工作进行监督，考核其保护和管理成效。

---

[1] Bingham, H. , et al. , Privately Protected Areas：Advances and Challenges in Guidance, Policy and Documentation，*Parks Journal*，2017：13 - 28.

2. 是现有保护地网络的补充

现有的各类自然保护地由于面临资金、技术或人力等多方面的约束，在很大程度上影响了其生态保护、科研科普等工作成效。公益保护地的出现，使民间机构、当地居民和社区等社会力量补充到自然保护的团体中来，为自然保护提供了新的机会。这些社会力量可以对现有自然保护地无法覆盖的土地或水域进行保护，并在突发的环境变化情况下，以及在面对各类新的机遇和挑战时，能更快地调整管理方式，是对现有的保护地管理体系和治理模式的有力补充。

3. 能协调保护与发展的关系

公益保护地管理的核心要义是重视民间力量。在公益保护地体系下，管理机构不仅提供资金，还可以调动社会各方力量搭建保护地友好产品体系平台，并借力公益信托或土地信托等金融方式，获得稳定可持续的资金渠道，满足保护地长期运营的资金需求。此外，公益保护地管理机构还能依托其前沿性的知识储备和丰富的实践经验，通过大力发展当地可持续的生态农业、推动社区定制农产品发展规划、设立当地的教育基金等，全方位提升社区发展的原生动力，振兴社区经济，有效协调保护与发展的关系。

（二）中国社会公益保护地的问题

与政府管理的保护地相比，公益保护地更加灵活，在政府无法开展保护工作的地区，可以成为很好的补充手段。它不仅可以连接和扩大已有保护区，还可将集体土地和个人土地所有者纳入保护工作中，为社会力量提供了参与保护工作的机会，也提供了新的保护地资金来源。社会公益保护地在我国尚属新型事物，面临难以获得政府和社会广泛认可、法律和制度保障不足、缺乏激励机制等方面制约。

1. 社会公益组织得到政府和社会的广泛认可尚需时日

保护地内涉及大量不同权属土地，特别是农村集体土地和林地，对维护基层社会稳定具有至关重要的作用。地方政府对涉及土地流转等方面的工作历来持十分谨慎的态度。而社会公益组织募集资金在我国的自然保护地管理中仍是一项新生事物，得到政府和社会的广泛认可需要一个循序渐进的过程。

2. 缺乏公益组织参与自然保护地管理的法律保障

近年来，我国公益组织在履行社会责任方面不断向自然保护领域发展，但在推进过程中普遍面临法律保障不足的问题，这与我国自然保护地的立法进程滞后紧密相关。我国现行法律虽然对自然资源的所有权主体进行了明确规定，但没有对社会公益组织托管自然资源资产的经营管理做明确说明。另外，《国土空间规划法》尚未颁布，一些保护地的边界与基本农田的边界存在冲突，而基本农田受《中华人民共和国土地管理法》（以下简称《土地管理法》）、《中华人民共和国基本农田保护条例》等法律法规的保护，自然保护地与之发生边界冲突时缺乏上位法律的支撑。法律体系的不完善在很大程度上影响了社会公益组织托管保护的经营管理。

3. 缺少鼓励公益组织参与的保障制度和激励机制

我国各类自然保护地保护绩效不佳的一个重要原因是缺少广泛的公众参与，其中，保护地资金短缺、筹资用资机制不畅则在很大程度上归因于社会公益组织难以介入。由于各类保护地的社会参与机制不完善，缺少完善的制度设计，当前保护地社会参与的制度保障力度不够。虽然从中央到地方，各级政府都制定了社会参与保护的相关政策，但多属于指导性的规定，没有明确社会公益组织参与管理的权利、义务、方式和途径，也缺少相应的土地、税收、补贴和人才方面的激励机制，在很大程度上约束了公益机构参与自然保护地建设管理的积极性，也影响了保护地的管理成效。

4. 保护地的管理缺少专业技术管理人才

专业技术人才的欠缺是制约我国自然保护地保护和管理水平提升、导致保护地与国际接轨困难的重要因素。保护地大都分布在偏远山区，经济发展水平较低、交通出行不便、生活条件落后，难以吸引留住优质人才，特别是专业性较强的科技人才。如何吸引人才、留住人才是今后一个时期保护地可持续发展所迫切需要解决的一个问题。

5. 保护地扩展区的范围与社区发展的矛盾突出

处理保护与发展的关系是各类自然保护地面临的重大挑战，在保护地外围建立扩展区能在很大程度上解决这一问题。保护地地理位置偏远，周边社

区经济发展水平相对落后。设立保护地的扩展区，结合当地资源条件发展特色和优势产业，对增加当地群众的收入、提高居民生活水平起到了很好的带动效应和示范作用。然而，由于保护地周边的社区规模大，而扩展区的规模偏小，覆盖的群众数量较少，与广大群众脱贫奔小康、过上幸福生活的新期盼存在差距。因此，扩展区的范围亟须扩大，以适应广大社区群众社会发展、生活水平提升的美好愿望。

三　中国公益保护地的建设前景

（一）慈善捐赠快速增长，生态环境日益成为慈善捐赠重点关注的领域之一

最近 10 多年来，我国慈善捐赠增长态势迅猛。数据显示，2006～2016年，我国接收国内外捐赠物资的价值由 127 亿元增加到 1393 亿元，10 年间增长近 10 倍，年均增长 27%。2016 年，《中华人民共和国慈善法》正式实施，进一步激发了社会力量参与慈善事业的热情，推动了社会捐赠的发展。中国慈善联合会发布的《2019 年度中国慈善捐助报告》显示，2019 年，我国共接收境内外款物捐赠 1701.44 亿元人民币。在此期间，生态环境领域的公益捐赠占比呈现明显的上升趋势①。

（二）自然保护领域基金会数量和公益投入快速增长

近几年来，我国生态环境类社会团体与生态环境类民办非企业单位数量逐年增加。数据显示，截至 2015 年底，全国这些团体和单位数量共计 7433个。在这些团体中，各类基金会的发展态势显著。基金会中心网显示，2000年，我国各类基金会数量仅 569 个，截至 2017 年 11 月，该数值已经达到6292 个，如图 1 所示。其中关注生态环境保护领域的基金会有 253 个，致力于自然保护的基金会有 78 个。

---

① 杨团主编《中国慈善发展报告（2017）》，社会科学文献出版社，2017。

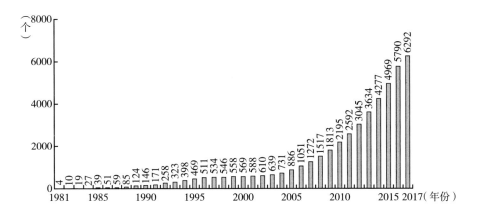

图1 1981年至2017年11月我国基金会数量变化

资料来源：基金会中心网。

随着基金会的发展，已经有越来越多的基金会意识到自然保护的意义，积极参与到自然保护的公益事业中来。如图2所示，2015年自然保护领域的公益性投入达到了8.2亿元，虽然在2008年金融危机时有所下降，但整体仍然呈现快速上升趋势。从现在的发展速度来看，未来我国自然保护领域的基金会数量将进一步增多，自然保护领域的公益性投入也将快速增长。

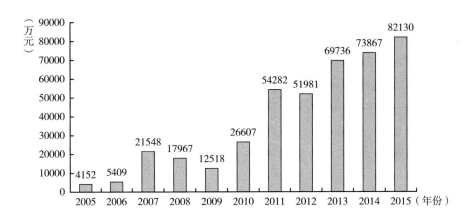

图2 基金会自然保护领域公益性投入总量

资料来源：基金会中心网。

自然保护领域基金会、公益性投入的快速增长，将为我国社会公益自然保护地的建设提供充裕的社会资本。

（三）公益组织参与自然保护的政策环境日益完善

2008 年，中共中央、国务院发布了《关于全面推进集体林权制度改革的意见》，其核心内容是在保持集体林地所有权不变的前提下，将林地承包经营权和林木所有权落实到农户，确立农民作为林地经营权人的主体地位，使农民真正拥有林地经营权、林木所有权及处置权和收益权。这为公益组织托管自然保护地提供了契机。在"不改变林地性质和用途"的前提下，公益组织有机会获得集体林地的管理权。

2015 年 9 月，中共中央、国务院印发了《生态文明体制改革总体方案》，将健全环境治理和生态保护市场体系列入生态文明体制改革的八大改革任务。此后，《关于通过政府购买服务支持社会组织培育发展的指导意见》（财综〔2016〕54 号）和《关于加强对环保社会组织引导发展和规范管理的指导意见》（环宣教〔2017〕35 号）等文件陆续印发，为建立社会公益组织参与自然保护等公共服务提供了制度保障。

2017 年 9 月，中共中央办公厅、国务院办公厅联合印发了《建立国家公园体制总体方案》，明确了全民公益性是国家公园建设的三大理念之一；提出了国家公园建设要坚持"国家主导、共同参与"的基本原则；要"建立健全政府、企业、社会组织和公众共同参与国家公园保护管理的长效机制，探索社会力量参与自然资源管理和生态保护的新模式"；加大财政支持力度，广泛引导社会资金多渠道投入。这些理念和原则表达了国家对社会公益组织参与国家公园建设与管理的迫切需求，也为公益组织发挥自身优势、积极投身以国家公园为主体的自然保护地体系建设提供了新的契机。

2017 年 10 月，党的十九大报告提出要推进国家治理体系和治理能力现代化。社会公益组织的多方面积极参与正是现代化国家治理体系的重要组成部分，是国家治理能力现代化的重要表征和基本保障，也必将成为未来我国提升国家治理能力的重要途径。此外，报告还要求加快构建以政府为主导、企业为主体、社会组织和公众共同参与的环境治理体系，进一步明确了社会公益组织在环境治理体系中的地位和作用。

综上，我国现阶段建立社会公益自然保护地制度、促进社会公益组织参与自然保护地建设与管理的条件已成熟，未来发展前景值得期待。

四 推动我国公益保护地体系制度建设的政策建议

（一）健全法律法规，明确公益组织在以国家公园为主体的自然保护地体系建设中的法律地位

由国际经验可知，完善的法律法规体系是国家公园高效建设、有效管理和长效发展的基石。我国自然保护地法律法规体系不够完善，目前仅有《中华人民共和国自然保护区条例》（1994年施行，2017年修订）和《风景名胜区条例》（2006年施行，2016年修订）两部条例作为保障，远不能满足守护生态安全底线、保障各类保护地健康发展的需要。建议在正在推动的《自然保护地法》和《国家公园法》立法中，明确社会公益自然保护地的法律地位，规定公益组织参与保护地和国家公园建设与管理的权利、义务、方式和途径。加快推动《土地管理法》《森林法》《国土空间规划法》《国土空间开发保护法》等相关法律和行政法规的制修订工作，为社会公益组织托管保护地提供充分的法律保障。

（二）健全自然资源监管机构，理顺监管职责

自然保护地的全域保护不仅需要有效的管理机构，也需要健全的监管机构。新组建的自然资源部作为我国自然保护地的主管部门，应从生态系统统筹保护、国土空间统一管理的公共利益出发，负责国土空间规划体系的统一编制、实施和评估，并承担用途管制制度的执行等职责。自然资源所有者的开发利用行为应接受自然资源部的监督，确保其使用方式符合用途管制和生态保护的公共利益需要。建议在国家林业和草原局自然保护地管理司下设置

公益保护地管理处室，为社会资本融入保护地管理提供政策指导和相关服务，同时制定相应的监管办法。

（三）发挥公益组织在自然保护地建设中的作用

迄今为止，政府一直是保护地建设的推动力量和主导力量。但是在很多方面公益组织可以发挥一定的作用。

1. 发挥增加投入、缓解政府经济压力的作用

我国自然保护地的各个地块保护效果不一。一方面，虽然各级政府在自然保护地事业上的财政资金投入逐步增加，但生态保护的需求和压力较大，财政投入的力度和后续监管的力度依然不足。另一方面，面对经济发展的巨大压力，近几年来地方政府申报各类自然保护地的动力已显不足。建议在增加政府财政投入的同时，积极开拓多种社会投资渠道。可以探索协议保护、政府和社会资本合作（PPP）等多元化、社会化、市场化的模式，激发社会和个人参与自然保护的意愿，拓宽资金进入自然保护地的渠道，推动自然保护公共目标的实现。

2. 发挥促进国家公园及周边社区发展的作用

公益组织在调和"保护与发展"之间的矛盾方面具有突出的优势。在国家公园建设中引入各类公益组织，可以发挥其在促进国家公园及周边社区发展中的作用，将保护工作的前沿拓展至社区，推动政府的角色进一步转换为监督、执法，通过放活保护的"管理权"，高效发展社区经济，为引导社会公益资金投入保护事业提供多元保障。

3. 发挥公益组织在科普、环境教育方面的作用

自然解说与教育是在国家公园与访客之间建立连接关系的重要方式，是国家公园管理的重要组成部分。公益组织可以为国家公园提供专业的技术人员和培训课程，通过园内专人讲解、特色活动等形式向访客传达国家公园建设的初衷和意义。建议政府为公益组织提供更加灵活高效的政策支持，如科学的规划、健全的商业政策等。

4. 发挥公益组织在呼吁社会力量加入国家公园建设方面的作用

建议完善国家公园的志愿者管理体系，通过构建高效的志愿者参与管理机制，将志愿者服务法律化、制度化和组织化，鼓励个人和各类组织以志愿者方式参与国家公园的各项工作，包括建筑维护、动植物培育、巡护监测、疾病控制、森林防火、自然解说、内业支持等，实现科普与公益属性的良好结合，同时减少管理人员的薪酬支出，提高国家公园资金使用的有效性。

5. 发挥公益组织在提供科研力量上的作用

国家公园的有效管理需要科学机构提供技术支撑。建议政府提供相应补偿政策，鼓励公益组织加大对高校、研究所的资金投入，吸引更多的社会科研机构参与国家公园建设，在生物多样性保护、生态保护和恢复、资源利用方式以及历史文化资源等多个方面发挥公益性组织特别是公益性科研机构的作用。

（四）推动以国家公园为主体的自然保护地体系改革，建立包括公益治理在内的保护地治理体系

对各类自然保护地进行科学的统筹规划，以守护生态安全底线为基础，推进国家层面自然保护地的系统规划。建议进一步完善自然保护地分类体系，在发挥"严格自然保护地"作用的同时，充分发挥"非严格自然保护地"在保护、缓冲和连通等方面的作用和功能。要进一步理顺现有各类保护地之间的关系，明确各自的功能定位、保护对象、管理目标、管理等级等内容，建立健全政府主导、多元参与的保护地治理体系，在政府主导的基础上，将公益治理作为自然保护地重要的治理方式，纳入官方认可的保护地治理体系框架。鼓励社会资本进入以国家公园为主体的自然保护地体系的建设和管理工作中，促进国家保护地得到全域保护。

（五）建立社会公益组织参与自然保护地管护的激励与监督机制

建议建立包括财税、补贴、土地、人才等在内的多元激励机制，全面提高公益组织参与自然保护地建设与管理的积极性。相关激励措施包括：出台

税收减免政策，鼓励公益组织通过购买商业用地、有偿流转等手段获得集体土地，并通过捐赠给相关主管部门来扩大保护地覆盖范围、拓宽保护地建设资金来源渠道、提高生态系统原真性和完整性保护成效；出台补贴政策，对保护管理成效突出的公益保护地进行补贴；出台土地政策，鼓励公益组织等主体成为承包人承包部分土地开展保护工作，或以资助人身份资助他人承包具有重大生态价值的土地，通过协议保护机制实施保护；出台人才政策，对积极参与自然保护地建设与管理并做出突出贡献的公益性人才给予薪酬补贴和荣誉奖励等。

（六）完善沟通协调机制，加强宣传，为公益组织的参与提供社会基础

建议建立公益组织与地方政府之间的定期交流和联席会议机制，共同协商保护地的规划建设，共同应对保护地社区的振兴发展问题，共同促进保护地与社区在生态、经济和社会等多个方面的协调发展。建议地方政府出台相关政策并开展相应的宣传教育活动，公益组织通过设立教育基金、发展基金以及协助保护地当地社区发展经济等方式，提高当地居民对公益组织保护工作的接受和认可程度，为更好地进行国家公园建设和管理奠定群众基础。

（七）总结和借鉴国内外公益组织参与自然保护地建设的经验

建议全面总结当前国际上和我国已有公益组织参与保护地建设的相关经验，从法律、认知和技术等多个层面反思我国现阶段国家公园建设中社会参与工作存在的不足，为今后公益组织更好地参与国家公园建设夯实基础。

G.3
中国社会公益保护地的现状评价与展望

靳 彤 杨方义*

摘 要： 2017年多家公益机构发起成立社会公益自然保护地联盟，目标是在2030年前，推动和支持民间力量帮助国家管理占国土面积1%的公益保护地。为摸清公益保护地现状及发展趋势，联盟于2018～2020年分年度在全国范围内开展网络问卷调研，依据公益保护地定义及评定标准先后识别出30个、39个和51个公益保护地，总覆盖面积从2018年的7222平方公里增长到2020年的10311平方公里。现有公益保护地主要分布在西南、西北和华南等生物多样性相对丰富且民间自然保护组织较为活跃的地区，具有较高的保护价值。各种形式的社区组织开展的社区治理是当前公益保护地最主要的治理类型，委托管理协议是最主要的管理依据，自然保护小区是最为常用的政府认可形式。对公益保护地的政府认可和法律地位，以及可持续的资金来源是目前公益保护地持续健康发展面临的最大挑战。

关键词： 公益保护地 生物多样性 自然保护小区 可持续运营

---

* 靳彤，动物学博士，大自然保护协会（TNC）中国项目科学主任，主要研究方向为保护地规划与管理，中国社区保护地专家组成员，全过程参与了社会公益保护地模式的落地实践；杨方义，桃花源生态保护基金会保护联盟策略总监，长期任职于自然保护机构，主要研究方向为自然保护政策及投资，参与了社会公益自然保护地联盟的建立，并担任国际土地信托网络的执行委员。

一 公益保护地在中国的源起与历史

保护地是指为了实现自然资源和相关生态系统服务、文化价值的长久保护，通过法律或其他有效途径得到明确界定、许可、投入和管理的特定地理区域。自 1956 年第一个自然保护区建立，我国现已基本建成了自然保护区、风景名胜区、森林公园、湿地公园等多种类型的自然保护地体系，占国土面积的 18%。然而长期以来，我国在自然保护中实行的是"抢救式保护"的策略，缺乏顶层设计和科学系统的规划，注重数量和面积的扩张、忽视质量和管理能力的提升，与中国巨大的自然保护需求相比，现有的保护地体系无论是在对具有重要生物多样性保护价值和生态服务功能的区域覆盖程度上，还是在对现有保护地的管理有效性上，都还存在很大空缺。

社会公益自然保护地（以下简称"公益保护地"）就是为了填补现有保护地体系的空缺，补充已有保护地在资金、技术和人力上的不足，而探索的一种由民间机构、社区或个人治理或管理的自然保护地模式[1]。实际上，个人治理或管理的公益保护地实践始于 20 世纪 90 年代，一些人出于对环保的热情，开始关注家乡的生态环境，以租赁、承包等形式获得较长时间的林地经营权或使用权，自发开展植树造林、动植物保护等行动，资金也主要由个人承担。中国最早的由个人建设及管理的公益保护地可追溯到 1994 年[2]。常仲明以 3.2 万元的价格租赁了北京市昌平县流村镇白羊沟内的一条山谷，建立了我国第一个民间保护地，山谷面积约为 10.7 公顷（160 亩），租期为 70 年，他在保护地内开展植树造林，并雇用工作人员和志愿者进行管理。除此之外，还有张娇对北京延庆九里梁一万亩荒山进行 30 年的植树造林活动、港商邢诒前在海南文昌投资创建的名人山鸟类自然保护区、林场主刘勇在四川平武建立的余家山县级自然保护区等实践开创了中国个人建设和管理

---

① 社会公益自然保护地联盟：《社会公益自然保护地定义及评定标准》，2017。
② Sue Stolton, Kent H. Redford and Nigel Dudley, *The Futures of Privately Protected Areas. Gland*, Switzerland: IUCN, 2014.

自然保护地的先河，丰富了保护地的管护主体和类型，也为后期各种公益保护地的建设提供了借鉴。

公益保护地的另一类较早开始的实践是社区保护地。社区保护地在IUCN的体系内被定义为"自然的和改良的生态系统，包括了显著的生物多样性、生态效益和文化价值。这些生态系统被当地居民和当地社会通过约定俗成的方式或其他有效方式自动地保护起来"。在中国，历史上一直以来就存在很多事实上的社区保护地，其中由少数民族传统习惯保护的生态系统最多，例如傣族的"龙山"、藏族的"神山圣湖"。20世纪90年代初，随着参与式发展的理念和方法引入中国，以社区为主体的理念越来越多地被应用在生态保护项目中，众多国际和本土NGO至今仍在开展和推动社区保护地的各种实践，其中较为知名的有山水自然保护中心在四川、甘肃、青海的社区保护地工作，美境自然在广西以自然保护小区方式推动的社区保护地建设，永续全球环境研究所（GEI）和保护国际基金会（CI）等持续推广的"社区协议保护机制"。

自2008年集体林权制度改革启动以来，一些民间机构看到了新的契机。2011年由大自然保护协会（TNC）发起，在20多位企业家的支持下成立了四川西部自然保护基金会（现更名为四川桃花源生态保护基金会），作为引入社会公益资金、支持保护地建立和建设的保护融资和管理平台。以基金会为管理主体和资金来源，通过林地委托管理和林权流转等创新模式的探索，在四川平武老河沟建立了国内第一个在政府监督下，由民间机构建立和管理的社会公益保护地。

2017年，在中国自然保护地存在保护空缺、管理有效性提升空间较大、民间保护热情高涨、政府大力支持社会力量参与的大背景下，23家国际国内环保公益机构共同发起成立了致力于推动民间自然保护事业的"社会公益自然保护地联盟"（以下简称联盟），希望通过搭建资金、技术、交流、能力建设平台，建立社会公益自然保护地规范、标准和评估体系，调动社会力量支持一线自然保护机构开展保护活动，推动中国自然保护地建设和法规完善，配合中国政府履行《生物多样性公约》，落实"爱知目标"，为建立多元化社

会参与的以国家公园为主体的自然保护地体系、填补保护空缺、提高管理有效性、提升管理水平、扩大有效保护面积做出贡献。联盟目标是在 2030 年前，推动和支持民间力量帮助国家管理占国土面积 1% 的公益保护地①。

二 公益保护地现状调研方法

为摸清当前我国公益保护地的发展现状，评估 1% 的目标完成进展，联盟分别于 2018～2020 年通过网上问卷调查的方式，在全国范围内进行公益保护地信息征集的相关调研。问卷设计包括了公益保护地的基本信息、保护对象、土地权属、治理类型、治理依据、管理机构、法律地位、保护行动、资金来源与可持续运营措施等内容，通过 23 家联盟机构成员的微信公众号平台推送和微信群转发等渠道进行传播扩散。针对收集到的信息，联盟先后通过初筛、信息核实、成员机构代表共同讨论，基于 2017 年发布的《社会公益自然保护地定义及评定标准》进行判定，将同时符合 3 条标准的识别为公益保护地：

（1）有明确的地理边界和范围；

（2）有政府以外的民间机构、社区或个人参与到保护地的治理或具体管理中；

（3）非政府主体在保护地内有长期、例行开展的保护行动（已实质性开展长期保护行动，或是通过协议约定了保护管理的权利责任）。

需要说明的是，由于时间较短、扩散范围有限，且信息征集采取主动提交的方式，现状调研收集到的公益保护地信息数量并不能完全代表中国公益保护地的现状，结果可能被低估。

三 2018年调研主要发现

经过信息检索、核实与共同讨论，在 55 条征集到的公益保护地有效信

---

① http：//www.xinhuanet.com/gongyi/2017－11/28/c_ 129751382.htm.

息中，30个保护地符合公益保护地标准，被识别列入联盟认可的《2018年公益保护地名录》。此外，还有5条记录虽然满足了标准（1）和标准（2），但还未与管理主体签订长期保护管理协议，或者刚刚开展保护行动，被识别为"拟建中"，未来将持续关注这些公益保护地的动态，作为进入2019年公益保护地名录的备选；14条记录尚未能够收集到足够信息进行判别，审核状态被列为"信息不足"，2019年将继续向信息提供人收集更多信息；6条记录经判别暂不符合上述三条标准，审核状态被列为"不符合"。

（一）数量与面积

最终进入《2018年公益保护地名录》的30个保护地总计保护面积为7222.57平方公里，占国土面积的0.075%，距离联盟提出的保护国土面积1%的远景目标已进展7.5%。30个公益保护地面积大小不一，最小的只有0.1369平方公里，最大的可达1924平方公里。其中有8个保护地的面积在10平方公里范围内，总面积为13.61平方公里；分别各有10个保护地的面积为11~100平方公里和101~1000平方公里，总面积分别为556.24平方公里和3368.73平方公里；此外还有2个面积超过1000平方公里的超大型保护地，总面积为3284.00平方公里（见图1）。

（二）空间分布

30个公益保护地分布在全国14个省份，分别为广西（6个）、四川（6个）、青海（5个）、云南（2个）、陕西（2个）、新疆（1个）、西藏（1个）、宁夏（1个）、甘肃（1个）、辽宁（1个）、吉林（1个）、江西（1个）、安徽（1个）、广东（1个）。从全国七大自然地理分区上看，现有的公益保护地主要分布在西南、西北和华南等生物多样性相对丰富且民间自然保护较为活跃的地区，华北、华中和华东等经济发达、人口稠密的地区由于其开发程度较高而现存生物多样性相对匮乏，公益保护地数量非常稀少（见图2）。

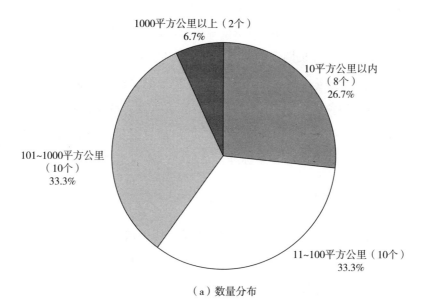

（a）数量分布

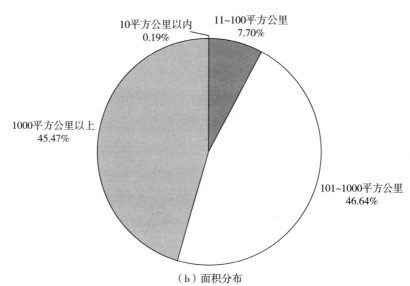

（b）面积分布

图 1   公益保护地的数量与面积统计

资料来源：2018 年公益保护地问卷调研。

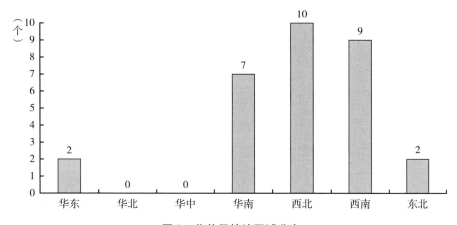

图 2　公益保护地区域分布

资料来源：2018 年公益保护地问卷调研。

（三）生态类型与保护价值

按 30 个公益保护地所保护的主要生态系统类型进行划分，森林生态系统的公益保护地占据了绝对优势，其中 70%（21 个）都是以森林和野生动植物物种为主要保护对象，大多数集中在陕西、四川、云南、广西这几个省份；还有 20%（6 个）以草地/草原生态系统为主，集中分布在青海三江源地区、宁夏和西藏；只有 3 个公益保护地以湿地生态系统和迁徙候鸟为主要保护对象，分散在吉林、江西和广东的候鸟迁飞路线上。

将 30 个公益保护地与《中国生物多样性保护战略与行动计划（2011~2030）》[①] 中确定的 32 个陆地生物多样性保护优先区域进行叠加分析，发现现有公益保护地与生物多样性保护优先区重合度非常高，只有 5 个保护地（占 17%）与现有的保护优先区相距较远，其余的 25 个公益保护地中，有 22 个完全处在优先区内，还有 3 个在距优先区边界 20 公里的范围内。这 25 个公益保护地分布在 10 个优先区内或附近，以桂西黔南石灰岩地区、岷山 - 横断山北段区和羌塘、三江源区最为集中（见图 3）。

---

① https：//www. mee. gov. cn/gkml/hbb/bwj/201009/t20100921_ 194841. htm.

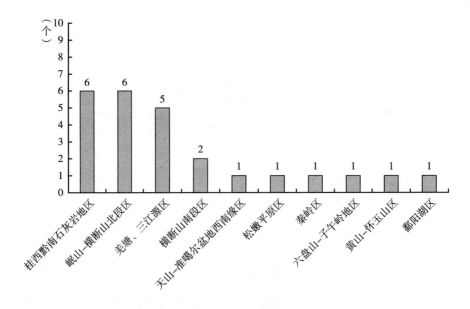

图3　公益保护地空间分布与生物多样性保护优先区的关系

资料来源：2018 年公益保护地问卷调研。

（四）治理类型与管理主体

根据 2017 年联盟发布的《社会公益自然保护地定义及评定标准》，将公益保护地的治理类型划分为 6 类（见表1）。现有 30 个公益保护地的治理类型覆盖了上述 A1、B1、C 和 D4 种，其中社区治理是目前公益保护地最主要的治理类型，有 56.7% 的公益保护地（17 个）都是在当前政府已建的自然保护地边缘或外围，通过社区 NGO、社区合作社或者非正式注册的社区管理委员会等不同形式的管理主体对公益保护地内的土地进行管理；除此之外，还有 6 个公益保护地是全部或部分在政府已建的自然保护地内，通过政府主管部门授权委托给 NGO 的形式由 NGO 作为管理主体进行管理；4 个公益保护地在政府已建的自然保护地内，通过政府主管部门与 NGO 或社区管理委员会合作的方式进行联合治理/共同管理；3 个公益保护地是完全在政府已建的自然保护地以外，由 NGO 主导建立和管理（见图4）。

表1 公益保护地治理类型

序号	治理类型	定义
A1	民间非营利性机构治理	在现有政府治理自然保护地范围外,通过非营利性组织(如非政府组织、大学等)建立、治理和管理的社会公益自然保护地
A2	民间营利性机构治理	在现有政府治理自然保护地范围外,通过营利性组织(如企业、公司等)建立、治理和管理的社会公益自然保护地
B1	社区治理	在现有政府治理自然保护地范围外,通过社区建立、治理和管理的社会公益自然保护地
B2	自然人治理	在现有政府治理自然保护地范围外,通过原住民、自然人建立、治理和管理的社会公益自然保护地
C	联合治理	在现有政府治理自然保护地范围内或外,通过政府和民间机构合作管理(不同的角色和机构通过各种方式,共同工作)或联合管理(共同管理委员会或其他多方治理机构)而建立、治理和管理的社会公益自然保护地
D	政府委托民间管理	在现有政府治理自然保护地范围内,由政府委托民间机构和个人管理的社会公益自然保护地(如托管NGO组织)

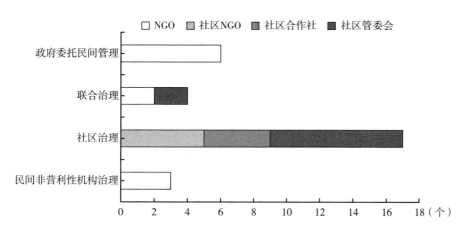

图4 当前公益保护地的治理类型

资料来源:2018年公益保护地问卷调研。

(五)管理依据与法律保障

对公益保护地来说,非政府主体在边界明确的保护地范围内与土地权属

所有者/主管部门通过对双方的权利责任义务进行约定，作为民间机构或个人开展保护行动的合法性和长期性的依据，这是公益保护地与常规意义上公益机构的生态保护项目之间最大的不同点。在 30 个公益保护地中，这种管理依据的形式包括：与土地权属所有者或政府主管部门签订委托管理协议（14 个），协议时限一般为 30 年或 50 年；外部公益机构、当地社区组织以及土地权属所有者或政府主管部门共同签订社区特许保护协议（7 个），协议时限一般为 3~5 年，期满后根据评估结果再进行续签；当地社区组织通过共同认可的村规民约对社区所有的集体土地进行管理（6 个）；民间机构与土地权属所有者签订土地租赁/流转协议（1 个）。还有 2 个公益保护地是由当地社区组织通过传统文化或自发行动的方式对传统利用的国有土地进行长期管护，而管理权限方面并没有合法依据。

公益保护地的政府认可及法律地位是为公益保护地提供长期有效保护的根本保障，也是目前公益保护地面临的最大挑战。10 个公益保护地通过联合治理或政府委托民间管理在政府已建的自然保护区内，本身已得到了《自然保护区条例》的保障，其他公益保护地最为常见的政府认可形式则是自然保护小区。在《广西森林和野生动物类型自然保护小区建设管理办法》[①] 的指导下，广西的 6 个公益保护地全部被广西壮族自治区林业厅列为自然保护小区；四川的关坝被四川省林业厅列为自然保护小区（试点）。四川的老河沟由平武县人民政府发文批准建立县级自然保护区，但尚未进入国家的自然保护区名录。其余的 12 个公益保护地都未能得到政府文件或法律文件的正式认可，尚不具有正式的自然保护地法律地位。

（六）保护行动

在 30 个公益保护地开展的例行保护行动中，定期巡护和监测是一项最基本的工作，所有公益保护地都或多或少地进行着定期的巡护和监测工作，只是专业程度和巡护频率不一。其中有 18 个保护地组建了专职的巡

---

① 张风春：《自然保护小区助力生物多样性保护》，《中华环境》2017 年第 10 期，第 30~33 页。

护员管理团队，10 个保护地主要依靠志愿者巡护员团队，还有 2 个保护地是依靠所在的自然保护区巡护员联合开展巡护工作。除巡护监测外，协助执法也是一项普遍开展的重要行动，有 13 个公益保护地在进行定期巡护监测的同时，也积极协助森林公安打击非法利用资源的事件。此外还有零星的保护地会针对各自情况，开展如自然资源本底调查、建立人兽冲突保险基金等活动。

（七）资金来源与可持续运营措施

公益保护地的资金来源主要包括公益捐赠、社区自筹、政府购买服务、商业运营等。所有的公益保护地资金来源中都包含公益捐赠这一项，并且公益捐赠仍然是 12 个公益保护地的唯一资金来源。绝大多数公益保护地（23个）都已经在尝试各种渠道的可持续运营管理措施，其中生态产品销售、营利性自然教育或自然体验、从政府或民间渠道获得长期捐赠承诺是最主要的可持续运营措施。

四　2019~2020年公益保护地发展变化

2019 年，联盟再次对公益保护地进行了年度统计和评估，共确认 39 个公益保护地，面积为 7630 平方公里，占国土面积的 0.079%。与 2018 年相比新增了 9 个公益保护地，新增面积 408 平方公里。在新增保护地中，有 1个位于正式保护地范围内，为国家湿地公园，并委托公益组织治理。其余 8个全部位于正式保护地之外，为新增保护面积。

2019 年新增加的公益保护地全部组建了专职巡护队，定期开展巡护与监测工作，并且都在协助森林公安等执法部门进行执法的日常工作。在资金机制上，新增公益保护地的主要资金来源依然为公益捐赠，其中有 5 个公益保护地开展了生态产品销售和自然教育的活动，但能够为保护地带来的资金非常有限。

2020 年的年度评估共识别 51 个公益保护地，覆盖总面积达 10311 平方

公里。从治理类型和管理主体看，仍然是以社区组织为主（34 个，66.7%），由社区管委会、社区合作社或社区成员成立的民间非营利机构通过社区保护协议、村规民约、委托管理协议等多种形式对社区集体所有的土地或历史上长期利用的国有土地开展实质性的保护行动；另有 8 个公益保护地是通过委托管理协议的方式由民间非营利机构进行管理，还有 9 个是在政府已建的保护地上通过共管委员会的方式由政府主管机构与民间非营利机构或社区组织进行联合治理。

五　公益保护地面临的挑战与前景展望

从上述中国公益保护地的现状分析可以看出，虽然众多国内外民间机构先后开展了各种类型的公益保护地创新模式试验，但社会力量参与自然保护地的建设、治理与管理仍处于刚刚起步的阶段，还面临着很多问题。要想推动社会公益保护地在中国快速发展，形成一定规模，真正成为中国自然保护地体系的有益补充，还需要从以下几个方面进行努力。

（一）从顶层设计上为公益保护地提供完善的法律地位、政府认可和激励政策

目前我国的自然保护地相关法律都是针对政府治理的自然保护地，对于民间机构、社区和个人治理或管理的自然保护地没有正式的法律地位和政策保障，尤其是在政府治理的自然保护地范围以外的社会公益保护地，要想得到有法律效力的保护地位，只能按照政府的流程申报建立自然保护区，为保护地管理带来了很多额外的工作。目前大部分得到政府认可的公益保护地，主要是以"自然保护小区"的形式存在，但自然保护小区本身也还缺乏明确的对于其保护地位的法律保障。

一方面，2019 年以来，在中国建设以国家公园为主体的自然保护地体系的背景下，公益保护地的政策空间有了较大改善。2019 年 6 月，中共中央办公厅、国务院办公厅发布《关于建立以国家公园为主体的自然保护地

体系的指导意见》①，首次提出"探索公益治理、社区治理、共同治理等保护方式"。在联盟的持续政策建议和推动下，在当前《自然保护地法》的立法进程中，公益保护地的登记备案制度也正在被立法机构所考虑。

另一方面，新的自然保护地体系建设也对公益保护地带来了新挑战。许多已被认可的公益保护地被纳入了国家公园试点范围内，今后还可能在自然保护地整合优化过程中被划入政府建立的自然保护地内。未来还需要借助"建设以国家公园为主体的自然保护地体系"的时机，系统梳理我国的自然保护地体系，明确公益保护地与自然保护地体系之间的关系，为探索其他治理方式制订更具可操作性的管理细则，鼓励民间资金和民间机构建立和管理保护地，为公益保护地模式提供更明确的政策保障和激励措施。

（二）建立行业标准和技术指南，为公益保护地提供明确的方向指引和技术支撑

目前很多社会公益保护地的在地实践已经各自积累了一定的经验，但大多数还是各做各的，缺少对于已有经验教训的总结提炼，对于有兴趣开展公益保护地工作的机构和个人缺少明确的行动指引。而在民间，由公益组织或社区发起的类似公益保护地的行动正在增多，例如观鸟爱好者正在大量参与湿地鸟类的监测工作②，由中国生物多样性保护与绿色发展基金会发起的"中华绿会保护地"项目在全国命名了100多个保护地③，但由于缺乏明确的边界范围和管理授权，以及长期机制化的保护行动，并不能完全满足于公益保护地的定义。如果类似的保护地能够按照公益保护地的定义，明确边界，开展长期保护行动，并与利益相关者沟通获得法律或事实上的保护地位，那由公益组织管理的公益保护地有可能大规模增加。

因此，公益保护地的长期发展需要坚持一定的标准和定义，针对各种不

① http：//www. gov. cn/zhengce/2019－06/26/content_ 5403497. htm.
② 《"任鸟飞"项目地块》，https：//bird. see. org. cn/#/landlist/index。
③ 《绿会保护地体系简介》，http：//www. cbcgdf. org/NewsShow/4855/4345. html。

同治理和管理类型的典型案例进行深入分析，认真总结经验教训，全面构建社会公益保护地的认定标准、分类体系和评价体系，并且制订不同类别保护地的操作标准和技术指南，为更多有志于推动社会公益保护地发展的民间机构提供方向指引和技术支撑。公益保护地联盟先后在 2017 年和 2019 年组织专家编写发布了《社会公益自然保护地定义及评定标准》（G.16）和《社会公益自然保护地指南》（G.17）。这些以及在本书中精选的 10 个公益保护地或类似公益保护地的实践案例（G.6~G.15）都是希望为公益保护地的实践者提供更多经验分享和技术指导。

（三）开展人才培养和能力建设，为公益保护地提供职业化的保护地管理人才

保护地的管理需要具有多学科知识和综合管理能力的专业人才，而我国的保护地管理人员整体数量不足、专业水平不高，造成管理水平较为落后，这一点无论是政府管理的保护地，还是民间机构管理的社会公益保护地都面临相似的问题。

从 2017 年开始，公益保护地联盟就依托合一绿学院的培训平台①，为公益保护地的从业者先后设计并开展了两期共 25 次线上培训，累计观看接近 1 万人次，涉及的议题有保护工作中的巡护监测、保护计划制定、社区工作、自然教育、项目筹资等热点议题，通过行业专家指导和伙伴实战分享、理论介绍，为社会公益保护地从业人员解析实践入门知识，形成理论体系框架，为实践提供理论引导；行业优秀案例分享，则让学员拓宽工作思路、了解行业最新实践信息，并就如何采取有效并适应当地实际情况的工作手法探索适合自己的保护地模式。

未来仍然需要持续打造更为专业化体系化的针对保护地管理的人才培养和能力建设项目，不断为社会公益保护地输送高水平的管理人才。

---

① https：//www.lvziku.cn/courses/nature/newest？page=1.

（四）探索多元化的资金渠道，为公益保护地提供可持续的保护管理资金保障

与政府管理的保护地拥有财政拨款的稳定资金来源不同，社会公益保护地高度依赖社会捐赠资金，保护地的建设和运营需要民间机构持续不断地出资，而这种慈善捐赠资金会受到外部环境的极大影响，其可持续性是一个较为突出的问题。现有的公益保护地主要依靠公益捐赠，一旦公益捐赠资金不能满足保护地管理需求，就会面临保护行动得不到延续的问题。联盟建立后也致力于为公益保护地链接更多外部资源。例如在联盟的推动下，蚂蚁集团旗下支付宝平台上的蚂蚁森林项目自 2017 年起开创性地开发了保护地业务，按照公益保护地的定义和标准支持民间公益组织在生物多样性丰富且未纳入正式保护地体系的地区建立和管理公益保护地。截至 2020 年底，通过投入专项资金，支持公益保护地的各项保护工作，蚂蚁森林共支持了 13 个公益保护地，总计超过 420 平方公里，也成为近 5.5 亿公众用户参与低碳环保和生态保护的平台。此外，大部分公益保护地也都意识到了可持续运营的重要性，已经开始尝试政府采购服务、生态产品开发、自然教育体验等各种渠道的可持续运营管理措施。社会公益保护地要想长久地运转，未来需要探索更为多元化的资金渠道。

国 际 交 流

International Experiences

G.4

公益保护地建设和发展的国际经验

靳 彤 冯明敏*

摘　要：　本文从国际视角介绍了自然保护地的管理类别和治理类型，
　　　　　总结回顾了公益治理类型的自然保护地在全球范围内的发展
　　　　　历史、现状与成果以及问题挑战，并分别以美国、澳大利亚
　　　　　及巴西为案例，系统分析了各个国家公益治理类型自然保护
　　　　　地的保护机制、发展现状和激励措施，以期为我国的公益保
　　　　　护地发展提供借鉴。

关键词：　公益保护地　治理类型　国际经验　土地信托

---

* 靳彤，动物学博士，大自然保护协会（TNC）中国项目科学主任，主要研究方向为保护地规
　划与管理，中国社区保护地专家组成员，全过程参与了社会公益保护地模式的落地实践；冯
　明敏，耶鲁大学森林与环境学院环境管理硕士，曾任大自然保护协会（TNC）科学保护研究
　专员，参与了社会公益保护地试点的前期规划与管理。

一 自然保护地的治理类型

自然保护地是全球自然保护战略的核心，也是世界公认的最有效的自然保护手段。世界自然保护联盟（IUCN）将自然保护地定义为"一个明确界定的地理空间，通过法律或其他有效方式获得认可、得到承诺和进行管理，以实现对自然及其所有的生态系统服务功能和文化价值的长期保护"①。截至 2021 年 5 月，世界自然保护地数据库（World Database of Protected Areas，WDPA）已收录了全世界 246 个国家和地区的 265908 个保护地信息，覆盖了全球 16.64% 的陆地和内陆水域，以及 7.74% 的海域②。

2003 年第五届世界公园大会，首次提到了自然保护地的治理类型（Governance Type），之后针对这一主题的讨论越来越多。"管理"更关注保护地为实现保护目标做了什么，以及实现保护目标的手段和行动，管理类别划分的依据是保护地的主要管理目标，与所有权和管理权无关；而"治理"更关注由谁来决策（决策主体）、这些决策是如何制定的（决策过程）、谁拥有权力、权威和责任（权责分担）以及谁来负责（问责）。良好的治理有助于保护地实现保护目标，是预防和解决社会冲突的关键③。2013 年，IUCN 发布指南，将自然保护地的治理类型划分为政府治理、共同治理、公益治理和社区治理 4 类（见表 1），每种治理类型都可与任一管理类别相对应④。政府治理是指政府部门拥有管理保护地的权利、责任和义务，决定其保护目标，制定和实施管理计划，通常也拥有保护地的土地、水和其他相关

---

① 达德里主编《IUCN 自然保护地管理分类应用指南》，朱春全等译，中国林业出版社，2015。
② UNEP-WCMC and IUCN 2021, Protected Planet Report 2020, Cambridge UK；Gland, Switzerland, https：//livereport. protectedplanet. net/.
③ 沈兴兴、曾贤刚：《世界自然保护地治理模式发展趋势及启示》，《世界林业研究》2015 年第 28 期，第 44 ~ 49 页。
④ Borrini-Feyerabend, G., N. Dudley, T. Jaeger, B. Lassen, N. Pathak Broome, A. Phillips and T. Sandwith（2013）, Governance of Protected Areas: From Understanding to Action, *Best Practice Protected Area Guidelines Series* No. 20, Gland, Switzerland：IUCN. xvi + 124pp.

资源。有些情况下，国家拥有对自然保护地的管理权，决定保护地的管理目标，但将其规划和日常管理工作交给政府下属组织、非政府组织、私营机构或社区；共同治理是指通过复杂的机构设置机制和过程，在众多（正式和非正式）赋权的政府或非政府部门之间分享管理的权利和职责，多个利益相关方共同组成管理机构，具有决策权并承担相关职责；公益治理包括由个人、合作社、非政府组织或公司控制和管理的自然保护地，其管理可以按照非营利或营利方式实施，管理保护地及其资源的权利为土地所有者拥有，并根据适当的法律框架设定保护目标、制定和实施管理计划，负责相关决策的执行；社区治理是指原住民或当地社区通过各种正式或非正式的约定或法律形式，拥有对自然保护地的管理权和职责义务，这些地区应具有明确的机构和法规，确保保护地保护目标的实现。

表 1　IUCN 自然保护地治理类型

A 类:政府治理			B 类:共同治理			C 类:公益治理			D 类:社区治理	
联邦或国家部委机构负责	国家级以下部门或机构负责	政府委托管理(例如委托NGO)	跨境管理	合作管理(多重影响下的多种形式)	联合管理（多利益方管理委员会）	私有土地拥有和管理	非营利组织管理(NGO或大学等)	营利组织管理(企业所有者、合作社等)	由原住民建立和管理的原住民自然保护地和领地	由当地社区建立和管理的社区自然保护地

二　公益治理类型的保护地

在 4 种治理类型中，由个人或团体、非政府组织（NGO）、营利性机构、科研机构以及宗教团体治理的保护地被统称为公益治理自然保护地（Privately Protected Areas，PPA，以下简称"公益保护地"，也有译为"私有保护地"）。

公益保护地在世界范围内有着悠久的历史，德国第一个公益保护地可追溯至 19 世纪 80 年代，一个民间团体为了保护波恩附近的一片山脉免受采石场破坏而买下了这片土地进行保护，英国非政府组织（NGO）自 19 世纪末就拥有并管理着自己的保护区，而著名的美国土地信托运动发源于 1891 年。相较于政府主管的保护地，公益保护地的管理十分灵活，节省了反复谈判和协商的时间。在政府无法开展保护工作的地区，公益保护地可以成为很好的补充手段。它不仅可以连接和扩大已有保护区，还可以将私有土地和土地所有者纳入保护工作中，为社会力量提供参与保护工作的机会，也开拓了新的保护地资金来源。

　　然而在过去，公益保护地并没有全球范围内的统一定义，也缺乏系统的数据，并未得到全球保护地体系的重视和认可。为了改变这一现状，IUCN 于 2014 年发布了报告 *The Futures of Privately Protected Areas*，对包括中国在内的 17 个国家的公益保护地状况进行了综述，在此基础上总结梳理了公益保护地的统一定义、全球现状及发展趋势、面临的问题和挑战，并提出了相应的建议①。

　　通过对 17 个国家公益保护地现状的回顾，报告发现不同国家和地区的公益保护地分布不均匀，其保护目标和保护手段也各有不同：在拉美国家，公益保护地十分普遍，巴西和哥伦比亚等国家已将其纳入官方保护地体系；在加拿大、美国和墨西哥等国家，公益保护地有着悠久的历史；在非洲，南非和肯尼亚拥有完善的公益保护地体系，并被整合进国家保护战略中；相比之下，亚洲国家的公益保护地数量较少，但一些国家开始意识到它的潜力，未来其数量可能会有所增加。

　　报告也指出，公益保护地目前仍然面临着许多问题：第一，公益保护地仍然缺少明确的定义，在管理上也没有统一的标准；第二，大部分的保护地面积较小，生物多样性、丰富度可能比较有限，难以达到保护目的；第三，保护主体能力有限，国家或地区制定保护政策和决策时，公益保护地常常被

---

　　① Sue Stolton, Kent H. Redford and Nigel Dudley（2014），*The Futures of Privately Protected Areas*, Gland, Switzerland：IUCN.

忽视；第四，缺少有效的激励机制，一些激励机制只在短期内有效，或是产生了意料之外的不良后果；第五，保护的持续性，这也是公益保护地未得到广泛认可的最大问题。一般而言，至少持续开展保护工作25年以上的区域才能满足自然保护地的"长期性"定义，但公益保护地极有可能因为土地所有者的想法改变或产权变更而导致保护工作不能持续进行；第六，公益保护地的管理受到管理者所拥有的所有权类型的限制，尤其是在海洋类型的保护地中，航运、捕鱼等权利超出了地域所有权的范围，对保护地的管理有很大影响。

尽管面临诸多问题，但近几十年里，公益保护地的数量、面积、类型和参与的组织都呈现快速增加的趋势，公益保护地的网络也在逐步建立。截至2018年3月，世界自然保护地数据库（WDPA）中共收录了13247个公益治理类型的自然保护地，分属25个国家和地区，占数据库中全部保护地数量的5.6%，总面积394970平方公里，约占全部保护地面积的0.6%（见表2）。其中美国的数量最多，共8754个；南非的面积最大，共135844平方公里。在这13000多个公益保护地中，57.1%的治理主体是非营利组织，42.6%的保护地治理主体为个人土地拥有者，只有不到0.3%的治理主体为营利机构。但由于WDPA的主要资料来源于各国政府，在公益保护地未被纳入国家保护地体系或是未被政府法律政策框架所认可的国家，其数据明显被低估①。

为了在全球范围内给公益治理类型的保护地建立和管理提供规范和指导，IUCN于2018年正式发布了自然保护地最佳实践指南系列的第29个指南——*Guidelines for Privately Protected Areas*，分别从公益保护地的建立、管理、激励措施、持续性、特定子类别相关问题、与国家保护地体系协作、记录汇报和公益保护地网络这8个章节给出了一系列操作原则和相应的案例②。

---

① Heather Bingham, James A. Fitzsimons, Kent H. Redford, Brent A. Mitchell, Juan Bezaury-Creel and Tracey L. Cumming (2017), Privately Protected Areas: Advances and Challenges in Guidance, *Policy and Documentation*, Parks 23 (1): 13 – 27.

② Mitchell, B. A., Stolton, S., Bezaury-Creel, J., Bingham, H. C., Cumming, T. L., Dudley, N., Fitzsimons, J. A., Malleret-King, D., Redford, K. H. and Solano, P. (2018), Guidelines for Privately Protected Areas, *Best Practice Protected Area Guidelines Series* No. 29, Gland, Switzerland: IUCN. xii + 100pp. Available at: https://portals.iucn.org/library/node/47916.

表2 全球各治理类型保护地的数量和面积（UNEP-WCMC，2018）

	治理类型	数量（个）	数量占比（%）	面积（平方公里）	面积占比（%）
政府治理	联邦政府或国家部门/机构负责	140118	59.3	23657057	39.1
	地方政府部门/机构负责	49227	20.8	5425192	9.0
	政府授权管理	315	0.1	412794	0.7
共同治理	合作管理	4853	2.1	9802254	16.2
	联合管理	2804	1.2	2305895	3.8
	跨边界管理	1	0.0	6074	0.0
公益治理	非营利组织管理	7570	3.2	208395	0.3
	营利机构管理	36	0.0	2523	0.0
	个人土地拥有者管理	5641	2.4	184052	0.3
社区治理	原住民	1100	0.5	1838081	3.0
	当地社区	536	0.2	240877	0.4
未上报		24037	10.2	16426099	27.1
合计		236238	100	60509293	100

资料来源：UNEP-WCMC and IUCN（2018），Protected Planet：The World Database on Protected Areas（WDPA）[Online]，March 2018，Cambridge，UK：UNEP-WCMC and IUCN，www. protectedplanet. net。

需要特别指出的是，根据中国自然保护地体系的现状，社会公益自然保护地联盟对公益保护地的定义并不完全等同于公益治理类型下的私有保护地（Privately Protected Area），而是与IUCN的4种治理类型都有一定的交叉，包括私有保护地、社区保护地、共管保护地，以及由政府委托管理的正式保护地（见表3）。

表3 中国公益保护地治理类型与IUCN保护地治理类型的对应关系

中国公益保护地治理类型	IUCN保护地治理类型
A1. 民间非营利性机构治理	公益治理（非营利组织管理）
A2. 民间营利性机构治理	公益治理（营利机构管理）
B1. 社区治理	社区治理（原住民和当地社区管理）
B2. 自然人治理	公益治理（个人土地拥有者管理）
C. 联合治理	共同治理（三种类型）
D. 政府委托管理的正式保护地	政府治理（政府授权管理）

三 公益保护地建设和发展的国际经验

（一）美国的土地信托运动（Land Trust Movement）

以土地保护为主要目标的土地信托模式起源于美国，其历史与国家公园几乎一样长。美国第一个土地信托组织——The Trustees of Public Reservations（后更名为 The Trustees of Reservations）于 1891 年在马萨诸塞州成立，仅比第二个国家公园的建立晚一年。与国家公园建立的初衷相似，土地信托组织希望通过保护私有土地的方式为公众保留一些自然土地。

由于私有土地主要分布在美国的中东部地区，早期的土地信托机构和私有保护地集中在美国东部。早期的土地信托发展缓慢，一方面是因为宣传较少，大多数人不了解这个概念，另一方面是因为政府在这个时期也在积极地进行土地保护，建立了很多国家公园，而个人由于 1930～1941 年的经济大萧条没有余力开展保护工作。20 世纪 60 年代，《寂静的春天》出版、一系列与环境相关的法案陆续颁布，美国公众的环保意识开始觉醒，土地信托组织的数量快速增加（见图 1）。到 80 年代初，全美国共有大约 400 家土地信托组织，其中建立于 1951 年的大自然保护协会（The Nature Conservancy，TNC）和建立于 1972 年的 The Trust for Public Land 被认为是当时的典范。

早期的土地信托组织大多闭门造车，交流甚少。1981 年，林肯土地政策研究院（Lincoln Institute of Land Policy）组织了第一次全国性的土地信托会议，各地的土地信托管理者第一次聚在一起，讨论土地信托组织的现状、需求和可能的合作方向。1982 年，土地信托联盟（Land Trust Alliance）成立，联盟开始帮助新的土地信托组织建立，协调各组织参与政府相关法律的讨论，并陆续发布了土地信托的标准和系列指南①。联盟的建立使土地信托

---

① Hocker, J. (2007), The Land Trust Alliance: And the Modern American Land Trust Movement, Forest History Today, (Spring/Fall), 24－29.

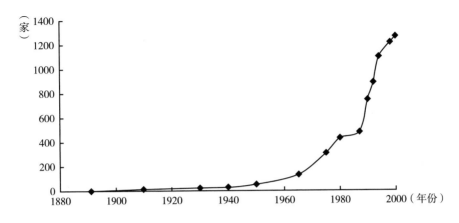

图1 美国土地信托组织数量变化（1880～2000年）

资料来源：Brewer, R. (2004), Conservancy：The Land Trust Movement in America, UPNE。

组织在80年代中期迎来了一个快速增长的时期。

目前，土地信托联盟（http：//www. landtrustalliance. org）已有超过1000家土地信托组织会员和500万名个人会员，致力于为全国的土地信托机构提供服务，其主要工作包括在国家层面上推动公共政策、面向公众进行土地保护宣传、为土地信托组织提供能力培训和法律援助、对土地信托组织进行合格认证。该联盟自2000年起对全国的土地信托组织每5年进行一次普查，每年召开一次全国性的会议，并且管理着全美国土地信托组织的在线地图和数据库①。据最新发布的普查报告，截至2015年12月，美国共有1363个活跃的土地信托组织，管理的资金总量达21.8亿美元，保护了约5600万英亩的土地，约占美国国土面积的2.3%，与2005年相比增长了55%。在WDPA 2017年10月的记录中，美国34073个保护地中有18.5%是由NGO治理的，7.1%是由私人土地拥有者治理的②。目前，土地信托的三

① https：//www. findalandtrust. org/。
② UNEP-WCMC (2017), Protected Areas Map of the World, October 2017, http：// www. protectedplanet. net。

个优先方向是保护重要的自然区域或野生动物栖息地、保护水质和湿地、保护农场及牧场。相较于保护单独的一片土地，土地信托组织从保护整个生态系统的角度出发，越来越关注对生态廊道、迁徙路线、流域等的保护。

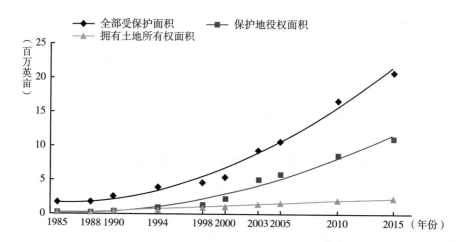

图2　美国州级和地方级土地信托组织保护的土地面积（1985～2015年）

资料来源：Chang，K.（2016），2015 National Land Trust Census Report，Washington，DC：Land Trust Alliance。

在美国，土地信托组织对私有土地的保护主要有以下3种方式。

（1）永久性私有保护地（Freehold Private Reserve）：土地信托组织通过土地交易或接受捐赠获得土地所有权，建立私有保护地。保护组织完全拥有土地所有权，不受任何限制。这种方式简单快捷，早期运用较多，但成本较高，有的土地信托组织会将土地捐献给政府以减少管理成本。

（2）保护地役权（Conservation Easement）：保护地役权是由土地所有者与土地信托组织或政府机构签署的、有法律效力的自愿协议，将土地的"保护权"移交给保护机构，土地所有者仍可拥有并使用土地，但土地的使用会受到保护目标的限制。协议具有永久性质并跟随土地，不会随土地所有者的变动而改变。1981年，统一保护地役权法案（Uniform Conservation Easement Act）正式颁布，明确了保护地役权的法律效力。20世纪80年代以后，由于成本较低，购买保护地役权成为一种被广泛运用的受法律保护的私有土地保护措施①。根据 2015 年土地信托联盟的普查报告，土地信托组织保护的 5600 万英亩土地中，有大约 30% 的土地是通过保护地役权的方式被保护的。

（3）非永久性私有土地保护：保护机构或政府与私有土地所有者签订管理协议或租赁协议以开展土地的保护管理工作，但协议具有时效性，并非永久性保护，会受到土地所有者变更的影响。严格来说，这种保护形式不符合 IUCN 保护地 "永久保护" 的要求，但是存在转变为永久保护地的可能性。这个类型的典型案例就是美国《农业法案》（Farm Bill）下的 "土地休耕/休牧保护计划"（Conservation Reserve Program），项目与农民/牧民签订协议，提供一定的补偿资金使他们停止在一些敏感的区域，比如河滨地区和湿地耕作/放牧，协议期限一般为 10~15 年。

与传统的自上而下的公有土地保护管理不同，私有土地的保护是自下而上的自愿行为。为了推动私有土地保护和土地信托组织的发展，美国在联邦政府和州级政府层面上都出台了各种激励性措施，主要分为税收优惠政策和资金支持项目。

（1）税收优惠政策：保护地役权是可以被捐赠的，但并没有相应的补偿措施。根据 1976 年出台的法律，捐赠地役权也可以享受许多税收优惠，这些优惠措施在一定程度上补偿了土地所有者捐赠地役权后由于土地使用限制带来的损失。这些税收优惠政策对于促进志愿性质的土地保护来说具有巨大的推动作用。对于保护地役权捐赠来说，最主要的税收优惠政策包括联邦政府所得税减免、土地和房产税优惠以及州级和地方政府税收优惠。据推算，2000~2008 年，捐赠了保护地役权的个人所获得的联邦政府所得税减免额度总计达 36 亿美元，如果算上企业捐赠相关的所得税减免，这个数字还会更大②。

---

① Johnson, L. A. (2014), An Open Field: Emerging Opportunities for A Global Private Land Conservation Movement, Lincoln Institute of Land Policy, Working Paper, https://www.lincolninst.edu/publications/working-papers/open-field.

② Colinvaux, R. (2012), The Conservation Easement Tax Expenditure: In "Search of Conservation Value", *Columbia Journal of Environmental Law* 37 (1).

（2）资金支持项目：政府也出台了一系列项目出资直接购买土地或保护地役权，例如美国《农业法案》（Farm Bill）下设的一系列保护项目，为土地信托组织购买有保护价值的土地或是保护地役权提供配套资金；由美国国家林务局（U. S. Forest Service）管理的森林遗产项目（Forest Legacy Program），通过购买私有林地的保护地役权或土地保护有重要价值的森林；联邦政府1989年发起的《北美湿地保护法案》（North American Wetlands Conservation Act，NAWCA）为非政府组织在湿地保护方面的投入提供配套资金，目前已经在全美50个州以及墨西哥、加拿大累计资助了2200个项目，保护了2600万英亩的湿地和野生动物栖息地。

（二）澳大利亚的国家保护地体系

20世纪90年代中期之前，澳大利亚的保护地通常都是在已有的公共土地上设立的，并且一般会是一些不适用于农业耕作的剩余土地。随后澳大利亚政府提出了全面性（Comprehensive）、妥善性（Adequate）和代表性（Representative）的科学原则（CAR），采取更有针对性的方法来建设保护地，把重点放在填补缺口和保护未被充分重视的生态系统上，并且将私人土地所有者、保护组织以及原住民建立和管理的保护地都纳入国家保护地体系中。目前，澳大利亚的国家保护地体系（National Reserve System）是由公立保护地（政府所有）、原住民管理的保护地、私有保护地以及共同管理保护地这4种类型构成的保护地网络①。

2009年，澳大利亚自然资源管理委员会明确提出了私有保护地（PPA）的定义：私有保护地首先要符合IUCN的保护地定义，符合"有价值"、"管理有效"和"明确界定"的标准，并通过法律或其他有效途径（如合同、契约、协议等其他方式）保证至少99年的长期管理。对于私有保护地，特别提出了需要保证"永久保护，且任何管理状态上的变动需经过部级或者

---

① The Natural Resource Management Ministerial Council (2009), Australia's Strategy for the National Reserve System 2009–2030, http://www.environment.gov.au/land/nrs/publications/strategy-national-reserve-system.

法令的批准"。

澳大利亚的私有保护地主要有以下 3 种类型：

（1）保护契约（Conservation Covenant）：土地所有者与保护机构签订契约，由授权机构帮助土地所有者开展保护和管理工作。保护契约具有永久性质，即使土地所有权被转让，也不会影响保护契约本身。保护契约是澳大利亚私有保护地最主要的建立形式；

（2）保护组织通过国家保护地体系项目（National Reserve System Program）购买的土地；

（3）受到特殊法律或国家公园法规保护的区域。

与公立保护地和社区保护地相比，私有保护地的数据统计并不完善。根据澳大利亚保护地数据库（Collaborative Australian Protected Area Database，CAPAD）2014 年的统计，澳大利亚各类保护地共约 137.5 万平方公里，占国土面积的 17.88%，其中私有保护地 1223 个，面积约 72400 平方公里，占所有保护地面积的 5.27%，占国土面积的 0.94%[1]。但由于只有部分省份会向 CAPAD 上报保护契约的信息，因此 CAPAD 中的私有保护地信息并不完整。根据另一项研究的统计，截至 2013 年 9 月，澳大利亚共有约 5000 片区域可被认作是私有保护地，共覆盖了约 89130 平方公里的土地。其中有近 4900 个保护契约，面积约 44500 平方公里；约有 140 片私人土地信托拥有的土地，面积共约 45185 平方公里；还有少数由其他组织所有的私有保护地[2]。

尽管数量有限，但得益于国家保护地体系项目（National Reserve System Program），澳大利亚的私有保护地在过去 15 年间迅速增加。该项目鼓励在保护优先级高的土地上建立保护契约，为私有保护地的土地购买及短期应对紧迫威胁提供 2/3 的资金，剩余 1/3 由私人社团团体或非政府组织提供[3]。近年

① CAPAD（2014），http：//www. environment. gov. au/land/nrs/science/capad.
② Fitzsimons，J. A.（2015），Private Protected Areas in Australia：Current Status and Future Directions，Nature Conservation，10，1.
③ Figgis，P.（2004），Conservation on Private Lands：The Australian Experience，IUCN.

来，政府激励的重心转移为短期管理协议（如 5～15 年）的管理支出。在国家层面，持有高保护价值土地保护契约的土地所有人可以享受税收减免优惠。

（三）发展中国家的公益保护地体系——巴西

作为发展中国家，巴西的私有保护地体系较为完善，私有土地上的自然保护分为两种不同的机制：义务机制和自愿机制①。

1. 义务机制

根据 1988 年宪法，所有乡村土地都必须合理利用自然资源并且保护环境，基于这个规定产生了两种私有土地的义务保护机制：法定保护区（Legal Reserves）和永久保留区（Areas of Permanent Preservation）。法定保护区以实现自然资源可持续利用、保护和恢复生态过程与生物多样性，以及保护原始动植物为目标，土地所有者只能开展可持续森林管理，不能砍伐森林植被；永久保留区可以不包含原始植被，主要提供水源涵养、维持景观和地质稳定、保护生物多样性和基因流、土壤保持等功能，通常是作为水源地、沼泽、陡坡等区域的缓冲带。一旦私有土地被划定为这两类区域，土地所有者需要承担义务性的保护职责，不会获得相应补偿。但在巴西，法定保护区和永久保留区均缺少相应的执行情况评价，据研究大部分区域并没有得到有效的保护。

另一种义务保护机制是根据国家系统保护单元（National System of Conservation Units，NSCU）的相关法律规定（law 9985/00），可以在私有土地上设立 4 种政府保护地类型：环境保护区（Environmental Protection Areas）、国家纪念物（National Monuments）、重要生态利益区域（Areas of Relevant Ecological Interest）和野生动物庇护所（Wildlife Refuge）。被纳入政府保护地的私有土地需要在保护地管理者和土地所有者对于管理目标达成共识的基础上进行管理。

---

① Sue Stolton, Kent H. Redford and Nigel Dudley (2014), The Futures of Privately Protected Areas, Gland, Switzerland: IUCN.

2. 自愿机制

在国家系统保护单元的体系内，土地所有者也可以自愿建立保护地，这类保护地在巴西被称为自然遗产私有保护区（Private Reserve of Natural Heritage，以下简称私有保护区），是国家保护地体系 12 种保护地类型中的一种。私有保护区由土地所有者自愿建立，并被政府认可，具有永久性质，国家、州、市均可有自己的管理条例。其主要目标是保护生物多样性，只要不与保护目标相违背，科学研究、旅游、娱乐和教育等活动均可在保护区内开展。

自 1990 年第一个私有保护区出现，过去 10 年内巴西的私有保护区数量增加了 80%，目前仍在迅速增长中。截至 2014 年，巴西的 27 个州和 571 个市镇共建立了 1094 个私有保护区，保护了大约 7030 平方公里的土地。私有保护区的平均面积约为 640 公顷，但不同区域内面积大小差别极大①。潘塔纳尔（Pantanal）生态区的私有保护区平均面积约为 11160 公顷，而大西洋沿岸森林生态区（Atlantic Forest）由于生境破碎化较为严重，私有保护区平均面积仅有 187 公顷，但数量众多且分布集中，共有 762 个，占巴西私有保护地总数的 70%，保护了大西洋沿岸森林生态区内 80% 的原始生境。

尽管总面积只占巴西所有保护地的 0.33%，但私有保护区在巴西的自然保护中仍然起到重要的作用。一方面是因为私有保护区大多建立在政府保护区附近，起到了连接关键区域、建立生态廊道、扩大自然生境的作用；另一方面，一些区域内的土地价格十分昂贵，政府无法承担新建保护区的费用，私有保护区则可以填补这一空缺。根据一项对巴西 34 个私有保护区的管理评估显示，私有保护区的管理水平虽然不高，但与巴西的政府保护区管理水平并无差异②。

① CNRPPN-Confederação Nacional de RPPNs（2014），http：//www. rppnbrasil. org. br/. Accessed 20 September 2014.

② Pellin, A. （2010），Avaliação dos aspectos relacionados à criação e manejo de Reservas Particulares do Patrimônio Natural no Estado do Mato Grosso do Sul, Brasil, PhD thesis. São Paulo：Universidade de São Paulo.

巴西的私人保护区目前面临着以下问题和挑战，这些问题未来可能会限制私有保护区的新建和影响已有保护区的保护成效。

（1）复杂的行政程序不利于私有保护区的建立：由于负责认定私有保护区的政府机构效率低下，而且建立私有保护区的流程和标准日益复杂，申请建立一个新的私有保护区也更加困难。

（2）缺少政策激励和社会认可：除了农村房产税减免（Rural Property Tax, RPT）外，其他法律规定的激励措施如优先获得政府保护基金、优先获得农业贷款、获得生态补偿等并没有被有效地实行。而农村房产税的减免额度非常小，因此大多数私有保护区所有者并不认为这项激励措施很有吸引力。

（3）私有保护区所有者缺少管理经验：大多数土地所有者并没有管理保护区的经验，这为保护区制定合适的管理目标和策略带来了很大的挑战。目前政府对于私有保护区管理和评估的支持也较少。私有保护区所有者协会在这方面发挥了很大作用，可以帮助土地所有者新建私有保护区、寻找合作伙伴及管理资源、对私有保护区进行宣传、促进经验交流和开展培训，并协助与政府环保部门进行沟通。目前在巴西19个州共有16个这样的协会，以及一个国家私有保护区联盟（National Confederation of RPPNs）。

G.5
保护地役权制度对
中国自然保护地建设的启示

韦贵红　靳　彤　杨方义 *

摘　要：　保护地役权是为了公共利益，限制土地所有权人或使用权人的部分权利或赋予相应的义务，同时地役权人对所有权人或使用权人进行补偿。保护地役权制度提供了保护自然资源或历史文化遗迹的法律途径，逐渐被许多国家所采纳。土地私有制国家通过保护地役权的设立，在私有土地上开展自然保护。中国正在构建以国家公园为主体的自然保护地体系，通过设立适合国情的保护地役权，可以在集体土地上开展自然保护，建立新的自然保护地，满足公众利益的需求。

关键词：　保护地役权　土地信托　自然保护地建设　社会参与

一　保护地役权及土地信托

（一）设立保护地役权是通过平等协商、签订民事合同实现的

保护地役权是地役权的一种类型，主要用于保护自然和历史文化资源，

* 韦贵红，北京林业大学国有林场法律与政策研究所所长，教授，主要研究方向为美国的保护地役权制度与中国实践；靳彤，动物学博士，大自然保护协会（TNC）中国项目科学主任，主要研究方向为保护地规划与管理，中国社区保护地专家组成员，全过程参与了社会公益保护地模式的落地实践；杨方义，桃花源生态保护基金会保护联盟策略总监，长期任职于自然保护机构，主要研究方向为自然保护政策及投资。参与了社会公益自然保护地联盟的建立，并担任国际土地信托网络的执行委员。

缘起于美国，并逐渐被加拿大、澳大利亚、坦桑尼亚等国家所采纳。19 世纪 50 年代后期，威廉·怀特首次提出自然保护地役权的概念，最早体现在联邦政府和州政府为了保护公共的景观权与高速公路和景区持有人签订的保护地役权合同中。1981 年美国国会通过了《统一保护地役权法案》，将保护地役权定义为"权利持有者对于不动产施加限制或积极性义务的非占有性利益，其目的包括保留或保护不动产的自然、风景或开放空间价值，确保该不动产可以被用于农业、林业、娱乐或开放空间等，以便保护自然资源，维护或提高空气和水的质量，或者保护不动产的历史、建筑、考古或文化价值"①。通俗地说，保护地役权是为保护生态环境和自然资源、保存历史文化价值等公共利益，由政府、公益组织（保护地役权人）等主体与土地权利人（供役权人）签订的一种自愿性的法律协议，以对土地的一些权利施加永久性限制。供役权人负责履行保障实现保护自然资源和生态环境、开放空间等义务，持有保护地役权的主体支付一定的费用并负有监督职责，供役权人在收取费用的同时还享受税收上的优惠等政策。目前，保护地役权已有近 40 年的立法历史，并成为诸多国家保护自然和文化资源的一项重要法律制度。

（二）保护地役权是国际上进行土地保护的主要手段之一

保护地役权刚刚出现时只承认政府作为保护地役权持有人，1969 年马萨诸塞州通过立法允许非营利性组织持有保护地役权，通过保护地役权交易为本地居民提供长期的经济和自然资源利益，成为美国首个承认非营利性组织可以持有保护地役权的州。1981 年《统一保护地役权法案》颁布后，保护地役权由于成本较低，成为被广泛应用的保护措施，并发展迅速。

目前，保护地役权已经在美国各州得到广泛应用，保护了大量的土地，是保护领域中被广泛使用的工具。据美国保护地役权数据库统计，目前美国

---

① 韦贵红：《中国自然保护地役权实践》，《小康》2018 年第 25 期，第 28 ~ 30 页。

有 167721 项保护地役权，保护面积达到约 112282 平方公里①。其中，非政府组织持有保护地役权的面积占 42.74%，州政府占 22.53%，联邦政府占 21.51%，地方政府占 5.80%，其他机构占 7.42%（见图 1）②。

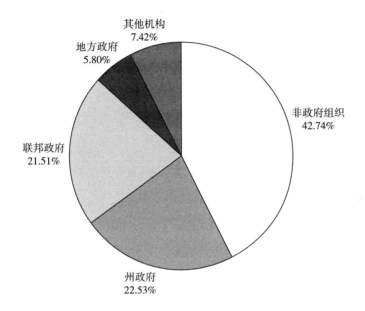

图 1 美国不同主体持有保护地役权的面积占比

资料来源：美国保护地役权数据库。

其中持有保护地役权的非政府组织主要是土地信托组织（Land Trust）。土地信托，在美国是指一类特定的非营利性机构，这些机构致力于通过购买或管理私有土地或私有土地的保护地役权来实现土地保护目标。根据 2015 年土地信托联盟的普查报告，截至 2015 年 12 月，美国共有 1363 个活跃的土地信托组织，保护了约 5600 万英亩（约 22.8 万平方公里）的土地，约占美国国土面积的 2.3%。在土地信托组织保护的土地中，大约 30% 的土地是

---

① https：//www. conservationeasement. us/.

② https：//www. conservationeasement. us/storymap/index. html.

通过保护地役权的方式被保护的，是 2005 年数据的 2.7 倍多①。

由于保护地役权在美国的实践非常成功，此后很多国家，包括加拿大、澳大利亚、新西兰以及非洲的乌干达、肯尼亚、坦桑尼亚等开始纷纷引入该制度，通过立法确定了保护地役权，用于自然资源和历史遗产保护。

二 保护地役权制度的特点和基本做法

（一）强有力的法律保障

地役权一般被界定为不动产的非占有性利益，通过在他人的土地上产生一个利益，允许地役权权利人限制负担地的使用。地役权的制度构造为保护地役权的设立提供了法律途径。1981 年，美国统一法律全国委员会集体讨论并通过了《统一环境保护地役权法》，该法对保护地役权的概念、持有主体、设立、转让和强制执行等各方面都做了原则性的规定②。2000 年，美国在《第三次财产法重述：役权》中重新阐述了保护地役权，是目前对保护地役权概念最权威的界定。两个法案都明确界定了保护地役权是利用地役权制度要求土地权利人开展某些行为或限制土地权利人不得开展某些行为，以实现特定的公共利益。通过保护地役权合同，保护地役权人与供役地人之间形成了地役权法律关系，为保护地役权人设定了物权性的私法权利。在两个权威法案的引导下，美国大部分州都通过了保护地役权立法并特别规定了对自然资源的保护。

（二）严格的操作流程和专业指导

美国保护地役权的权利持有者一般为政府机构或非营利组织。1988 年，

① 土地信托联盟：《2015 年美国土地信托统计报告》，http：//s3. amazonaws. com/landtrustalliance. org/2015NationalLandTrustCensusReport. pdf。
② 吴卫星、于乐平：《美国环境保护地役权制度探析》，《河海大学学报》（哲学社会科学版）2015 年第 3 期，第 84 ~ 88 页。

土地信托联盟就联合美国的土地信托组织，编写出版了《保护地役权手册》，2005年再次更新。手册详细解释了保护地役权的操作流程和关键要点，为提高保护地役权进行自然资源保护的有效性奠定了基础。美国保护地役权设定的基本程序主要包括5个步骤：尽职调查、价值评估、本底情况报告、协议起草和签订、管护及监测。有意向设立保护地役权的政府或公益机构首先需要对拟设定保护地役权的土地进行调查，以确定其是否符合保护地役权设定目标和标准，并考察该土地权利人是否具有接受财产权受限的意愿；一旦决定设立保护地役权，须审慎衡量设定所需的成本与效益之间的关系。土地权利人有权获得专业人员的咨询服务，以明确自身的权利和义务，并对保护地役权的价值进行合理评估，通常是根据保护地役权设立前后土地价值的变化进行估算；如果土地权利人希望通过保护地役权的捐赠或出售获得税收优惠资格，还必须准备和提交一份对土地的本底情况报告，详细记录土地的保护价值和保护地役权协议中预期将采取的保护措施和监测方案；设立过程中，双方当事人经反复磋商，在合理估价的基础上签订保护地役权契约，最重要的是明确保护目标和需要采取的保护性措施或行为限制，明确双方的权利、责任和义务；保护地役权设立后，双方还会根据契约建立后续管护和监督机制，并履行各自权责。随着手册的出版和实践的不断升级，美国也涌现出了各种能够提供专业服务的法律机构和价值评估机构，土地信托联盟和多个土地信托组织也开发了系列培训课程，为从业者建立经验和资源交流分享的平台。

（三）类型多样的激励性措施

美国政府为了鼓励私人和非营利组织积极参与土地保护，还出台了各种支持保护地役权的配套激励性措施，包括税收优惠和资金支持项目。捐赠保护地役权依法也可以获得税收上的优惠，这些优惠能够在一定程度上补偿土地所有者捐赠地役权后因土地使用限制带来的损失。2000~2008年，美国捐赠地役权的个人获得联邦政府所得税减免额达36亿美元，鼓励了土地权利人将保护地役权捐赠给政府或公益机构。

同时政府也直接出台一系列项目来购买保护地役权，为土地信托组织购买有保护价值的土地或保护地役权提供配套资金支持（见图2）。例如联邦政府在1965年设立土地和水保护基金（Land and Water Conservation Fund），根据法案每年投入9亿美元用于土地和水资源保护工作。美国内政部国家公园管理局在国家公园内私有土地上设立保护地役权，对自然资源和历史遗迹进行保护。阿卡迪亚国家公园（Acadia National Park）的土地几乎都是由私有土地所有权人捐赠，国会授权国家公园管理局负责在阿卡迪亚群岛内的私有土地上设立保护地役权，并与土地所有者一起保护自然、文化和风景名胜①。

美国农业部（USDA）自然资源保护局（NRCS）也下设了一系列保护项目，包括农业保护地役权计划和健康森林保护计划②。2018年12月20日美国颁布《农场法案》（Farm Bill），授权自然资源保护局增强保护计划的灵活性，大力支持美国农民和牧场主从事保护工作③。在州政府层面也有相关保护地役权的项目与资金支持。例如马萨诸塞州有农业保护限制项目（Agricultural Preserve Restriction，APR），主要用于保护农业用地，防止工业开发带来的农田和环境损害，通过向农场主支付农场的"公平市场价值"与"农业价值"之间的差额，以换取永久性保护地役权，避免对农业产生负面影响④。

三　对中国自然保护地体系建设的启示

中国是世界公认的生物多样性价值最为重要的国家之一，经过60多年的发展也建立起了数量众多、类型丰富、功能多样的自然保护地体系。党的

---

① https：//www.nps.gov/acad/learn/management/rm_landresources.htm.

② https：//www.nrcs.usda.gov/wps/portal/nrcs/main/national/programs/easements/.

③ https：//www.nrcs.usda.gov/wps/portal/nrcs/main/national/programs/farmbill/.

④ https：//www.mass.gov/service-details/agricultural-preservation-restriction-apr-program-details.

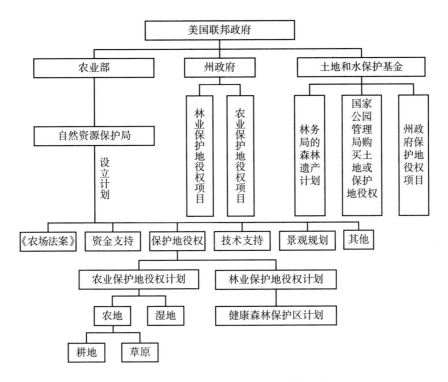

图2 美国保护地役权项目资金来源示意

十八届三中全会以来，更是将"建设以国家公园为主体的自然保护地体系"确立为重大的改革目标。

中国自然保护地范围内往往国有土地和集体土地并存。在建立以国家公园为主体的自然保护地体系过程中会面临土地权属问题，尤其是在中国南方，集体土地所占比重较大，土地问题尤为突出。若为了实现自然资源和生态环境保护目标而斥巨资赎买或租赁集体土地，中央与地方财政将难以承担巨大的资金压力，社会的可持续发展难以实现。如果能够借鉴保护地役权制度，结合中国生态补偿机制，就可以用较低的成本保护较大面积的土地，能够更好更快地建立以国家公园为主体的自然保护地体系。

美国等土地私有制国家在保护地役权上的实践证明了该制度的实施在土地私有制度下可以取得很好的自然资源保护效果。中国是土地公有制的国

家，不可能全盘照搬保护地役权制度，但在中国构建以国家公园为主体的自然保护地体系改革中，一些地方政府或民间组织也在积极探索，依据《民法典》中对地役权的规定，开展了类似于"保护地役权"的试点。例如，民间机构在四川平武县老河沟所进行的社会公益保护地的探索，在不改变林地和林木所有权、不改变林地用途和生态公益属性的前提下，由民间机构通过与地方政府签订国有林委托管理合同、集体林地流转合同的方式，获得了110平方公里森林50年的保护管理权，并在此基础上申请成立县级自然保护区；钱江源国家公园试点区实行集体林地地役权改革试点，在不改变森林、林木、林地权属的基础上，通过一定的经济补偿，限制土地所有者、承包者、经营者和使用者的权利，将其管理权通过决议和合同形式授权钱江源国家公园管理委员会，实现自然资源统一高效管理。这些类似于"保护地役权"的有益探索丰富了自然保护地对不同产权属性的自然资源进行统一有效管理的途径，也为激发社会公众和民间参与自然保护开辟了一条适合的路径。

我国的《民法典》已经确立了地役权制度，但目前适用范围较窄，缺少"保护地役权"这样一种出于公共利益的权利类型。当前的地方和民间"保护地役权"试点更多是基于双方达成的协议，法定性和约束力不足。《民法典》为引入类似于"保护地役权"的制度提供了法律制度基础，未来可以在《民法典》修订的过程中进行扩展，设立具有中国土地公有制特色的"保护地役权"这一权利类型，充分发挥其开放性和包容性的优势，构建适合于中国情况的保护地役权制度，正确处理公共利益和私人利益的关系，为中国的自然保护发挥重要作用。

借鉴国际保护地役权实践，本文为未来中国的保护地地役权制度构建提出以下几点建议。

（1）在《民法典》中明确保护地役权的相关规定。实施保护地役权需要有明确的法律规范指引，可在《民法典》中进行原则性的规定。建议在《民法典》物权编第十五章明确保护地役权是地役权的一种特殊类型，界定保护地役权的概念、性质、内容和适用范围等内容，使保护地役权取得合法地位。

（2）在自然资源单行法的修改或制定中，将法定地役权内容具体化。在自然资源的单行法如《土地管理法》《矿产资源法》《森林法》《国家公园法》等修改或制定过程中将地役权的内容具体化，明确保护地役权主体的权利义务、资金来源、地役权购买价格以及地役权登记等，规范具体的操作程序。

（3）国家出台相应的配套措施，鼓励捐赠保护地役权用于生态保护。保护地役权的设立是为了公共利益，供役地人也是公共利益的受益者，因此，不能要求有偿取得保护地役权按照市场价格计算。国家应出台税收优惠等政策，鼓励土地所有者、承包经营权人、使用权人捐赠保护地役权。

（4）鼓励社会组织参与保护地役权的试点。社会组织可以成为保护地役权的持有人。建议自然资源部等部门与社会组织开展交流合作，进行更多的保护地役权试点，为社会组织和社会资本参与自然保护提供更加便捷的方式和途径。

四　总结

设立保护地役权是进行自然资源和历史文化遗迹保护的有效手段。在中国的自然资源产权改革中，可以尝试设立具有中国特色的保护地役权，在《民法典》及相关自然资源法立法中，进行保护地役权的详细规定。在国家公园和自然保护区中用保护地役权的方式来解决保护集体土地的困难，也可以鼓励个人及民间公益组织通过保护地役权的取得帮助国家管理和保护自然保护地。

案例篇
Case Studies

G.6
四川省平武县关坝沟流域
自然保护小区的实践分析

冯 杰*

摘　要：　平武县关坝流域自然保护中心旨在以社区为主体，整合资源，授权共管，多元投入，转变当地村民过度依赖自然资源的生产生活方式，参与保护并从中持续受益，探索保护区外大熊猫栖息地的管理、原生鱼恢复和水资源保护，为实现大熊猫国家公园内人与自然和谐共处、社区保护与发展平衡的目标提供借鉴，促进生态的恢复和保护、自然资本的增长、社区自豪感的提升，实现"绿水青山就是金山银山"。

关键词：　大熊猫　关坝　保护小区　社区保护　授权共管

---

* 冯杰，北京山水自然保护中心社区保护项目主任，四川省社会科学院资源与环境中心特约研究员，中国社区保护地专家组成员，主要研究方向为资源产权与管理、农村社区保护与发展。

一 背景

四川省平武县关坝沟流域自然保护小区（以下简称"关坝保护小区"）位于涪江流域和岷山山系，距离平武县城20公里，周边分别是唐家河、老河沟、余家山和小河沟等自然保护地，地势由东向西逐渐降低起伏明显，海拔范围为1100～3080米。关坝保护小区面积40.3平方公里，位于大熊猫岷山中段大熊猫中心栖息地，属于摩天岭的生态走廊带[①]，也位于国家发布的《中国生物多样性保护战略与行动计划》中35个生物多样性优先区域之内。

关坝保护小区兼有森林生态系统和淡水生态系统，主要保护对象是大熊猫、金丝猴、羚牛、林麝、金猫、珙桐、红豆杉、连香木、石爬鳅等。根据《四川省第四次大熊猫调查报告》，在关坝保护小区的区域内，大熊猫种群密度为0.06～0.2只/平方公里，属于中密度分布，预估沟内熊猫数量为4～7只。关坝保护小区是大熊猫岷山A种群的重要栖息地，是木皮乡场镇和关坝村2个自然村600余人的饮用水源地，是进入周边自然保护地的重要门户，具有明显的缓冲作用，因此生态区位非常关键，生态价值非常重要[②]。目前，关坝保护小区处于一个保护空缺地带，主要依靠社区力量、政府采购生态服务和外部机构的支持进行守护，没有太多法定的保护要求，将来会被纳入大熊猫国家公园岷山片区范围。

关坝保护小区所在的关坝村曾是平武县73个贫困村之一，有4个村民小组，121户389人。关坝村是平武县集体林管理和大熊猫保护问题的一个典型代表，关坝保护地建立之前，村民在大熊猫栖息地内盗猎、放牧、挖药、毒炸鱼等行为仍普遍存在，沟内有10多户蜂农发展养蜂，村民春季打笋挖野菜，秋季采摘猕猴桃等野生水果和中药材，对大熊猫栖息地和生态环境造成一定影响。虽然

---

① 王曙光、冯杰、李芯锐：《生态保护与"减贫—发展"双重目标的实现机制——四川关坝模式研究》，《中国西部》2019年第3期。

② 中共绵阳市全面深化改革领导小组办公室：《平武县关坝沟流域自然保护小区改革试点自查自评报告》（绵委改办〔2017〕18号）。

关坝村成立的巡护队和林发司设立的管护站都在进行管理，但缺乏有针对性的管理计划，管护力度不够，社区群众参与度不高，保护成效不明显。

关坝保护小区内林地权属复杂，40.3平方公里范围的山林被分割成个人所有、村（社）有、乡有以及国有林四个部分，个人所有和村社所有的林地由关坝村管理，乡有集体林归木皮乡政府管理，国有林归平武县林业发展公司管理（以下简称"林发司"）。

二 治理及管理模式

为了进一步管理好关坝沟内的自然资源，2014年11月，北京山水自然保护中心（以下简称"山水"）协调关坝沟各林地权属方召开自然保护小区可行性分析研讨会；2015年3月，关坝村、林发司、乡政府三方在纸面上（特别是乡政府与林业发展有限公司）达成共识和协议，对于有争议的山林采取搁置边界争议、平均分配公益林管护资金的处理方式。三方搁置权属争议问题，共同建立关坝保护小区，授权关坝保护中心为管理主体，以托管、共管的方式来管理权属不清的村有、乡有以及国有林。

2017年，关坝保护小区在平武县民政局注册成立关坝流域自然保护中心（以下简称"关坝保护中心"），作为保护小区的管理主体，关坝村通过村民大会选择任命理事会成员，有理事长1名，副理事长2名，巡护队长1名，成立监事会，由林业局、林发司、村民代表组成。

2017年，关坝保护中心在关坝村、木皮乡政府和平武县林发司三方备忘录的基础上分别与木皮乡政府和平武县林发司签订托管/共管协议，期限为2020年（天保二期截止时间），每年一签。木皮乡政府将区内乡有集体林以托管的方式，每年支付关坝保护中心2万元用于巡护队的务工补贴，平武县林业发展有限公司将区内国有林以共管的方式，每年支付关坝保护中心3万元，同时提供3名工作人员实施共管。托管和共管的林地由关坝保护中心比照公益林管理要求进行管理，禁止盗伐、盗猎、开矿和火灾等行为。关坝保护中心每年年初制定年度工作计划提交平武县林业发展有限公司、木皮乡政府和关坝村委会审核，年终提交总结报告和费用票据领取管护费用。

关坝保护中心设有理事会和监事会，其中理事会有理事长 1 名，主要负责民政年审、制定内部制度和年度保护计划、筹资、制定和更新各岗位职责、项目管理、社区大会汇报准备和分工、志愿者的招募和管理。副理事长 2 名，主要负责财务记账制度和阶段审计、财务公开资料准备以及财务公开、外包会计对接、合作社保护资金的收取和协商、根据不同资助方的需求交财务报告、采购（办公设备）、物资管理（台账）、资料归档、计算补助金额。理事会下设巡护队，巡护队长 1 名，主要负责制定年度工作计划、提交巡护队员初步名单、审核确定、巡护队的管理制度方案、巡护装备管理、季度/年度巡护报告，制定巡护监测手册、巡护培训计划、监测数据库管理、月度野外工作时间表。监事会由林业局、林发司、村民代表组成，主要负责年度工作计划审签、财务年报审核、固定资产抽查、台账抽查、工作总结审阅、重大决策会议的参与。其中理事长、副理事长、巡护队长 4 人都以兼职的方式在开展工作，有明确的工作要求和考核指标，每人每月有 1000 元补助，年终考评予以奖惩，监事会成员没有工作补助。

三　保护和管理措施

（一）创新保护管理机制

创新保护管理机制，改变体制内固化保护模式的问题，必须转变为绿色发展理念。绿色发展的首要任务是生态文明建设，难点是如何实现经济增长与环境保护协同推进，这个难题的破解在平武显得尤为迫切。结合平武县的特点和大熊猫国家公园试点建设的需要，平武县委、县政府决定在关坝村进行小范围试点，以便总结经验，全面推广[①]。在认真分析当地自然资源状况与生态特征、经济特点与原因等因素后，结合国内外保护与发展的相关经

[①] 刘小云、张建、任翠华、冯杰：《平武县关坝村森林可持续经营助力生态扶贫的实践与启示》，《四川林业科技》2017 年第 2 期。

验，县、乡政府、当地村民和社会组织在发展理念、理念指导、路径选择及方法措施等方面达成基本共识，以自然保护小区建设为抓手，实现关坝村生态保护和经济的可持续发展。2015 年，关坝村通过村民一事一议同意将关坝村林地纳入关坝保护小区，同时和乡有林、国有林管理单位签订合作备忘录，共同向平武县林业局申请建立关坝沟流域自然保护小区，通过绵阳市林业局审核，2015 年 9 月，获得林业厅批复同意建立自然保护小区，并作为四川省深化体制改革的试点之一，探索大熊猫保护区外集体林管理和小流域治理。同年 11 月启动了关坝保护小区参与式管理计划编制，历时 6 个月，以关坝村民为主体，通过愿景构建、问题分析、目标确定、管理架构梳理、资金机制建立、年度计划编制等环节，形成《关坝保护小区管理计划（2018～2023 年）》，用于指导保护小区的保护与发展工作（见图 1）。

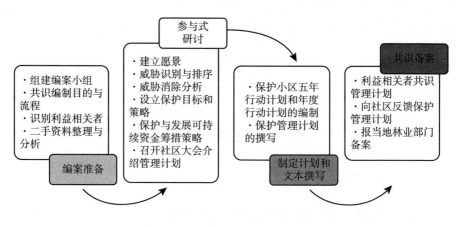

图 1   关坝保护小区管理计划编制过程

（二）社区为本，发挥村民主体作用

社区村民既是经济增长的受益主体，也是生态保护的责任主体。当地人与土地休戚相关，他们的生计不能因生态保护而被牺牲。因此，一方面在自然保护规划中要将社区经济发展利益考虑在内，另一方面社区发展也必须要顾及自然资源的可持续管理。为此，关坝保护小区采取了以下行动。

（1）初期建立了一支25人的巡护队（23位村民，2位林发司员工），对关坝保护小区的国有林、乡有林、集体林以及水源进行巡护监测，每年森林巡护次数不低于12次，河道巡护不少于100次，在保护小区按照公里网格布设25台红外相机，用于野生动物的监测，布设8台红外相机用于人为干扰监控，震慑盗猎、挖药、毒电鱼的不法分子，建立举报奖励机制，发动全村对沟内毒电鱼、挖药打猎等行为进行监督和制止，联合周边保护地和社区开展反盗猎行动（见图2、图3）。

图2　村民巡护队

图3　填写监测表格

（2）引入本土冷水鱼石爬鮡和裂腹鱼3次，荒山荒坡栽植本地树种67亩，恢复水生生态系统、大熊猫栖息地（见图4、图5）。

图4　村集体投放本土冷水鱼

图5　冷水鱼得到恢复

（3）发展村级合作经济，建立养蜂、核桃、旅游专业合作社，发展自主品牌，鼓励林下中药材发展，壮大集体经济，支持贫困户脱贫，部分利润反馈社区保护工作和村民医疗保险（见图6、图7）。

图6 关坝养蜂合作社

（4）开展环境教育，建立以中蜂保护与发展为主题的蜂采馆、以"平武县关坝沟流域自然保护小区"命名的宣传立墙、关坝村博物馆和文化中心，绘制以大熊猫和金丝猴为代表的石头宣传画，重建以流水为动力的石磨，并以中蜂、河流、大熊猫等为主题开展自然教育，申请建立四川省森林自然教育基地、平武县青少年自然教育研学旅行基地等①（见图8）。

---

① 张国锋：《自然保护小区建设的自主治理问题研究——以四川关坝流域自然保护小区为例》，贵州师范大学硕士学位论文，2018。

图 7　关坝沟蜂场

图 8　蜂采馆（上）；保护小区宣传立墙（下）

（5）落实天保工程二期间，平武县林发司和木皮乡政府每年拿出5万元公益林管护资金交由关坝流域自然保护中心，用于关坝沟流域国有林和集体林管护，保证了保护资金的持续性，资金要求用于保护小区日常巡护。

（三）社会参与，注入外部支持力量

在平武县委、县政府的引导下，在平武"水基金"的支持下，"山水"自2009年起进入关坝村开展工作，在推广环保理念和技术的同时，帮助当地村民发展村级合作经济，协助社区开展可持续发展探索。

"山水"在关坝保护小区建设中主要发挥以下作用：一是环保理论、方法和技术的支持；二是为村民参与提供项目支持，尤其是返乡青年创业；三是协助社区制定保护管理计划，建立自然保护效益的市场化机制，为生态产品提供市场联结支持①。

四 资金来源与可持续运营措施

目前，关坝保护小区的主要资金来源于三个渠道：一是政府采购保护中心生态服务，天保二期每年不少于5万元，村有集体公益林补偿的10%用于生态管护；二是市场收益及反馈资金，包括北京山水伙伴公司通过采购熊猫蜂蜜销售获得的利润的10%反馈给关坝保护小区，同时在地合作社收益的40%和冷水鱼销售收入的20%用于生态保护和社区发展；三是社会捐赠，一方面来自山水等社会组织的项目支持，填补保护资金所需的缺口，促进生态产业的发展和村集体经济壮大，提升保护小区精细化管理和保护成效，另一方面，通过蚂蚁森林等平台，以1800人次能量捐赠的方式获得200万元保护与发展资金，支持关坝保护小区10年的工作。鉴于关坝保护小区已经

① 刘小云、张建、任翠华、冯杰：《平武县关坝村森林可持续经营助力生态扶贫的实践与启示》，《四川林业科技》2017年第2期。

被纳入大熊猫国家公园和当地生态产业的发展，应逐步降低社会捐赠的比例，最终实现政府＋市场＋社会捐赠可持续的多元投入，保证保护小区日常运营管理的资金来源。

五　主要成效

（一）生态效益

保护小区内人为干扰减少，生态服务功能明显提升。沟内山羊数量从500只减少到100只且位于沟外，挖药现象杜绝，再没有发生盗猎、盗伐等林政案件。联合周边保护地和社区开展反盗猎行动，清理猎套50余个，制止挖药、非法捕鱼30余起，干扰点位从2012年的12处减少到2016年的2处，并在后期的监测巡护中未发现新的干扰点位。恢复大熊猫栖息地67亩，使用清洁能源，替代薪柴使用。以太阳能代柴，为每户村民家庭提供日常所需1/3以上的能量，仅此一项每年就可以减少5.5万立方米的薪柴砍伐，减少水土流失和增加碳汇，保障了关坝村和木皮乡场镇600余人的饮用水安全。大熊猫及伴生动物栖息地明显扩大。根据监测结果，2020年大熊猫和同域动物点位较2016年自评估、2012年第四次大熊猫调查明显增多。大熊猫栖息地面积从2012年的1077.08公顷增加到2016年的1469.97公顷，范围扩大了36.48%，有3个红外相机点位每年稳定地记录到大熊猫活动。同时，大熊猫伴生动物的活动范围明显扩大，四川羚牛在2012年的监测中分布面积为1227.5公顷，到2016年为1849.02公顷，到2020年为2548.02公顷，范围扩大了107.6%。中华斑羚在2012年的监测中分布面积为1264.05公顷，到2016年为1397.46公顷，到2020年为3624.25公顷，范围扩大了186.72%。保护动植物逐渐恢复，消失动物回归。在保护小区开展的网格化监测中，25台红外相机拍摄到的野生动物达30余种，其中有23台记录到国家重点保护野生动物，2021年红外相机捕捉到20年来未有记录的亚洲金猫和猕猴等野生动物，巡山过程中很容易看到重楼、天麻等中药材在逐渐恢复，原来几乎绝迹的冷水鱼现在随处一个水塘都能捕到并开始繁育后代，2只水獭重新回到关坝沟。

（二）经济效益

关坝以中蜂、乌仁核桃、冷水鱼、中药材种植、自然教育为产业支撑，壮大集体经济，村民累计从中蜂养殖中分红16万元，已经返利4万元到村上用于购买医疗保险。增殖放养的冷水鱼目前估值为20万元，80%分给农户，20%用于支持保护。80%的农户每户2分地种植名贵中药材重楼和芍药，经济价值在80万元以上。2016年至今，关坝沟内其他林地权属方通过共管和委托管理的模式，每年以采购生态保护服务的方式为关坝保护小区提供5万~6万元的保护费用。2017年关坝村进行了资产收益分红，合计83700元，人均250元。2018年至今，关坝村共开展自然教育活动18次，累计到关坝参与自然教育活动的达500余人次，收入约26万元。

（三）社会效益

村民生态环境保护意识显著提高，集体行动力明显增强，决策更加科学民主，管理队伍日趋年轻化。全部贫困户加入合作社，部分贫困户参与生态保护，并持续获得红利，逐步脱贫并降低返贫的概率①。关坝村生态的恢复和社会经济的发展吸引了十多位青壮年返乡，投入养蜂、种植核桃等合作社、巡护队、保护中心的工作中，一盘散沙的农村有了主心骨，带来了活力和希望，妇女们也在带动下跳起了锅庄舞，多个小集体之间建立了紧密的联系，形成一个大集体，公开公选的机制让更多村民知晓和参与，并从中受益。村民从养蜂、药材种植、自然教育、生态保护中获得直接的经济效益，小集体带动整个社区参与，增强了社区的凝聚力，改变了原有农村一盘散沙

---

① 冯杰：《四川省自然保护小区发展现状与展望》，载李晟之主编《四川生态建设报告（2018）》，社会科学文献出版社，2018，第64页。

和原来的"38、61、99"部队[①]缺乏活力的状态[②]。保护和恢复白熊、白马文化，开展自然文化观察节和蜂王节活动，建立村级博物馆和文化中心，丰富保护地的文化内涵，增强村民对家乡的自豪感和拥有感。

（四）社会影响力

关坝保护小区的实践已经引起关坝沟上下游乡镇的关注，并产生复制的兴趣，已扩展至新驿村、福寿村、金丰村、和平村等。在社区保护领域受到极大的关注，来自广西、云南、安徽、陕西、甘肃、青海、四川的林业部门和NGO、桃花源生态保护基金会、巧女基金会、爱德基金会、国家发改委、四川省深改办、扶贫局等200余人到保护小区交流学习，是四川省精准扶贫的极佳实践，为四川省自然保护小区管理办法和操作指南的拟定提供借鉴[③]。作为大熊猫国家公园建设试点，2017年四川省深改办通过关坝保护区检查验收，建议在全省推广关坝保护小区模式。国内众多知名媒体，包括《中国新闻周刊》（英文版）、《南方周末》《四川日报》《华西都市报》《南方都市报》《人与生物圈》及国家林业局网站、人民网、凤凰网等进行了报道，1800万人次通过能量兑换成为关坝保护小区的支持者，转化成200万元资金用于关坝的生态保护与绿色发展。2020年，关坝保护小区被授予四川省大熊猫保护突出贡献先进集体称号，《野生大熊猫的村民守护者》荣获2020年中国野生生物视频年赛短视频组最佳保护故事奖。平武县关坝自然保护小区的实践得到政府和社会的广泛认可和好评。

六　过程中遇到的问题和挑战

目前，平武县关坝沟流域自然保护小区存在的主要问题是缺乏法律地位

---

① "38、61、99"部队中，"38"指的是妇女，"61"指的是儿童，"99"指的是老人。
② 李晟之、冯杰、何海燕：《以组织制度建设破解保护与社区发展中的集体行动困境——以四川省平武县关坝村为例的实证分析》，《农村经济》2021年第8期。
③ 冯杰：《四川省自然保护小区发展现状与展望》，载李晟之主编《四川生态建设报告（2018）》，社会科学文献出版社，2018，第64页。

和资金保障。保护小区的法律地位是一个硬伤，国家层面鼓励自然保护小区的建设，但并没有像自然保护区一样有保护条例予以保护。当自然保护小区遇到经济建设和生态破坏时，靠管理主体（主要是社区）来博弈和谈判显得有点螳臂当车①。虽然各省区陆续出台了自然保护小区管理办法，有些地区也给予了政策和经济上的支持，但自然保护小区的法律地位一直是个痛点，显得很脆弱，建议四川省林业和草原局/政府尽快出台《四川省自然保护小区管理办法》，明确其法律地位，保障保护小区生态效益的发挥和得到相应的生态补偿，促进和激励在地社区的社会、经济的可持续发展。

自然保护小区的"自建、自筹、自管、自收益"的特点决定了其主要资金不依靠国家投入，而是通过政府采购保护小区的生态服务、社会组织和众筹的资金，以及生态产业发展带来的经济效益回馈，来保障其有效管理，保护小区建设初期资金持续性缺乏保障，建议增大政府采购生态服务的力度，设置生态公益岗位。

七 可供其他公益保护地参考的经验

（一）整合资源，授权共管

平武县林地权属复杂，仅关坝沟就包括有平武县涪水源国有林场管理的国有林、木皮藏族乡人民政府管理的乡有林、关坝村委会管理的村有林、关坝村民小组管理的队有林和分到户的自留山。复杂的林权构成导致管护边界模糊，责任不明确，保护措施不到位，挖药、盗猎、毒炸鱼等行为对大熊猫栖息地造成严重干扰。关坝自然保护小区尝试在不改变林地权属的情况下，整合关坝沟流域分散管理的森林资源，统一行使管理权、保护权及部分经营使用权，并在民政局注册关坝流域保护中心作为执行机构。林业局负责管理协调，乡政府以委托管理的方式，提供20000元/年的管护资金，"平武县林

---

① 冯杰：《四川省自然保护小区发展现状与展望》，载李晟之主编《四川生态建设报告（2018）》，社会科学文献出版社，2018，第66页。

业发展总公司"以共管的方式，提供 30000 元/年的管护资金，乡政府和林发司作为业主方提出要求并进行监管。关坝保护小区执法权委托乡政府对应的具有执法权力的机构和人员执行，由乡政府出面具体协调落实①。

（二）摸清家底，制定规划

清晰的资源状况是制定规划、落实保护和发展行动计划的前提和依据。关坝保护小区建成后的首要工作是组织生态、社会经济方面的专家，与利益相关者共同了解保护小区资源状况。调查形成"一图三表"（社区资源分布和利用图、季节历、大事记、政策支持清单），并对边界、权属、威胁等信息达成共识。在家底清晰的基础上，采用参与式方法，制定保护小区保护与发展规划，与县相关职能部门、林发司、乡政府、社区等共同建立愿景，识别问题，探讨问题排序和解决措施，设定目标和制定行动计划，描述保护与发展策略和可持续资金筹措策略，制定管理有效性监测和评估的框架，以规划为基础，关坝保护中心每年制定具体的工作计划，并提交村委会、林发司和乡政府达成共识并遵照执行②。

（三）立足本土，壮大集体经济

项目选择既要考虑经济效益，也要考虑生态效益；既要吸收外来技术和理念，又要传承本土脉络，与当地自然、文化和社会系统相融合。关坝保护小区以中蜂、乌仁核桃、冷水鱼为产业支撑，其中中蜂和乌仁核桃采取"公司 + 合作社 + 农户"的方式壮大集体经济，通过传承和改进，养蜂合作社现有 8 个养蜂基地，年产量约 5000 公斤，销售额不低于 50 万元，建立了"藏乡土蜜"自主品牌，进行线上线下营销。成立核桃种植合作社，发展当地特色品种乌仁桃核，争取到政府 60 万元采穗圃基地建设资金。冷水鱼增

---

① 中共绵阳市全面深化改革领导小组办公室：《平武县关坝沟流域自然保护小区改革试点自查自评报告》（绵委改办〔2017〕18 号）。
② 冯杰：《四川省自然保护小区发展现状与展望》，载李晟之主编《四川生态建设报告（2018）》，社会科学文献出版社，2018，第 62 页。

殖放养采取"村委会统一管理 + 巡护队专门负责 + 全民受益"的集体经济方式,2014 年至今投入 1.5 万元鱼苗,种群数量已经明显恢复,保守估计产值达 20 万元。上述做法既保护和恢复了珍贵的自然资源,又使村民从保护中持续受益。

(四)村民参与,循序渐进实现可持续发展

充分的自治权将会有效降低行政干预,增强村民自治组织的信心。正是共同的参与和社区自我的主导,才会将项目由外部引入转换为内生动力。村级社区的可持续发展需要社区整体的参与和共识,关坝村的发展是在一次次的与村民参与式的讨论中一步一步经历过来的,这是与村民同步达成共识并且最终形成合力的过程。过程中需要社会组织与社区建立信任,需要村委干部与村民建立信任,需要试错和不怕犯错,需要及时共同纠正。在项目执行的过程中,所有的管理办法、产业发展需求和规划以及工作计划都是跟村民共同讨论达成的结果,且必须通过"一事一议"的形式认可同意。凡事不可能一蹴而就,尤其是治理问题,更是需要耐心和积淀,循序渐进。从关坝实践中发现,社区大致经历了以下几个环节,才基本实现了全村对未来目标和路径的共识,才保持着一种充满活力的状态。不了解或者排斥—知晓—接受—赞同—参与—受益—责任—拥有 + 热爱—可持续发展。不要期待能实现跨越式发展,关坝村是从保护蜜源植物和发展生态养蜂开始,逐步到保护一条沟,到保护三条沟,到保护村周边,逐步发展出冷水鱼、乌仁核桃、林下中药材、自然教育等,步步为营,逐步转变,从靠山吃山到护山富山!从青山绿水到铜山铁山,再到金山银山,最终成为人们心中的桃花源。

(五)政府搭建平台,社会企业连接生产者和消费者,社会组织陪伴成长

政府作为农村社会管理创新的重要利益相关者,其理念的转变和开放的态度直接影响农村社会管理创新的力度和效果,度的把握和角色定位非常关键,参与决策过多过深会影响社区自主管理的积极性,不管不顾也会存在生

态安全、腐败、矛盾激化等风险。笔者认为政府可以成为一个平台的搭建者，引领发展方向，提供资源信息，引入社会资源。社会企业一方面帮助社区连接生产者和消费者，提供生态产品，增加社区收入，满足社会对安全食品的需求，另一方面践行社会企业责任，反馈一定比例的资金支持社区保护与发展，例如北京山水伙伴公司每年从蜂蜜销售利润中拿出5%反补给村委会或保护中心，用于村上的绿色发展和生态保护工作，山水每年将合作社中的分红用于合作社发展壮大、村上的生态保护和精准扶贫。社会组织在农村社会管理创新中有独特的优势，借用政府的行政资源和政策良机，率先试点实践总结经验，以良好设计和筛选的项目活动为载体，吸收政府、企业、社会资源和公众参与，陪伴社区成长，完善社区组织制度建设，鼓励社区自组织建设和成长，开展社区能力建设，拓展村上带头人的视野，共同勾勒村级发展蓝图和推动经济社会与环境资源的协调发展。例如山水积极培养返乡青年和社区精英，开展了3次系统性的乡村领导力培训，并通过外出参观学习优秀经验和在地展示增强家乡自豪感等方式，让村"两委"干部以及集体产业带头人在发展理念、社区治理意识和村级事务协调方式等方面有新的理念植入和新的想法产生。关坝村通过不同主体与政府、企业、社会组织互动，争取资源，提升能力，共创共建，实现"绿水青山就是金山银山"的目标。

广西渠楠白头叶猴社区保护地治理分析

张颖溢*

摘　要：　渠楠是一个以白头叶猴及其栖息地为主要保护对象、以自然
资源可持续利用为管理目标的社区保护地。在保护地的治理
上社区是主体，同时以合作共管委员会的形式实现了多个关
键利益相关者的共同参与和合作共赢。保护地的管理则主要
依靠村民自愿制定和遵守村规民约并积极参与监督来实现。
在事先、知情、同意以及利益公平分享的原则下，渠楠通过
建立和运营自然教育基地，让社区内部不同利益群体受益，
并动员他们积极参与到保护地的管理中去，实现了白头叶猴
种群和栖息地的恢复、提升了社区的自豪感、凝聚力和社会
影响力。

关键词：　社区保护地　渠楠　白头叶猴

一　背景

渠楠地处广西崇左市的扶绥县内，是山圩镇昆仑村下辖的一个自然村。
这里公路发达、交通便利，离机场仅一个半小时车程。渠楠总面积 1100 公
顷，耕地 230 多公顷，有 108 户 435 人，常住人口 375 人。村民除少部分外
出打工外，多数都留在家中务农，柑橘、甘蔗、西瓜、玉米、花生等农作物

---

* 张颖溢，博士，深圳市质兰公益基金会秘书长，主要研究方向为社区参与自然保护。

是其主要的生计来源。渠楠至少已有近 300 年的历史，至今还保留着非常典型的壮族传统文化与习俗。村里三片祖传的风水林受到全村共同保护。每逢春节、农历三月三等传统节日，村里的人都会前往风水林中的神龙庙和土地庙祭拜，以求一年风调雨顺、健康平安。村里的老人还拥有许多与自然相关的传统知识。大部分村民都非常熟悉和了解生活在村里山林中的野生动物，比如白头叶猴的活动范围、喜欢吃的食物和生活习性等。此外，渠楠还保留着传统的集体议事制度。每年的农历五月初四是到神龙庙集体聚会和聚餐的日子，每家每户都会派人参加，户主也都会到场。若有修路、修水渠、制定或修改村规民约等重大集体事务需要商议或严重的纠纷和矛盾需要解决，都可以在这一天进行理性的讨论和商议，所达成的共识也能在之后得到所有村民的贯彻与执行。

渠楠所在的区域生物多样性极其显著，在全球以拥有多种濒危、特有的灵长类动物和植物而著称[1]。这里属典型的喀斯特地貌，峰丛谷地和峰丛洼地多数已被开垦为农田，但石山上还保存有相对完整的岩溶地区的亚热带季雨林生态系统（见图 1）。渠楠在 20 世纪五六十年代还有老虎，70 年代还有豹子和穿山甲。现在渠楠最为显著的保护物种当属白头叶猴（*Trachypithecus leucocephalus*）。该物种在全世界只分布在中国广西左江和明江之间不到 200 平方公里面积的狭小区域内，是广西的特有物种，也是国家一级重点保护野生动物，其全球数量大约为 1000～1100 只[2]，被 IUCN 红色名录列为全球极度濒危物种（CR）[3]。除此之外调查显示渠楠的鸟、蝴蝶[4]和两爬的种类也相当丰富（见图 1）。

---

① 环境保护部等编《中国生物多样性保护战略和行动计划（2011～2030）》，中国环境科学出版社，2011。

② 资料来源：崇左市林业局 2016 年种群数量调查。

③ Bleisch, B., Xuan Canh, L., Covert, B. and Yongcheng, L. (2008), *Trachypithecus Poliocephalus ssp. leucocephalus.*, The IUCN Red List of Threatened Species 2008, e. T39872A10278150, http://dx. doi. org/10. 2305/IUCN. UK. 2008. RLTS. T39872A10278150. en. , Downloaded on 22 November 2018.

④ 2014 年的一次调查就发现有蛇雕、领角鸮、海南蓝仙鹟等鸟类 23 种、蝴蝶 13 种。（资料来源：美境自然）

图 1　渠楠航拍

拍摄者：宋晴川。

二　渠楠社区保护地的建立

按照 IUCN 的定义，社区保护地是指包含重要生物多样性、生态系统服务功能和文化价值，由定居或迁徙的原住民或地方社区通过习惯法或其他有效手段自愿保护的自然的和（或）改造的生态系统[①]。社区保护地被认为是加强自然资源的可持续利用和保护的重要途径。来自社区保护地的保护经验可能是地球上最古老的经验，但因其价值尚未被完全认识，面临缺少政策和资金支持的困境，其在面临外部威胁时也表现得更加脆弱。尽管社区保护地的类型丰富多样，但识别它们主要靠以下三个特征：①当地社区与其守护的

---

① Dudley, N. (2008), Guidelines for Appling Protected Area Management Categories, IUCN, Gland (Switzerland), pp. 28 – 30.

社区保护地之间有着深远且密切的联系。这种关系通常根植于历史、社会和文化认同、精神以及当地人为追求物质或非物质的福祉而对其的依赖中。②当地社区通过有效的治理（不管是否被外来者或相关国家的法律认可）制定和执行（单独或与其他行动者一起）与社区保护地有关的决定与规则。③当地社区的治理决策与规则以及管理措施总体而言对自然保护（如保存、可持续利用和恢复生态系统、栖息地、物种、自然资源、景观和海景等）以及生计和福祉有积极的贡献。

2014 年 7～8 月，广西本地的一家公益慈善组织——广西生物多样性研究和保护协会（以下简称"美境自然"），联合广西崇左白头叶猴国家级自然保护区管理局及其下属的岜盆管理站，多次走访渠楠，了解渠楠的社会、文化、经济和生态等各方面的情况，并与屯委、护林员和村民代表沟通，建议渠楠成立自己的社区保护地。保护区与扶绥县林业局进行了积极沟通，获得了县林业局的大力支持。2014 年 9～11 月，渠楠屯委的骨干就成立社区保护地及申请保护小区备案的事宜先征求了党群议事会 10 多位党员的意见和建议，在获得大家的认同后对全村进行了动员，挨家挨户征求意见。11 月 9 日，屯委召开全体村民代表大会，100 多位村民代表参加此次会议并进行了表决，获得了全票通过。

2014 年 12 月 3 日，扶绥县林业局按照《广西森林和野生动物类型自然保护小区建设管理办法》正式下发文件，批准备案成立扶绥县渠楠白头叶猴自然保护小区并明确了其四至边界，主要保护对象为白头叶猴和喀斯特生态系统。政府批准认可的保护小区虽然只包括了渠楠屯内有白头叶猴栖息的412.5 公顷集体林，但这已是对渠楠社区保护地的一种政策认可。村民实际管护的范围，即渠楠社区保护地的范围，覆盖了整个屯（见图 2）。村民此举的目的是希望社区丰富多样的自然资源、独特的白头叶猴以及美丽的自然景观能够世代传承下去，而且希望渠楠能够通过开展自然教育、生态旅游等活动从自然保护中受益，让渠楠能发展得更好、更可持续。

渠楠社区保护地内的土地，包括村民的宅基地、耕地、风水林、生态公益林等，都属社区集体所有。无论在法律还是习俗上，社区都拥有土地的相

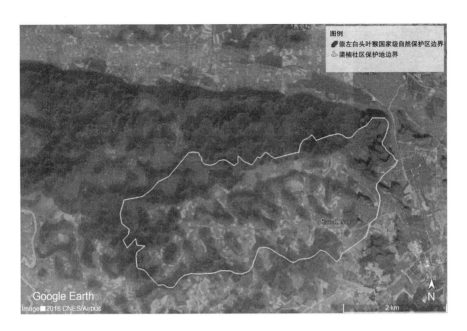

图2 渠楠社区保护地成立时的边界示意

注：2020年广西开展自然保护区整合优化，在获得渠楠的同意之后，已建议将该社区保护地整体划入广西崇左白头叶猴国家级自然保护区。

资料来源：美境自然（2018）。

关权属。所有耕地从1983年起就已承包到户。2011年林权改革后，除风水林和耕地上种植的人工林外，其他的林地都被划为国家级生态公益林，按面积分到户，公益林补偿金也按面积计算分发到户。不过，林权证并没发放到户，山林还由集体共同进行管护。

渠楠同时具有多重保护属性，除了作为由全体村民共同制定村规民约进行集体治理和管理的社区保护地外，还部分属于保护区，按照《中华人民共和国自然保护区管理条例》进行管理。在成立社区保护地之前，保护面临的主要威胁是人工林或农田对栖息地的蚕食，渠楠曾出现过部分村民在种植桉树、果树或农作物时往山上扩展逐渐侵蚀白头叶猴栖息地的情况。次要的威胁是非法的野生动物盗猎，如本村或外来人员上山捕蛇、鸟或蛤蚧去卖以获取经济利益。由于渠楠的自然资源相对丰富，村民还会采摘竹笋、捕食青蛙、上山砍薪柴等自用。近年来由于村里多半用电磁炉或煤气灶做菜煮

饭，对薪柴的需求量已逐年减少，人工桉树林和种植的黄麻已能解决这方面的需求。保护区成立较早，多年来的宣传和执法工作也使得村民对白头叶猴的保护意识比较强。村民不会偷猎白头叶猴，有时遇到受伤的白头叶猴还会主动打电话告知保护区来进行救护。成立社区保护地以后，主要的威胁来自外来人员进山捕鸟、放置铁夹捕捉野生动物以及偷盗观赏性树木如金花茶和紫荆等。

2014 年渠楠社区保护地成立以后，在屯委之下成立了由四人组成的社区保护地管理小组，其成员包括屯长 1 人、副屯长 2 人及村委文书 1 人。之后虽经历过屯委多次改选，管理小组的成员和人数也有相应的调整，但内部一直都有比较明确的分工，也有协商决策的机制。2015 年 4 月，管理小组制定了 4 条村规民约：①未经允许，严禁外人进入保护小区；②严禁捕猎打鸟、毁林开荒、偷盗自然资源；③严禁在山脚下随意生火；④如有发现以上行为，可向管理小组举报。村规民约制定后在社区内进行了公示，征求村民意见之后开始由村民自觉遵守和实施。渠楠还成立了志愿巡护队，对社区保护地分片进行日常的巡护。

岜盆保护站、县林业局、美境自然都是渠楠社区保护地重要的利益相关方。2015 年起管理小组、巡护队、文艺队、儿童青草社、自然教育接待户群体，与美境自然、岜盆保护站、扶绥县林业局等共同成立了一个合作共管委员会来共同推进各项合作事宜。

三 具体的管理和保护行动

渠楠社区保护地成立以后，在美境自然、岜盆管理站和县林业局的支持下开展了很多活动。在外部协助下，管理小组从 2015 年起每年都制定调整社区保护地的管理计划，确定每年计划开展的活动，并及时总结执行的情况。村民们积极参与社区保护地的巡护、监测和管理，在日常的农业生产和生活中监督村规民约的执行以及白头叶猴和栖息地的变化。如果见到外来人员擅自进入社区保护地范围并有违规行为，村民会进行询问和劝阻并及时报给巡护队员进行处理，巡护队员若处理不了，则会让管理小组进行处理。若已经达到违法的程度，则会上报给岜盆保护站来依法处理。按照管理小组的估计，至少有百分之七八十的村民都能积极主动地参与到日常监督中去。随着渠楠村民越来越从保护中受益，他们对保护也愈加支持，违规情况现在几乎没有了，即使偶尔发生，一般在破坏还未造成之前，违规行为就能得到有效劝阻和制止。

管理小组和巡护队在外部帮助下通过参加一系列的培训、交流和考察活动来不断提高自己的管理能力。管理小组参与的内容主要涉及社区保护地管理经验分享，社区保护地的定位、发展和治理，群众如何从保护中受益，等等。巡护队参与的培训内容主要涉及巡护队的职责、巡护与保护之间的关系、保护与社区发展之间的关系、野外巡护设备（单双筒望远镜、照相机）使用、基础生态知识、白头叶猴的生态学观察和种群调查的方法、标准化的巡护表格的使用、巡护器材的管理、红外线相机使用和野生动物的监测等。村民代表参与的培训和考察活动则主要集中在生态农业、自然教育和访客接待等方面。

在美境自然的帮助下，渠楠从成立社区保护地起就进行白头叶猴自然教育基地的建设。每年的寒暑假，都会有来自大城市的亲子家庭或大中小学生到渠楠来参加美境自然和其他自然教育机构开展的自然教育课程，了解白头叶猴和喀斯特生态系统，了解保护与发展的关系。还有许多保护区、其他省份的社区保护地、学校、公益机构等到渠楠来参观和考察。渠楠的大部分村民都直接参与到了自然教育基地的建设和日常运营中。为了给自然教育活动提供住宿和餐饮，村里最初有 17 户村民自愿报名成为接待户。他们组成联盟，共同商议确定了餐饮住宿标准、收费标准及内部监督管理机制等，拿出空余房间自己出资装修开始接待外来人员。后来，随着来访者增多，各种需求和意见反馈也多起来，接待户们的收入也开始出现差异。为了提高服务质量和管理水平，更为了接待户之间收益的公平性，接待户们选出了自己的负责人，进一步完善了管理标准和利益分配制度，每次自然教育活动或前来学习考察的活动都由联盟自己根据来访者需求和接待户的情况来安排食宿，他们还会就服务质量和食宿条件进行内部自我监督，有些接待户会因达不到要求或家庭原因无法接待而暂停接待。这些年来，接待户们也在根据反馈不断完善其硬件设施和软件服务质量。此外，社区保护地的巡护队员为自然教育提供野外向导、安全防护和安保措施；一些妇女骨干成立了木棉花班，经过学习培训成为自然导赏员，能开设夜观等课程，为到访的客人讲解村庄的历史、文化和自然；文艺队还为自然教育营期提供部分文化课程并参与营期内的文艺演出；还有部分村民为来访者提供交通和运输等服务。现在，渠楠的自然教育基地已初具规模，每次外来人员的活动申请都先对接管理小组，然后由管理小组协调各参与群体的意见来最终确定是否接待及如何组织，活动中各个利益群体再按照商议结果有条不紊地予以落实（见图3）。

图3　渠楠木棉花班的大姐在带领夜观活动

拍摄：罗利。

渠楠非常重视日常的保护宣传，每年都举办庆祝活动，并通过墙绘、宣传栏、宣传牌、年历、山歌、舞蹈、戏剧等多种形式对内外村民进行宣传。渠楠还非常注重下一代的环境教育和文化历史的传承。在管理小组的动员下，村里的儿童在2015年就组建成立了自己的青草社，他们选出了自己的负责人，招募社员并在周末和寒暑假定期组织环保活动，如捡拾村庄公共区域的垃圾等。每次外来的自然教育营期，青草社的成员都能免费参加，还会在其中承担一定的工作任务。青草社的孩子与外部城市的孩子接触后，知识面、视野、语言和人际交往等能力都有提高，他们甚至还会在日常生活中规劝自己的父母和爷爷奶奶不要乱扔垃圾、破坏环境。青草社成立之初，美境自然就购置了第一批图书，帮助他们建立了图书角。外来参观者也常为孩子们捐赠自己看过的好书，有时还会与青草社成员一起读书，社员们都很喜欢这些活动，平时则自己负责图书的借阅、归还和维护。对于参加外部活动的邀请，青草社也会在管理小组的协助下自己进行集体商议，选出代表参加。

四　资金来源与可持续运营措施

为了能让村民从保护中长期受益，让渠楠能持续筹集到保护地的管理资金，渠楠与美境自然、保护区和县林业局在最开始就共同设计了一个筹资策略：通过建立白头叶猴自然教育基地，以市场机制来筹集资金。由于渠楠的白头叶猴比较容易观察，这里的喀斯特森林生态系统和溶洞生态系统都相对比较完整，加之渠楠还有独具特色的壮族传统文化，因此是一个开展自然教育活动的理想场所。由于自然教育活动利用了社区集体共有的自然资源，且保护地是社区集体管理的，所以食宿接待等村民的服务收入，除去个人的劳动所得外，还有一定的比例要上交集体。此外，渠楠还按照集体商定的收费标准向参加自然教育活动的人员收取一定的管护费、场地使用费等费用，所有这些集体收入都由管理小组统一管理，用于保护地的管理及村庄集体公共事务的支出，并对村民公示。

截至 2020 年 10 月，渠楠通过开展自然教育活动、接待考察人员等共接待访客 1609 人次，收入超过 46.6 万元，其中提留集体的公共保护经费约为 6.5 万元[1]，其余均为村民提供食宿、后勤、导赏等服务的直接收入。此外，

---

① 数据由渠楠屯委 2021 年 9 月提供。

渠楠的基础设施如道路、池塘、污水处理设施、饮水设施、舞台、自然教育中心等也在地方政府和公益组织的帮助下不断完善。

五 保护成效和社会效益

渠楠社区保护地自成立以来，白头叶猴的数量不断增加、猴群的分布面积逐渐扩大、违法违规盗猎或采集野生动植物和破坏栖息地的现象已杜绝。在社区保护地成立之前，保护区 2012 年调查显示渠楠共有 50 多只白头叶猴。2017 年 1 月，巡护队与美境自然开展的首次监测发现社区保护地内活动的猴群竟然多达 13 群，数量有 130 只左右，2018 年的监测已增长到 160 只左右。2019 年 11 月美境自然的最新调查显示在社区保护地内共观察记录到 31 群 249 只白头叶猴。村民的保护意愿和监督意愿都有明显提高。自成立以来，90% 以上的破坏现象都是由村民举报的，村民还会告知管理小组他们在生产生活中观察到的白头叶猴的位置和数量。现在村民已不再有人上山抓任何野生动物了，因为村民都在互相监督，因此盗猎的社会成本增加而经济收益相对降低了。

社区保护地成立后，在社会资本、环境资本、人力资本、物资资本和资金资本这五方面都有明显提高。虽然比较可见的是资金资本的提高，但实际更有价值的是社会资本的提高。由于社区保护地得到政府认可，并且采用的是自筹、自建、自管理和自受益的方式，社区被赋权而且在多年的实践中不断提高集体治理和管理能力。渠楠在内部集体决策能力、内部凝聚力、矛盾冲突解决能力、集体认同感、文化归属感、社区自豪感等各方面都有明显改善。过去由于社区的公共事务如修路饮水工程等常需村民集资并多采取自上而下的决策方式，村民对屯委、村委都不太信任，有时还会出现冲突。社区保护地成立后，屯委和管理小组在一系列工作中都积极听取村民的意见和建议，并让村民参与决策，让各个群体都能从中受益，因此村民对屯委和村委的态度都有明显改善，对政府也更加信任和支持。屯委和管理小组在村里的威信也提高了。当池塘工程、村庄道路建设涉及集体土地上个人设施的拆迁时，也没有引起矛盾和冲突。成立自然教育基地后，有许多大城市的孩子和家长来这里参加自然体验和教育活动，还有许多重要的专家和名人也来参观，这使得全村对自己的社区保护地、拥有的白头叶猴和优美的生态环境、村庄的传统文化等产生了自豪感，相互之间也更为团结信任，他们还因此开始逐步恢复传统的歌舞、美食和竹编等。由于内部的文艺和公共活动明显增加，村里赌博等不良行为也日益减少。

通过社区保护地，渠楠与村委、乡政府、县政府、保护区、外部公益机构、基金会、企业以及来过社区访问的机构和个人都建立起良好的合作伙伴关系，与周边的社区相比其社会影响力也明显提升。来渠楠参加过自然教育课程的许多亲子家庭都与渠楠的接待户保持着日常的联系，基地也吸引到广州鸟兽虫木、守望地球、万象自然教育、小路工作室等多家外部机构来此开展科学考察和自然教育活动。渠楠在生态农业方面的探索，也使得社区与南宁都市农圩、保护地友好产品体系等机构和销售平台建立起合作关系。

社区内的弱势群体，如妇女和儿童都已被动员起来，以文艺队、接待户、青草社、自然导赏员等角色参与到社区保护地的相关活动中去，他们参与社区公共事务的积极性也有很大提高。2018年，管理小组与美境自然还尝试通过竹编和老品种的保育来调动老人们的积极性，让他们也能发挥余热参与社区公共事务并将社区的传统文化与技艺传承下去。

从渠楠社区保护地的成立及发展过程可以看出，社区不仅提高了自己的自然资本，而且充分利用了生态和文化的资源优势，让社区在生计发展的各方面都有改善，社区内部的各个利益群体都从中受益，这使得渠楠村民都有很高的积极性参与社区保护地的治理和管理。

六　过程中遇到的问题和挑战

在渠楠社区保护地建立之初，屯委和管理小组成员作为社区里的精英和骨干遇到的首要问题是如何动员社区里不同的利益群体参与进来并获得全村广泛的信任与支持。作为领头人，管理小组成员从一开始就非常积极且带着

公益心无偿地投入时间和精力去说服每一个村民，带头投资做接待，带头加入志愿巡护队，带头做自然导赏等各项工作。管理小组也根据儿童、妇女、年轻人等不同人群的特点和兴趣，动员他们自我组织起来形成小团体来参与社区保护地的各项事务，还为他们提供各种培训和学习参观的机会来提高能力。管理小组在整个过程中都充分征求村民的意见和建议并让他们从中受益，即使内部出现分歧和矛盾时，也能公正公平地妥善协商解决，避免造成社区内部的分裂与矛盾。渠楠屯委和管理小组的这种领导力，是渠楠社区保护地能在同时成立的其他几个社区保护地中脱颖而出的重要原因之一。

不可否认，在社区保护地的管理中，自然教育基地的建设和运营使得渠楠的地理和自然资源优势得到了充分的发挥，由此带来的经济收入和社会效益也使得村民参与集体公共事务的积极性和能力得到显著提升。在外部的支持下，渠楠自然教育基地的基础设施逐渐改善：进村的公路建设完毕；污水处理设施的建设运行明显改善了生活污水直排的问题；对村里的池塘进行了景观美化；过往由于电力设施不足，夏天村里经常停电，无法满足自然教育营期接待的需求，如今乡村振兴政策也使得这些问题逐步解决。

不过，渠楠的自然教育仍面临诸多挑战。近几年，虽然渠楠社区保护地在国内的影响力逐步提高，也积累了一些长期合作的伙伴，每年能为村里带来一定的客源，但社区仍缺乏独立对接和扩展市场的能力，自然教育活动的课程开发和营期运营仍由外部机构来承担，基地仍依赖公益组织在能力建设方面的持续投入。此外，渠楠自然教育基地想要在市场竞争中占据一席之地，村民还需要不断提升自己的服务水平。自然教育市场自2018年以来虽然快速增长，但愈来愈激烈的竞争以及2020年以来的新冠肺炎疫情，也使得渠楠的到访游客和自然教育活动的数量都受到明显的影响，并未实现稳定增长。

最后，社区保护地的管理也愈来愈受到社区生计转型的影响和挑战。这些年，渠楠的村民从甘蔗种植转向大规模的柑橘种植。甘蔗由于有政府补贴和统购统销，收入虽不高但比较稳定，所需的农药、化肥和人力投入都不高，而柑橘虽然收入相对较好，但直接受市场价格波动影响。近一两年随着全国柑橘种植面积加大，市场价格已在逐年回落。柑橘的虫害多，所需喷洒的农药量也大，因此随着更多的村民把甘蔗地转成柑橘地，农药对村民健康和周围环境的危害也开始显露出来。农业收入是渠楠村民最重要的收入，这种以规模和产量而非技术和管理求胜的发展方式，潜在的市场和环境风险都非常大，白头叶猴及其栖息地也可能受到影响。渠楠向生态农业的转型仍受到资金、技术、市场等因素的影响。

七 可供其他公益保护地参考的经验和教训

（一）两种价值观的差异和统一

中国是个生物多样性大国，同时也是个人口大国。因此，自然保护地内外往往都有社区在其中生活或从事生产劳动，社区问题通常都是自然保护地在管理中无法逃避且亟须解决的问题。在自然保护地的价值上，外部管理者和社区的看法往往是不同的。外部管理者，例如地方政府部门，往往站在国家或整个区域的高度和主管部门的角度来看待其价值，看重的是珍稀、濒危、特有物种的保护、生物多样性保护和生态安全等。而对于社区居民而言，他们看到的是保护地直接为他们的生产生活所提供的各类服务，如提供各类自然资源、提供清洁水源、减少自然灾害以及满足风水林、神山圣湖等文化和信仰的需求。这种价值观的差异在渠楠也是非常明显的。

渠楠的白头叶猴及其栖息地是政府和外部的自然保护机构最为看重的价值所在，但对于村民来说，白头叶猴是一种性格温顺、生活在山上、人畜无害的野生动物，与他们生活的密切程度甚至都不如猕猴，后者常成群出现，时常糟蹋甘蔗、玉米等粮食作物，甚至还会啃食桉树皮导致树木死亡，与人冲突、令人生怨。白头叶猴是政府要保护的物种，村民要做的只是遵守法律，协助政府保护好物种及政府建的保护区。

对于村民而言，他们最看重的是祖辈传承下来的渠楠这片青山绿水的整体景观、保佑其风调雨顺和全家健康平安的庙宇与风水林，以及他们赖以生

存的自然资源。所以，他们心中的保护地是整个村寨而非只是白头叶猴的栖息地，把整个渠楠变成社区保护地的目的是希望家乡变得更美、自然资源能得到可持续的利用、自然与文化都能传承下去。他们实际在对外宣传和日常管护中也是这么做的。而且，通过建立白头叶猴自然教育基地，让更多外来访客到渠楠来了解白头叶猴、喀斯特森林生态系统、溶洞生态系统以及它们与自然的关系，就把渠楠村民的生活与白头叶猴紧密联系在了一起。村民可以通过自然导赏课程去分享他们从小与自然之间发生过的故事、与自然资源利用相关的传统知识，以及与自然相关的传统文化与信仰，这些过去在现代社会经济体系中被忽视、被抛弃的知识和经验在社区保护地－自然教育基地体系中得以重新建构、解释并产生价值。虽然现在由于社会的变迁和经济模式的转变，村民与自然之间的关系已发生了很大的改变，但自然教育让他们能重新去审视和挖掘自己的知识、村庄的历史和文化，以一种新的方式与自然、村庄建立联系，并从中获得自豪感、认同感和凝聚力。许多村民在访谈中说，自然教育活动的开展给他们带来的经济收入与农业收入相比其实微不足道，甚至还让他们不得不牺牲掉本应投在农业上的人力与时间。接待户联盟更是认为他们的接待其实是在为社区保护地做贡献。不过，他们更看重的是社区保护地和自然教育给他们带来的社会效益：孩子们很骄傲自己的家乡从过去一个被人瞧不上的、偏居一隅的小村落变成远近闻名的自然教育基地；家长们乐意看到孩子们在参加自然教育课程并与外来访客互动后的成长；成年人欣喜于渠楠的社会影响力和地方政府的支持与认可；妇女们则拥有了更多的参与感和满足感。

白头叶猴在这个过程中被充分挖掘和建构成为渠楠的一个象征、一个品牌、一种凝聚力，它的价值被社区重新定义和认可，内外不同的价值体系在这里达成了共识与合作。在村民的意识中，白头叶猴变成了渠楠自己的物种，一种自己想要保护的物种，社区保护地也成为提高渠楠社会影响力的名片。甚至已有村民提出未来要将一些人工林或农田恢复成白头叶猴的栖息地以增加其种群数量，让更多人都到渠楠来看白头叶猴。

无论是社区保护地还是其他类型的保护地，保护地管理者或外部机构很容易忽视与社区在保护对象的保护价值上的认知差异，及其背后更深层次的理念、信仰和价值观，或认为只要经济利益给足就能够弥合分歧。因此，许多保护项目会通过引入替代生计、提供工作机会、给予资金等增加村民经济收入的方式，来激发社区的兴趣和参与。这样的方式虽短期内貌似有效，但也有许多问题：①替代生计的不确定性很高，通常难以成功；②可能过度依赖外部持续的资金投入而变成授人以鱼而非授人以渔；③只能让部分社区精英受益，无法惠益边缘群体，从而缺乏广泛的群众基础，甚至引起社区内部利益冲突；④过度强调利益交换容易让社区在经济效益更好的开发建设项目或其他选择的诱惑下放弃合作。

因此，在进入社区开展项目之前，了解、分析并尊重村民的价值观，尤其是隐藏在背后的观念和信仰是非常重要的。保护地管理者或外部机构有必要通过对话、沟通和创新性的实践与社区一起寻找或创造两种价值的共通点或融合点，这样才更可能有效并持久地调动社区成员参与的积极性。

（二）以社区为主体的多元共治

渠楠社区保护地是一个典型的社区治理类型的自然保护地[①]，其治理架构体现了社区的主体性。在"事先、知情和同意"的原则下，村民们在社区精英（屯委村委成员、党员）的动员下对是否成立社区保护地进行了广泛的讨论并达成了共识，还共同制定出了保护地如何进行管理的村规民约。这使得保护地和相应的管理规定在社区内部具有了正当性和合法性，这也是村民之后自愿遵守的重要基础。之后社区保护地的管理，就通过管理小组来领导、各个群体来参与实施、所有村民共同监督来实现。

这种以社区为主体、内部群体广泛参与的治理和管理模式明显激发了村民的积极性和村庄的活力，也使得这个保护地的管理成效非常显著。因为，渠楠保护的白头叶猴和喀斯特森林，其土地权属为集体所有，本质上是一种

---

① Borrini-Feyerabend, G., N. Dudley, T. Jaeger, B. Lassen, N. Pathak Broome, A. Phillips and T. Sandwith. (2013), Governance of Protected Areas: From Understanding to Action, IUCN, Gland (Switzerland), pp. 39-42.

社区公共的自然资源，这些公共资源要得到保护依赖于以下两个条件：①村民自愿制定和遵守村规民约；②村民在日常的生产生活中自愿对内外成员进行监督。这两点都需要社区所有成员的积极参与才能实现。只要出现几个破坏规则却没被监督处罚反而受益的成员，更多的人就会对监督体系失去信心而放弃监督和自愿遵守，更多的人有可能成为破坏规则者，从而使得整个保护地管理体系崩溃，这种现象在其他社区保护地就曾经出现过。

渠楠社区保护地的管理小组采取了各种方法动员社区成员广泛参与，这些方法背后最关键的理念是利益平等共享。如果单纯只是让村民从接待来访者的食宿中获得经济收入，那么全村 100 多户也只有十多户能够从中受益，这些家庭通常还都是住宿条件较好，有空余客房且有资金投入装修的。就算把为自然教育提供其他服务的家庭算上，也不可能覆盖所有社区成员。因此，管理小组从家庭服务收入中提取小部分作为集体收入，连同其他的收入一起作为社区保护地的公共管理资金，并以支持社区内部不同群体（老人、儿童、妇女、巡护队、文艺队等）和集体活动（如丰收节等）的方式来让所有人都从社区保护地中受益，来解决自然教育活动覆盖面不足的问题。此外，在群体内部管理中也体现了这一理念，例如，接待户联盟在自然教育基地启动后发现成员之间收入不平等，因此自己讨论确定了解决办法：统计每一成员家庭在每次活动中接待的人次和收入，计算出每个床位的收入，并按照每个床位收入相对均等的原则来安排每次自然教育活动的人员住宿。

正是社区成员共同治理、惠益平等共享，才使得渠楠社区保护地在管理上表现出很强的适应性，许多管理措施能因地制宜并随着外部情况的变化而及时地进行调整。这些措施也因此得到社区成员的认可和支持。例如，保护地成立伊始，外部威胁还较大，外部人员常进村抓鸟打猎或盗挖珍贵树种，村民参与监督的积极性还没有被完全调动起来，所以保护地成立了人数较多的志愿巡护队，在县林业局、保护区和美境自然的协助下设计了巡护路线、开展培训并配备服装和设备，定期开展集体巡护，有效制止了外部威胁。但随着村民广泛参与监督和举报，巡护队就改变了策略，化整为零，融入群众中去巡护，也取得了非常好的效果，而且也减轻了巡护队员的人力投入。

在保护地的治理架构上，渠楠的另一个显著特点是多个关键利益相关方的共同参与，其制度保障是渠楠的合作共管委员会。其中，县林业局和岜盆保护站，代表政府对保护地进行监督管理，在野生动植物保护、森林保护上依照法律进行执法，并从外部争取一些项目或其他资源来支持保护地的管理和社区发展。他们的工作人员也经常会走访渠楠，参与社区保护地的年度工作总结、管理计划的制定、外部考察和学习等活动。美境自然也通过合作共管委员会参与部分决策过程，以项目合作的方式推动社区保护地的管理。实际上，县乡政府和村支"两委"、县林业局和岜盆保护站、美境自然在现有的管理小组中，也都有各自的利益代表。

　　这种以渠楠为主体、多方参与的治理架构有其明显优势。渠楠作为一个经济社会发展相对落后地区的农村社区，本身在社会资源、资本、人力资源等方面是相对弱势的，而各关键利益相关方都各有各的优势和资源。多方参与治理，可以让渠楠得到在技术、资金、物资、执法等各方面的大力支持。渠楠合作共管委员会这一机制，也可以让各利益相关方及时了解渠楠和各方的情况，更容易整合资源、化解分歧、形成合力。此外，作为昆仑村下辖的一个自然村，渠楠本身的社会、政治和经济发展都是在村委的领导下进行，渠楠的管理小组是在屯委、村委的指导下并尊重村民的意愿而成立的，成员中屯委、村委和村民的民意代表都有，而且管理小组也随着村委、屯委的改选而重新组建，这样也使得管理小组既能获得村委和县、乡政府的认可和支持，也能获得村民的认可，能更好地开展保护地管理的各项工作。

G.8
社区协议保护机制在三江源地区的
实践探索

——以青海省囊谦县毛庄乡为例

王　倩*

摘　要：　在"绿水青山就是金山银山"的生态保护变革创新的契机下，本文以毛庄乡保护地社区为例，通过探索社区协议保护机制在中国的本土化实践，推动社区经济发展，探索生态保护和地方社区协同发展的可持续之路，为中国和其他发展中国家的生物多样性保护和经济发展提供新的思路和模式。

关键词：　三江源　社区共管　社区协议保护　生态服务型经济

一　背景

三江源地区是长江、黄河、澜沧江的发源地，地处青藏高原的腹地，是我国众多江河中下游地区和东南亚国家生态环境安全和区域可持续发展的生态屏障。三江源地区自然地理环境独特，地形复杂多样，在中国的生物多样性保护、水资源安全等方面都有重要的生态地位。鉴于当地生态系统的敏感性，微小的外界环境变化将可能对本地区的草原生态系统产生极为严重的影

---

*　王倩，社会学博士，永续全球环境研究所（Global Environmental Institute，GEI）生态保护与社区发展项目组项目官员，博士期间长期从事环境社会学和新能源推广的研究，进入 GEI 后从事生态保护、公众参与、可持续发展等相关问题的研究。

响。三江源的生态退化与气候变化相互耦合，使草原生态保护与气候变化适应密不可分。伴随着世界自然保护理念的转变，中国的生态保护机制从传统的排斥社区的消极保护模式逐渐向社区参与的积极保护模式转变，三江源地区的社区已成为生态保护不可或缺的主要力量。目前，我国的自然保护地中社区参与保护的有效路径主要为社区共管、社区参与管理、协议保护、保护地友好体系、社区保护地、自然保护小区这六种模式。在我国国家公园体制改革的背景下，如何协调保护地生态保护和周边区域经济发展的关系是当前讨论的重要议题之一①。本文选取青海三江源毛庄乡为分析案例，主要围绕协议保护模式，探讨基于社区协议保护机制下的生态服务型经济的在地实践。

社区协议保护机制（Community Conservation Concession Agreement，CCCA），是北京市朝阳区永续全球环境研究所（Global Environmental Institute，以下简称"GEI"）在过去 13 年时间里，从国外引进，在国内示范、改进和创新的一种保护模式。社区协议保护是指在某个需要保护的区域，通过利益相关双方或几方，比如政府、企业、当地社区或个人等，以签署协议的形式，把保护权和有限开发权赋权给不同的利益相关方，以缓解人类活动对生物多样性和栖息地的破坏，防止生态系统的沙化退化等，解决保护方和居民从自然中取得经济利益冲突问题，缓解企业开发与环境保护和居民利益间的矛盾②。同时，在地方社区参与的过程中，社区居民对自己土地的热爱和关注，解决了政府作为单一保护方的角色困境，形成了一套新的生物多样性保护模式（见图 1）。从 2005 年开始，GEI 已经成功在中国四川、宁夏、内蒙古和青海等多个西部省份及缅甸等多个国家开展了 CCCA 的示范和广泛推广，为中国自身和中国"走出去"到其他发展中国家解决生物多样性保护和发展提供了新的模式借鉴。

---

① 廖凌云等：《基于 6 个案例比较研究的中国自然保护地社区参与保护模式解析》，《中国园林》2017 年第 8 期，第 4 页。

② 谭静、冯杰、王尚武：《协议保护机制对自然保护区过渡带社区的综合影响》，《四川农业大学学报》2011 年第 3 期，第 437 页。

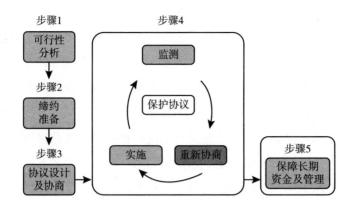

图1　社区协议保护工作开展流程

二　毛庄乡社区参与保护模式的实践探索

综合考虑地理位置、保护资源、社区参与保护的代表性和成效性，本研究选取青海省囊谦县毛庄乡作为研究对象。

囊谦县位于青海省境南部，玉树州境东南部，东南和西南部与西藏自治区接壤。地处青藏高原东部，南接横断山脉，北临高原主体，地势高耸，境内大小山脉纵横交错，峰峦重叠；西北部高而平缓，东部河谷切割较深，海拔3521～5200米。全县总人口10万人，主要民族有藏族、汉族、回族、土族等，其中藏族人口占总人口的97%以上。毛庄乡在囊谦县城东南部，下辖塞吾、麻永、孜荣、孜麦、孜多5个村23个社。毛庄乡位于澜沧江源头汇水区，是典型的高原森林、湿地和草原生态系统，有着丰富的生物多样性和自然资源，拥有雪豹、马麝、棕熊、马鹿、白唇鹿、岩羊、水獭、马鸡、雪鸡等国家一级、二级保护动物。境内有着广阔的高山草甸草场和13条大小不一的融雪水沟水源。毛庄河以及汇入河的13条融雪水沟的高山森林、草原及其湿地生态系统，共约800平方公里。这些融雪溪流汇聚到毛庄河，最后汇入杂曲河，是澜沧江重要的源头之一。

近年来气候变化和人为活动对澜沧江源头的环境造成很大的影响。在开展社区协议保护工作之前，永续全球环境研究所就与毛庄乡政府对管护范围内的生态资源状况进行了相互确认，建立了主要生态指标的本底档案。通过核查，毛庄乡社区保护地主要存在的问题如下。

首先是水源的变化，本区域对气候变化异常敏感，年平均气温的升高带来了冻土融化、冰川退缩。毛庄大小水源水量和水质都在发生变化，部分河道干涸。目前被检测的水沟水质情况良好，pH 值、TDS、温度、硬度和氨氮指标均低于国际饮用水标准。其次，盗猎野生动物现象时有发生，外来人的增加使这一现象屡禁不止。再次，河湖湿地和草场的垃圾问题也日渐严重，主要是周边居民和外来游客的生活垃圾，包括食品塑料袋、宝特瓶、废弃衣物等。保护地周边一年产生的生活和旅游垃圾大约 4800 斤，很多塑料制品被随意丢弃在草场、水沟里，给野生动物和人的用水安全带来了极大的环境危害。最后是挖药材现象，当地居民有挖虫草和贝母的习惯。

2014 年，永续全球环境研究所开始与毛庄乡社区负责人建立联系，开始初步的社区信息收集和摸底调研工作，2016 年起在毛庄乡开始实施社区协议保护项目，至今已五年有余。结合当地的生态环境及资源，项目将整个毛庄乡约 80000 公顷范围作为社区保护地，在对保护地的保护对象和存在的威胁开展摸底调查后，结合社区现有资源和村民的参与意愿，协调各个利益相关方共同行动，发展社区的可持续生计，进行能力建设，并制定了具体相应的行动策略。永续全球环境研究所在与青海省囊谦县毛庄乡政府、毛庄乡奔康利民合作社合作两年之后，再次续签了三年的共同保护计划，制定了新的保护计划和范围，使三江源毛庄乡继续发挥社区协议保护的示范作用。毛庄乡社区协议保护地开展的具体项目活动如下。

（一）进行社区基础研究

永续全球环境研究所联合西南大学资源环境学院开展了"三江源地区农牧民草场经营模式及可持续的替代生计调查"基础研究项目。对三江源地区 197 户牧民的生产生活、生计策略和草场管理等进行了深入调研，充分了解三江源地区牧民的草场经营、生态保护、经济发展等方面的现状、问

题、原因和意愿等基本情况，为三江源气候变化适应、开展生态服务型经济项目的科学设计和布局提供了参考①。

（二）协助社区开展保护活动

在充分的基础研究和调查讨论后，永续全球环境研究所与社区和当地政府达成一致意见，确立了开展社区协议保护的行动策略，并签订了《三江源生态管护协议》。协议中规定了社区的具体保护内容和责任，确定以奔康利民合作社为主体，联合毛庄乡其他5个合作社，成立了"合作社集合体"。开展以下保护活动。

1. 开展保护地的环境清查，包括垃圾调查和水源监测，监测生态环境变化状况，建立数据库

永续全球环境研究所帮助社区获取了专业水质检测设备，并组织学习了水质监测方法，培养了水质监测人员。随后与社区协商确定每季度定期两次在附近4条水沟中监测水质，并记录数据。监测范围包括大枪阳尕（上游、下游），多荣达（上游、下游），交强给（上游、下游）和赛任果（上游、中游、下游），毛庄河（上游、中游、下游）共12个监测点。现在社区协议保护地的监测范围已经从原来的4条水沟扩展到区域内的全部13条水沟，覆盖了毛庄乡所有草场和湿地面积。目前，毛庄乡是唯一在三江源地区定期监测水质的社区（见图2）。此外，除了定期的水质监测外，毛庄乡社区还协助河长开展巡河工作，积极配合支持各村河长巡查；必要情况下，还在巡河工作中开展孜曲河、尤曲河河道垃圾清理工作。

2. 制定规范系统的巡护方案，将监测活动规范化，利用巡护App建立巡护数据库

永续全球环境研究所组织奔康利民合作社人员进行生态巡护，特别是在流入毛庄河的13条河沟附近开展，制止牧民随意丢弃垃圾、监测水沟环境

---

① 彭奎、李梦瑶：《基于利益相关者视角的草原保护实践探讨——以三江源隆格村社区保护为例》，载农业部草原监理中心编《草原保护社区实践案例》，2017，第52~63页。

图 2　毛庄乡开展水质监测培训和野外水质监测工作

和野生动植物生存状况。根据保护协议，还与毛庄乡政府和合作社协商确定在每年的 5 月、8 月和 11 月由奔康利民合作社带领，联合毛庄乡其他合作社一起定期开展生态巡护（见图 3）。

图 3　毛庄乡生态巡护路线

3. 合作社集合体开展共同行动

合作社社员定期清理草原垃圾和城镇生活垃圾，并在寺院、学校和村镇开展垃圾减量的教育、分类、处理等科普活动。每年开展 3 次集体垃圾清理活动，清理时间分别为 4 月、7 月和 10 月，清理范围包括四条水沟流域范围、乡政府所在地（麻永存、赛吾村）周边、毛庄乡政府所在地至叶阿拉山口公路周围。

4. 支持社区合作社集合体的替代生计发展，形成一个合作社带动其他合作社共同开展保护的新模式

永续全球环境研究所邀请专业设计师帮助毛庄乡妇女半边天合作社开发手工艺制品，设计产品风格，形成初具规模的替代生计模式，提高了牧民的家庭收入。同时，妇女半边天合作社承诺贡献合作社收入的 5% 投入环保资金，支持社区保护地的发展。2018 年 8 月，永续全球环境研究所还邀请北京咪娜工作室的设计师赴毛庄乡，进行产品升级培训，进一步提升了妇女半边天合作社手工艺人的制作水平，提升了合作社产品的知名度（见图 4）。

图 4　毛庄乡妇女半边天合作社宣传小册

5. 在毛庄乡建立三江源能力建设中心和社区保护培训基地，持续培训三江源和其他地方的社区保护队伍和人才

2017 年初，永续全球环境研究所与毛庄乡合作，以奔康利民合作社为基础正式挂牌建立了"三江源社区协议保护培训基地""三江源社区能力建设中心"（见图 5）。

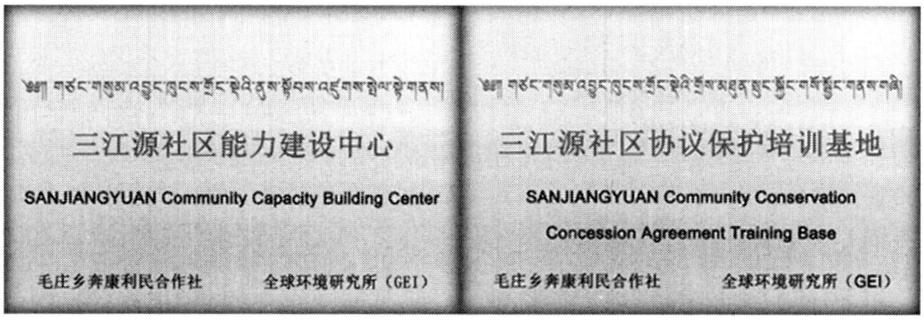

图5　三江源社区能力建设中心和协议保护培训基地挂牌

（三）保护成效

经过近三年的工作，社区的生态环境得到明显改善，在定期规律的水质巡护和生态巡护下，草原质量、河流水质状况得到明显提升，垃圾问题也得到了极大改善。在项目开展过程中，管护范围内四条河沟（大枪阳尕、多荣达、交强给和赛任果）流域范围内定居点上游区域在项目实施一年后基本实现零垃圾；四条河沟水体状况在项目实施三年后基本实现零垃圾。在条件允许的情况下，将所有收集的垃圾完成分类并集中堆放；实现所有监测水体无集中生活污水排放、无化学污染物倾倒、无采砂开矿以及其他人为污染水体事件发生。同时，配合落实毛庄乡河长制管理制度，维护全乡河湖体系健康发展。管护范围内非法砍伐树木、灌木等现象，盗猎、偷猎等破坏行为也明显减少。

在社会经济方面，永续全球环境研究所帮助囊谦县妇女半边天合作社发展传统手工艺产品，作为替代产业发展经济。项目开展第一年，合作社收益10万多元，其中5%投入奔康利民合作社支持开展环保行动。目前，毛庄乡的手工产品已经走出青海甚至国门，在西宁几何书店、北京咪娜工作室、上海云合铺子、北京798、那里花园、福建的公益营地、玉树机场店等地，都有专门的展区进行销售。截至目前，三江源妇女半边天合作社获得的订单收入高达21万元。2017年，永续全球环境研究所在毛庄乡成立三江源"社区协议保护培训基地"和"社区能力建设中心"，面向三江源周边社区开展社

区能力培训工作，支持保护草原和水源环境，发展传统手工艺，在培训基地的平台帮助下受益人群达 8974 人。

（四）项目的示范性

2018 年 7 月下旬，永续全球环境研究所在三江源的社区协议保护中心开展"社区协议保护与生态服务型经济培训"。除了培训协议保护的巡护技术、水质监测技术、红外相机使用技术外，还专门针对社区的合作社等发展情况围绕生态旅游接待、游客紧急救助、野生动物救助、自然教育内容开展专家培训活动。来自云南、四川、新疆、青海的 16 个社区代表和 NGO 的 20 多名代表参加，三江源国家公园、祁连山国家公园、清华大学等也派代表观摩学习。这次培训侧重实践操作，并与社区工作紧密结合，起到了很好的示范效果。培训后的效果更是引人注目，祁连山国家公园和青海省林业厅当即邀请永续全球环境研究所在同年 10 月份赴祁连山社区开展同样的培训工作。

截至目前，永续全球环境研究所在三江源社区能力建设中心和培训基地已经开展了 2 次妇女合作社手工培训，2 次社区协议保护培训，培养了三江源 6 个社区的环保带头人，支持贫困家庭及妇女残疾人学习发展生产手工艺技术，为包括玉树州巴麦村、诺麻村、阿宝社区、团结村、果洛州哇塞乡、灯塔乡等社区在内的手工艺技术提升和替代生计发展奠定了社区保护与发展的基础。

项目的深入实施在全国起到了真正的示范和影响作用，北京市玉树州援建办计划拨付 48 万元资金帮助毛庄乡合作社兴建厂房，扩大生产规模并培养更多妇女代表。青海省囊谦县政府各部门也捐资近 10 万元，支持合作社的发展。毛庄乡政府将奔康利民合作社作为精准扶贫、生态扶贫的典范，签订协议承诺与永续全球环境研究所共同推广此模式。此外，以毛庄乡奔康利民合作社和妇女半边天合作社为代表的三江源社区协议保护项目，也引起了各州县领导的注意，囊谦县政府扶贫局、环保局、农牧局、政协、宗教局，玉树州政府、青海省妇联等领导都先后前来参观、调研；青海省委常委、副省长严金海也亲自前来视察指导，并给予了高度赞扬和重视。

三　社区协议保护机制的模式分析

（一）管理体系：NGO 协调

从 2005 年起，永续全球环境研究所已在中国四川、宁夏、青海和内蒙古多个西部省份以及缅甸等国家开展社区协议保护的示范和机制推广工作，积累了丰富的社区经验。在毛庄乡项目开始前，永续全球环境研究所已同青海省林业厅及三江源国家级自然保护区签署了五年的合作备忘录，三方同意共同推进三江源地区的生态保护相关工作，并提供相应的支持，由三江源保护区管理局作为政府机构代表监督指导项目实施。在毛庄乡社区协议保护点，永续全球环境研究所作为项目启动方，引导促成毛庄乡人民政府与地方组织达成协议，授权地方组织在社区开展应对气候变化的生态保护活动。同时，永续全球环境研究所也与当地社区达成项目协议，投入启动资金，联络在地其他的环保 NGO，通过共同设计活动或委托部分任务的多种形式开展社区合作，不仅为毛庄乡项目点提供实践知识和保护工具等，还积极邀请专家对社区开展能力建设培训。在毛庄乡项目执行过程中，永续全球环境研究所处于项目的中心位置，在连接协调社区和其他利益相关方方面扮演着不可忽视的角色。

（二）管理主体：社区为主，多方参与

在项目开始前，永续全球环境研究所组建专家团队，对毛庄乡的生态环境资源等进行了系统的本底调查，并结合调查结果，与地方政府和当地社区代表讨论社区生态保护与经济发展的模式，进而提出适应气候变化的社区协议保护机制。针对气候变化下的社区生态威胁、保护与发展的诸多矛盾问题，专家团队对在毛庄乡开展社区协议保护的三个核心利益相关方进行了识别，分析了不同利益相关方在社区气候变化适应过程中可能存在的问题。其中本项目三个主要的利益相关方，也是协议保护的管理主体包括：

（1）青海省玉树州囊谦县毛庄乡人民政府；

（2）青海省玉树州囊谦县毛庄乡奔康利民合作社；

（3）北京市朝阳区永续全球环境研究所（GEI）。

在社区参与保护的过程中，主要是由民间环保组织（GEI）作为协调机构，通过签署协议的方式协调社区、地方政府在自然资源保护管理方面的权利和责任，并通过技术培训、能力建设等方式培训当地牧民，推动社区牧民成为保护的主要力量。同时，项目执行 GEI 承担着监管机构的角色，负责项目的监测和评估等工作。

（三）管理保障：文本法与实践法相结合

根据《联合国原住民权利宣言》和《生物多样性公约》，原住民和地方社区有权利参与到本土社区的发展工作中，他们关于生物多样性保护的传统知识和实践应加以尊重和保存。三江源地区的本土牧民99%都是藏族，他们千百年来在这里游牧，历来有保护环境和管理资源的文化传统和习惯，并将其融汇到藏传佛教中持续传承。另外，中国广大的农村是易受气候变化影响的脆弱地区，也是气候灾害多发地区，社区居民作为直接受影响的群体，理应被赋权参与到气候变化适应的改变行动中来。长期以来，生活在这里的藏族人民形成了敬畏自然、珍惜一切生命的生态伦理价值观，这与政府部门、NGO 等利益相关方保护生态环境的目标不谋而合。毛庄乡案例中将传统文本法中纲领性、指导性的具体规定与社区和群体的合约、协议、村规民约等社会实践法相结合，共同为社区参与保护提供法制实施和管理保障。

为守护澜沧江源头水，合理利用草原、森林和水源，改善生态环境，保护生物多样性，促进地区经济和社会的可持续发展，区分生态环境管护工作中保护与综合利用行为，明确管护责任、权利和义务等，根据《中华人民共和国环境保护法》《青海省生态文明建设促进条例》《三江源国家公园条例（试行）》等相关法律法规，经过与利益相关者的共同协商，永续全球环境研究所于2016年与青海省玉树州囊谦县毛庄乡政府、毛庄乡奔康利民合作社共同制定设立协议保护地保护计划并签订社区生态管护协议，将毛庄乡全境划定为协议保护示范区，并与其他5个合作社共同组成环保志愿者巡护队开展保护工作。协议中明确规定了社区参与保护的内容、形式和权责利，授权由毛庄乡奔康利民合作社负责草原和水质监测管护，并对其提供相应的资金和技术支持；毛庄乡社区从政府部门获取特许保护权。第一阶段协议期为三年，同时规定协议期满后可续约。

（四）可持续制度：健全的资金保障体系

完善协议保护地的生态补偿机制，建立以社区生态补偿基金为基础、以推进设立社区保护和发展基金为补充、为社区发展提供小额信贷基金的多元保障体系，这是支持社区稳定可持续性地参与保护工作的资金保障。毛庄乡社区协议保护计划和生态管护协议的签订，为开展合理高效的生态保护提供了具体可靠的执行方案和可持续发展的依据。其中，可持续的保护资金来源是长效开展保护工作的动力保障，在毛庄乡案例中主要实现了三种有效循环的资金原动力支持机制。

1. 社区内部资金与保护行动的良性循环

当地社区妇女合作社（青海省玉树州囊谦县妇女半边天合作社）将每年经济收益的5%作为环保基金支持社区开展管护工作，与此同时也赋予了每件社区手工艺品一定的生态价值，作为环境友好型的生态产品销售，实现了经济与保护在地域内的共生共荣。

2. 社区内部小额资金信贷改善了贫困问题，为环保工作提供经济保障

在毛庄乡案例中，GEI联合毛庄乡奔康利民合作社共同设立了毛庄乡保护和发展小额信贷基金，用于帮助没有启动资金发展经济的贫困牧民，并将信贷基金所得全部收益用于支持当地社区的管护工作，并规定基金由奔康利民合作社来管理，实现了社区内部经济互助扶贫的目标，在全区经济提升的同时也为开展各类保护工作持续地累积着经济基础，为其自主发展经济和推进环保工作提供了基础保障。

3. 积极地整合外部资金资源来推动本地的社区保护工作

毛庄乡奔康利民合作社通过扩大自身影响力、积极向政府申请扶持金、

接受社会组织或者企业的专项资金捐赠等方式，将外部资源统筹到当地的生态管护活动中，不仅提高了本地的生态效益和影响力，还实现了与多方利益相关方的良性互动。

四　小结与讨论

青海省囊谦县毛庄乡的保护之所以成为示范点，且被外界认可并支持，究其原因，除了自然因素之外，更在于无论是公益组织还是政府部门都基于科学的、具体的、准确的数据支撑来执行具体的项目活动。在毛庄乡社区项目点的保护工作中，显现出以下特点。

（一）社区参与的重要性

在生态保护领域，社区作为基层组织，发挥着举足轻重的作用。三江源国家级自然保护区地广人稀，保护区管理局工作人员有限，加上高海拔的保护环境，在有限的时间内参与到整个保护区的保护行动中是不可能的，而当地社区牧民对家乡有着最本土的熟悉感，对地理位置和生态环境的熟悉度有时要远远高于保护区的工作人员，应充分发挥当地牧民的作用，调动他们参与环境保护的积极性，培养牧民成为最天然的生态环境守护者。毛庄乡项目点充分调动了当地社区和牧民的积极性，在生态巡护和水质监测上完全实现了当地牧民牵头主导，同时带领周边社区参与保护的目标，形成了"以一带多"的环境效益。为此，在保护区的工作中，一定程度上合理的赋权将会提高保护效能，将政府和保护区管理机构的权力适当地赋予社区，让社区在划定的范围内负责保护工作，不仅可以解决社区巡护队等自发保护小组的合理性和合法性问题，还可以对破坏环境的非法分子起到一定的威慑作用。正确看待和合理掌握赋权的自由度和范围，会在环保运动中起到事半功倍的作用，这一点也需要在更多的案例和项目试点中摸索，依据丰富的实地经验来校正和检视参与性和赋权的关系。

（二）替代生计的激励机制

毛庄乡案例中，最为显著的一个特点是，当地牧民有不杀生的宗教习惯，甚至是自家的牦牛都很少出售、宰杀，其主要的经济收入来源是放养牦牛带来的农副产品和挖虫草等药材，经济收入较低。当地在对自然资源的利用和处理人与自然的关系方面积累了丰富的实践经验和乡土知识。因而在设计和开展项目时要充分尊重地方传统文化，并寻找适合地方发展的替代生计，以缓解环境保护和经济发展之间的矛盾。在毛庄乡案例中，永续全球环境研究所在技术工艺和资金上扶持当地手工合作社发展，并约定将收益的5%投入环保事业中，为开展保护行为提供了有效的激励机制，调动了全民参与的积极性，从而形成了经济发展与环境保护的良性动力循环机制。

（三）社区精英的积极作用

在毛庄乡案例中，妇女半边天合作社创始人兼主要负责人永强发挥了重要作用。无论是社区内部的活动，还是在与外部（包括公益组织、社区企业、地方政府、媒体等）的联络和关系维持上都需要永强的组织协调才能够顺利实施。尤其是在成立水质监测队、生态巡护队、组织社区能力培训等方面，工作规划、巡护活动的监督和实施等工作都是由永强来牵头领导，协调着社区内的大小事务。社区精英（比如案例中的永强）在村内有威望，对社区信息清楚，同时可以协调各种外部资源来开展保护活动，注意在保护工作中培养相对专业的管理团队，做到适度的分工、分权，协调组织社区内部利益与外部资源的关系也是在各个实地案例执行中需要公益组织思考的问题。

社区保护模式本身是很难用一个确定的框架来描述的，通过毛庄乡案例的研究和项目执行，永续全球环境研究所希望依托三江源首个"社区协议保护培训基地/社区能力建设中心"，与当地政府及各个相关利益方合作，以毛庄乡案例为示范点搭建社区协议保护的社会关系和资源网络平台，通过定期的支持培训，以基地为中心辐射到三江源和西部的众多社区、保护区、

国家公园，开展社区保护和生态服务型经济的能力建设，探索符合三江源地区的社区参与保护的新模式。毛庄乡案例中，多元主体的参与和专业机构的引导方式是值得借鉴的，系统的管理保障和资金保障需要地方和社会各方力量的支持。毛庄乡案例仅是探索社区协议保护和生态服务型经济模式的阶段性成果，永续全球环境研究所希望通过更多的实践案例来建立一个更加系统完整、高效精准的三江源保护模式并推广至其他保护地入口社区，同时也期待通过总结多样的保护案例实施经验为我国的国家公园和自然保护地体制改革建言献策。

G.9
草海保护区簸箕湾水禽繁殖区
社区保护项目回顾与反思

李晟之　任晓冬＊

摘　要：　草海是贵州高原上最大的淡水湖泊，簸箕湾水禽繁殖区是中
国第一个在草海保护区由村民自发组建的野生动物保护地。
本文详细介绍了参与式在簸箕湾村的实践——渐进项目和村
寨发展基金项目，在外部力量的支持下，簸箕湾的村民又实
施了水禽繁殖区保护项目，主要目标是实现长期的生态旅
游。水禽繁殖区的组建，充分表明当地村民对保护环境的需
要能够转化为有效的行动，对贫困地区如何保护生物多样性
具有重要意义。本文通过对簸箕湾水禽繁殖区社区保护项目
的系统回顾与反思，总结出了可供其他公益保护地参考的经
验和教训。

关键词：　草海　簸箕湾　社区保护地

一　背景

草海位于云贵高原东部的乌蒙山麓，在贵州省西部的威宁彝族回族苗族

＊　李晟之，四川省社会科学院农村发展研究所研究员，资源与环境中心秘书长，区域经济学博
士，四川省政协人口与资源环境委员会特邀成员。主要研究方向为自然资源可持续利用与乡村
治理。任晓冬，贵州师范大学喀斯特研究院教授，贵州师范大学自然保护与社区发展研究中心
主任，经济学博士，主要研究方向为自然资源管理、社区发展、农村生态环境保护等。

自治县县城西南侧①，距省会城市贵阳 370 公里，是贵州省最大的高原天然淡水湖泊。1985 年经贵州省人民政府批准建立了草海省级自然保护区，面积 120 平方公里，保护草海高原湿地生态系统和以黑颈鹤为主的珍稀鸟类。1992 年，草海保护区经国务院批准升级为国家级自然保护区。

草海水域面积约 25 平方公里，底部海拔 2170 米左右，是为黑颈鹤、白肩雕、白尾海雕等多种鸟类提供栖息地的高原湿地。黑颈鹤在草海有簸箕湾等六处夜宿地，这些浅水地带与外围农地之间有大面积的沼泽，消除或减少了陆地捕食天敌对夜宿鹤类的干扰②。据李凤山等的调查，簸箕湾、胡叶林、朱家湾是草海三个最大的湖湾，有 76.5% 的黑颈鹤和 62.2% 的灰鹤在这三处夜宿③。

斑头雁在草地上觅食，浅水域主要作为斑头雁夜宿的场所。簸箕湾的草地面积相对最大，在那里栖息的斑头雁数量也最多。例如，在 1988 年 1 月计数草海有 1662 只斑头雁，其中 1005 只在簸箕湾，在 1996 年 3 月 3 日共计数到 480 只斑头雁，其中 203 只在簸箕湾。

水鸟在草海湖面几乎无处不见。白天，不同的水禽类群活动于不同植被类型的水域。草海具有如此多数量水禽的主要原因在于：草海有相对大的水面、丰富的水生植物和总体上相对较好的水质。根据 1994 年草海植被调查，草海的深水域（主要是沉水水生植物群落）面积为 16.96 平方公里，浅水域（挺水植物群落）为 8.25 平方公里。潜鸭、骨顶鸡（两类共约 4 万只）和河鸭类（约 3 万只）分别主要利用上述两类植物群落。

草海流域 120 平方公里，在草海湖沿岸及流域内有大量的人口居住。草海濒临威宁县城，县城就坐落在草海湖北岸的分水岭上。威宁县城人口较为密集，有 326 国道和 102 省道在县城交会，是通往云南和四川的交通要道，内昆铁路沿东向西有 6 公里通过保护区实验区后纵贯威宁县城。

---

① 汪永晨：《仙鹤的诉说》，《森林与人类》2005 年第 5 期。

② 刘佳：《草海高原湖泊湿地生态安全评价研究》，重庆师范大学硕士学位论文，2012。

③ 李凤山：《贵州草海越冬黑颈鹤觅食栖息地选择的初步研究》，《生物多样性》1999 年第 4 期，第 257～262 页。

草海的历史是一个剧烈变化的历史，水文和湿地面积发生过巨大的变化（见图1）。

（1）1958年以前，草海集水区的水在洪水期间与其相邻两个集水区——杨湾河和北门河的水汇成一体，水域面积达45平方公里。

（2）1958年威宁县制定了综合治理草海的计划。该计划明确了开发草海的原则和方式是"以蓄洪为主，排水为辅，综合利用水资源，尽可能照顾到国民经济各部门的利益"。并于当年实施了排水工程，草海水域面积减少到31平方公里。

（3）1970年，为了得到更多的耕地，解决粮食不足的问题，在威宁县政府的组织下，开始了大规模的排水工程，到1972年草海仅存约5平方公里的水域面积。

（4）1980年贵州省人民政府决定恢复草海水域。1981年动工蓄水工程，设计水位高程为2171.7米，1982年水域面积恢复到25平方公里。[①]

草海重新蓄水后，水生植物、鱼类、鸟类的种群和数量逐年增加，草海又呈现一派勃勃生机[②]。然而，随着草海水位的恢复上涨，当地农村社区群众在"文革"期间集体耕种并在20世纪80年代初刚刚获得承包经营权的耕地被迫因政府环境政策改变而面积减少，剩余的耕地也受到草海湿地季节性水位变化影响而导致农作物产量损失，对于湿地生物多样性保护产生了很大的意见和对立情绪。

1985年，草海自然保护区成立，面临的主要威胁中有两个来自农村社区：①农民猎捕水鸟；②农民为避免水位升高淹没其耕地而不断地偷挖草海滚水坝附近的副堤，引出湖水，降低水位。虽然保护区投入了巨大的人力与物力，用尽了各种可能的手段，但威胁依然长期存在，在管理中也矛盾不断，冲突不断。

---

① 任晓冬、黄明杰：《草海流域综合管理研究》，《生态经济》（中文版）2008年第5期，第147~151页。

② 潘乐明等：《草海流域存在问题浅析及对策探讨》，《林业建设》2004年第6期，第8~12页。

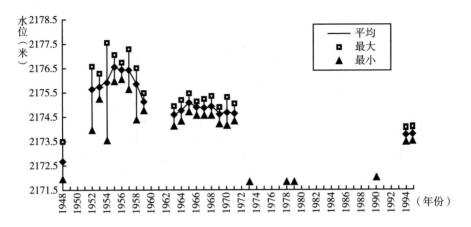

图1 草海水位的历年变化（1948～1994 年）

资料来源：1973 年、1978 年、1979 年和 1990 年的水位是根据草海 1973 年、1990 年地形图和周福璋等*的研究推算或估计得来。

* 周福璋、丁文宁、王子玉：《黑颈鹤的越冬调查》，《动物学杂志》1980 年第 3 期，第 27～30 页。

尽管草海于 1982 年开始蓄水，1985 年成为自然保护区，但是由于草海湖水一直作为下游羊街电站的补充水源（当时该电站提供威宁县的主要用电），并且有些农民为避免水位升高淹没其耕地而挖开草海滚水坝附近的副堤，引出湖水，降低水位，1991 年，草海自然保护区管理处控制了草海湖出水口的泄洪闸，修复了副堤，把水位升回到草海第一期蓄水工程的设计水位（滚水坝坝顶海拔 2171.70 米）。从此，草海湖水位一直维持在这个标准上。

自 1993 年开始，鉴于与社区的矛盾冲突，草海自然保护区邀请国际鹤类基金会（International Crane Foundation）前来草海帮助保护区解决自然资源保护管理困境。通过密集地开展参与式调查，最后在保护区周边 14 个行政村中的草海村簸箕湾自然村开展社区保护项目（见图2）。

据 20 世纪 90 年代中期的调查，簸箕湾有人口 300 余人，农户的生活高度依赖粮食生产，以种粮为主要活动的种植业收入占 33%，打工、做小买卖的收入占 39.1%，养殖业收入只占 14.3%，其他收入如借贷等占

图2 簸箕湾区位示意

12.4%。打工和做小买卖是家庭重要的收入来源，整个生产队有30%以上的劳动力尤其是妇女参与季节性打工或做小买卖。此外，捕鱼是一部分村民收入的补充来源，但由于过度捕捞，草海湖的鱼虾产量急剧下降，从最高年产量30万斤下降到近年的2万~3万斤，村民靠捕鱼获得的收入愈来愈少。

围绕保护以黑颈鹤为旗舰物种的湿地生态系统，草海项目是在较长的项目期（1993~2001年）由多个组织的众多小项目合作接力完成的。先后有国际鹤类基金会、贵州省环境保护局、贵州师范大学、国际渐进组织（Trickle Up Program）、云南农村参与式发展工作网（PRA网）、福特基金会等多家机构在草海的平台上，开展社区保护项目。

二 治理及管理模式

为了提高当地社区的生活水平，增强当地群众的环境保护意识，改善保护区与当地社区的关系，贵州省环境保护局、草海国家级自然保护区管理处、国际鹤类基金会、贵州师范大学自然保护与社区发展研究中心、国际渐进组织于1994年在草海合作开始尝试"以社区为基础的自然保护与社区发

展并进"的新策略①，主要表现为以下几个方面：①在草海这样一个人口稠密、人为活动频繁、生活贫困的自然保护区，必须把当地社区的利益与资源保护提到同等重要的位置，将自然保护与社区发展相结合。②当地社区必须成为草海自然保护的主体力量。保护草海就是保护当地社区自己的家园，只有促使当地社区真正行动起来，成为自然保护的主体，才能实现草海自然保护区的可持续发展。③草海自然保护区管理处在职能和观念上，应该由"制约社区活动、规范社区行为"向"服务于社区"转变。只有依赖当地社区，协助当地社区开展经济发展和自然保护的活动，保护区管理部门才能完成自己的使命。

草海合作项目广泛地使用了参与式方法。实践证明，参与式方法的运用使项目合作各方改变了工作态度和方法，促进农民积极主动参加社区发展和草海保护，从而实现上述策略。

三　保护和管理措施

草海合作项目自 1993 年开始，至 2004 年已经进行了 12 年。由最初的 1 个项目发展到 5 个项目。项目内容也从社区发展扩展到保护、教育、科研、发展多个方面。从开展的三期项目来说，第一期主要关注的是草海保护区内及周边社区的生计问题，希望缓解保护区与社区的紧张关系，从而为促进社区参与环境保护活动打下基础。第二期项目除了社区发展之外，增加了许多环境保护活动，由于有第一期项目的基础，社区参与的环境保护活动得以顺利实施并取得较好的效果。鉴于草海项目对于贵州甚至中国许多保护区的借鉴意义，第三期项目主要是总结草海的经验教训，把草海的项目经验推广到其他地区。

---

① 李凤山、黄明杰：《草海的参与式自然保护与社区发展活动》，生物多样性保护与扶贫研讨会，2003。

（一）开展渐进项目和建立村寨发展基金

项目第一期（1994~1997年），主要工作包括实施渐进项目（TUP）、建立村寨发展基金（CTF）、植树造林和开发用于生物多样性监测的地理信息系统。渐进项目和村寨发展基金项目很成功，引起国内外关注。特别是通过渐进项目与村寨发展基金，当地社区的参与性得到极大的提高，以项目实施为主要目标的社区自我组织起到了重要的作用。

1995年底草海管理处在簸箕湾建立贫困家庭的渐进小组和村寨发展基金。在后期的访谈中簸箕湾的村民谈到，渐进项目和村寨发展基金的实施对第二期开展社区保护地建设起到了很大的作用。首先，第一次使村民相信，外界的项目能够做到公平、透明，村民愿意做。这样使簸箕湾村与草海保护区管理处建立了相互信赖的关系。其次，锻炼了当地的社区组织能力，使村民能够信赖自己选出的管理机构。最后，由于在项目中强调环境保护的作用，簸箕湾村民的环境意识得到提高，为以后的环境项目打下基础①。

村寨发展基金对环保项目的促进作用是巨大的。多年发展项目的稳定实施促使村民考虑较为长远的计划，像水禽繁殖区这样长期的、短时期不能产生效益、艰苦的项目因村民的思想稳定而得以顺利实施。

（二）建立水禽繁殖区社区保护地

1998~2001年，在巩固前期渐进项目和村寨发展基金管理的基础上，簸箕湾尝试建立基于社区的水禽繁殖区，在全国率先开展外来干预性的社区保护地建设。主要的活动如下。

（1）1998年7月，草海保护区管理处工作人员提出在簸箕湾建立一个水禽繁殖区的构想，并由簸箕湾组村民来管理。该水禽繁殖区将成为草海的核心区。

---

① 任晓冬、黄明杰：《参与式自然保护区——草海簸箕湾水禽繁殖区的建立》，《贵州农业科学》2001年第6期，第35~37页。

（2）1998 年 7 月，簸箕湾组村基金管理委员会组织了多次村民大会，讨论此事。

（3）1999 年 4 月，簸箕湾组村基金管理委员会向草海保护区管理处呈交了关于修建水禽繁殖基地的规划报告（见图 3）。水禽繁殖区为 400 米 × 600 米，用水泥桩和铁丝网封闭，由簸箕湾的村民们共同制定管护规定，并由簸箕湾村民们轮流管护。水禽繁殖区目前是草海保护区的绝对核心区，由于不受人为干扰，水生植物生长繁茂，为草海的夏候鸟繁殖创造了条件，当年即见繁殖鸟的巢和卵。

（4）1999 年 5 月，草海保护区管理处向国家环保总局申请了 15000 元的经费，用于修建水禽繁殖区。

（5）1999 年 5 月，簸箕湾组通过村民大会选举产生了由 8 人组成的水禽繁殖区管理委员会来组织施工。

（6）1999 年 6 月，由簸箕湾组村民进行设施材料的准备。

（7）1999 年 7 月 28～31 日，簸箕湾组村民义务投工栽界桩，围铁丝网，水禽繁殖区建成。

1999 年 7 月，水禽繁殖区建成。簸箕湾的村民认为，簸箕湾是草海水禽的主要集聚地，具有开展生态旅游的良好条件，希望在自发的组织和外界的帮助下，保护好当地的环境，完善生产、生活设施，开展生态旅游活动。

水禽繁殖区建成后，通过贵州师范大学自然保护与社区发展中心的申请，由外部机构提供资金，村民自己投工投劳，修建了观鸟台。草海保护区管理处与国际鹤类基金会开始了第二期与第三期的草海国际合作项目，实施草海簸箕湾村的村级规划，第三期项目让簸箕湾村民在社会、经济、文化上有了一个综合发展与提高的机会和过程。

在项目实施过程中，每一项具体的活动都由村民开村民大会具体选出的管理委员会进行管理。水禽繁殖区项目的实施之所以在组织上较为成功，其中一个原因就是在 TUP 与 CTF 项目中项目管理委员会的组织结构与工作经验应用到了水禽繁殖区的建设中。在水禽繁殖区的项目实施过程中，有 3 个委员会运转，村基金委员会对水禽繁殖区的建设也起到了极大的推动作用。

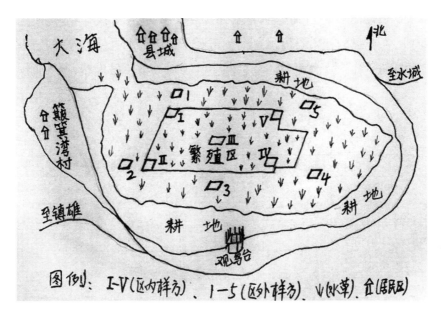

图3　簸箕湾水禽繁殖区社区保护地示意

四　资金来源与可持续运营措施

（一）资金情况

簸箕湾村自1996年1月开展项目以来，投入总资金达到244965元（见表1）。其中，直接到村民手里用于建立基金及建设各种基础设施的资金有137853.6元，占全部资金的56.3%。村民自己集资4250元，占全部资金的1.7%。用于项目管理、监测、协调的资金有102861.4元，占资金总数的42%。还要说明的是，在整个项目实施过程中，村民的投工投劳十分显著，如果折算成现金，这笔钱也是巨大的。以水禽繁殖区为例，每天的看护需要两个工，当时每个工按当地的工钱折算是15元/天，一年就需要10950元。

在资金投入上，尽管用于项目管理、监测、协调的资金较多，但管理

处以外人员的咨询、协助、监测费用为 78792 元，占了整个管理费用的76.6%。在项目的开始阶段，这个费用开支是必要的。随着草海项目的跟进，项目的实施、监测更多的是靠保护区管理人员，操作费用比例将会进一步下降。

表1　簸箕湾投入资金的分配

项目	数额(元)	占全部资金的比重(%)	每户(元)
总投入	244965	100	3181.34
用于村民的投入	137853.6	56.3	1790.31
用于项目管理、监测及协调	102861.4	42	1335.86
村民的投入	4250	1.7	55.20

（二）资金可持续性

如果仅仅从当地自然资源的利用来看，很难做到经济上的可持续发展，如果加大对自然资源的利用，必然会对环境产生负面的影响。从簸箕湾村民所从事的自然资源利用方式来看，烧砖、种菜等活动都对环境保护不利。小生意及打工是簸箕湾村现金收入的主要来源，但由于村民缺乏技能，没有竞争力，现金收入并不理想。旅游活动的开展需要从长远来看，其潜在价值在当前很难评估，即使草海车站开通，要想立刻有旅游收益也是很困难的事情。

村基金运转正常，基金已由 1998 年 1 月启动的 19650 元发展到 2000 年 7月 26 日的 33000 元，基金增长数为 13350 元。渐进项目（TUP）和村寨发展基金（CTF）的建立，使村民有机会在经济上得到发展，能够获得较大收益，更可贵的是村基金具有长期运行的持续性和稳定性。环保项目如果以现金价值来计算，产出也是较高的，如水禽繁殖区的看护，每年就超过 1 万元。

村基金是簸箕湾村发展项目中最成功的增收项目，但调查中村民觉得村基金只能解决吃饭的问题，并不能解决经济发展的问题。要想有更大的经济发展，必须走出簸箕湾村，想办法向外界发展。

五 问题和挑战

首先，人与水禽冲突长期存在。据簸箕湾的环保员说，种植玉米、洋芋期间，小苗会被鸟翻出而死亡。村民向环保员反映，环保员向保护处反映，但没有任何补偿措施，他只好给村民做思想工作。村民担心鸟多了以后对庄稼有一定的影响，但该村目前还没有损害鸟类的情况发生。

其次，不断有新的威胁产生。1998 年以前在水禽繁殖区附近的土地中没有种蔬菜的情况，近年来有部分农户种白菜、莲花白，要用农药及化肥，其残留成分对草海水体有害，农户也有这方面的认识。

六 可供其他公益保护地参考的经验和教训

（一）巧妙处理行政村、村民小组和农户三者的关系

行政村、村民小组和农户是构成农村社区的三个层次，一个外来干预性公益项目是直接与村民打交道，还是通过行政村或者村民小组来开展项目，是需要认真和仔细思量的，有可能是影响项目成效的最关键因素。草海项目的经验非常值得借鉴。

（1）在项目初始，通过"渐进项目"直接给予行政村中 10% ～ 20% 的贫困户每个家庭 100 美元的赠款，用于发展减轻贫困的生计活动，项目成效为每个贫困户的经济变化。从行政村－村民小组－农户三者关系看，草海项目先针对农户单个家庭，充分发挥出家庭经营规模小、农户积极性高的优势，而不是一上来就针对村民集体，面临集体行动困境。这样的策略其实是先易后难，在取得项目初步成效赢得村民的理解、信任和支持后，再逐渐地开展集体项目。

（2）"渐进项目"虽然是针对单个的贫困户家庭，但选择贫困户则是以村民小组为单元让所有农户投票，并真正地坚持了信息公开和程序公正，其

好处是：①使全组所有农户都参与，为后续在村民小组或行政村两个层次开展集体项目打下基础；②发挥所有村民的力量来监督和督促获得赠款贫困户遵守"渐进项目"承诺实施项目活动，打下诚实守信的基础；③引导并发挥行政村和村民小组干部的力量，使他们感到自己的经验和权力得到尊重，没有被排斥在项目外。作为外来干预性公益项目，通常都需要通过行政村的村支书和村长来具体实施项目，如果没有他们的支持或至少不反对，项目就很难长期实施。

（3）当1年期"渐进项目"结束后，让同一行政村的村民们来评估每个受赠款农户的成效，并顺势建立面向所有家庭农户开放的、集体参与的"村社基金"，即把项目从单个的农户层次开展提升到农户集体开展。在"村社基金"成立过程中，也充分考虑到给予村民们自主选择权，参与式地处理行政村 – 村民小组 – 农户三者的关系，让农户们自愿选择集体行动开展的规模，具体做法为：可以最少10户农户打破村组界限成立"小组基金"，也可以村民小组为单元成立"村寨基金"。灵活的方式得到了村民们认真积极的参与，1994～2001年，共成立了100多个村社基金，基金面向内部成员开展借贷，通常的年利率为20%～30%，利息收入由基金成员集体讨论决定如何使用。草海项目推广与复制获得了巨大的成功。

（4）在基金的组建过程中，管理细则也是由村民制定的，例如利息的多少、借款时间的长短、抵押、违约还款的处罚等。这样，基金在运行的管理过程中，可操作性强，可持续性也就增强了。

（5）在第二期项目结束（2001年）11年后，考察小组发现尚有10%以上的"村社基金"在没有外来人员的帮助和监督下继续在运行，其持续性非常值得称道。其中运行得最好的是一个"村寨基金"，该基金成员为一个村民小组的所有组员，由于都姓祖，在基金管理中很好地借助家族的力量进行管理。

（6）大部分外来干预性公益项目都以行政村为基本单元开展项目，然而包括草海项目在内的很多经验或教训表明，如果以行政村之下的村民小组为项目单元开展项目，更有可能调动社区的文化与家族方面的积极因素形成内部合力，并充分发挥因地制宜的优势，使项目因为适应当地社会经济与自然地理条件而取得事半功倍和长期的成效。

（二）多个项目合作伙伴平等合作，优势互补

社区需要的帮助是多种多样的，一个外来干预性公益项目要想成功实施，无论是生态保护还是社区发展，都需要提供 2 ~ 3 种甚至更多的核心技术，单凭一个组织难以满足多样化的技术需求。同时，公益组织资金募集往往具有脉冲性的特点，往往难以在同一个项目点针对一个目标提供 4 年以上的长期稳定的支持，而社区工作又具有长期性的要求，因此需要在组织之间展开接力。

（1）草海项目在实施中，国际鹤类基金会擅长保护与社区发展相结合理念的实际运用以及宣传动员；国际渐进组织擅长通过"渐进项目"模式开展参与式扶贫；云南农村参与式发展工作网擅长参与式调查与规划；草海自然保护区非常了解当地村民的文化与诉求；贵州省环保局局长协调各方政府资源；等等。这些机构组织密切配合，充分发挥各自的优势，使草海项目能够满足社区项目的综合性需求。

（2）草海项目从一开始就没有一个强大的组织来垄断和主宰项目方向，即使是贵州省环保局，在 20 世纪 90 年代也是一个新成立的政府机构，与林业部门相比相对弱势。无论是国际鹤类基金会还是其他的合作伙伴，对于草海项目都有很强的拥有感，但又不是垄断性地排斥其他组织的拥有感。每个组织在草海的平台上，都寻找到精炼优势技术、实现价值理念、获取公益声誉并进一步募集资金的机会，反过来也促进了草海项目在探索中推进。

（3）草海项目两个阶段，都有一个相对主导的组织，并顺利实现了传递。草海项目第一期（1993 ~ 1997 年）由国际鹤类基金会主导，是一个典型的国际民间组织发起的项目；第二期（1998 ~ 2001 年）则由贵州省环保局主导，国际鹤类基金会转为参与策略制定和资金支持，平稳地实现了主导单位从国际民间组织到地方政府机构的传递。草海项目的经验在第二期得到大面积推广复制，得益于众多民间组织、科研机构纷纷前来添砖加瓦、锦上

添花，但如果继续由一个国际民间组织主导，没有当地政府机构的吸引，很有可能不会得到多渠道资金与技术支持以及政府资金的配套。

随着公益项目资金环境改善，单个公益组织在一个项目点能够动员到的资金不断增加可能达到百万元甚至千万元量级。大量的资金虽然有可能从科研院所等组织动员到技术力量，但不一定能够让参与组织具有拥有感，甚至有可能因为其自身垄断地位而降低其他组织参与的积极性。草海项目多组织平等合作的经验，也为没有大量资金但能开展好项目提供了良好的示范。

（三）培养人才并激发人才的主观能动性

项目成功的一个重要标志是有"人"，即通过项目实施培养出一批当地的人才，这些人才有热情、有能力继续为巩固和拓展项目成效服务。当评估总结一个项目成功经验时，人们常常感叹，这些优秀的人士如何被发现，又如何聚在一起的？如何才能主动地寻找到这些人才？草海治理的经验如下。

（1）为项目地引进先进的理念和技术，直面现实问题，从而激发真正有公益心、事业心的人才。针对草海自然保护区与周边社区的矛盾，国际鹤类基金会带来了社区共管的理念，这在20世纪90年代初的中国是非常先进的。其合作伙伴也引入参与式规划、"渐进项目"、"村社基金"等社区发展技术，使草海自然保护区的管毓和先生（现贵州省社会科学院副研究员）、邓仪先生（包括阿拉善等多个民间组织项目官员）以及贵州省环保局的黄明杰先生（处长）、贵州师范大学任晓冬先生（教授）等一批人被激发出来认真学习，并把所学与各自的优势充分结合加以运用。他们不仅对于草海项目做出了重大的贡献，而且在项目结束后自身也在不同的系统成为参与式专家，把草海项目经验带到更多的项目中。外来干预性项目在苦于没有当地人才的同时，也应该反思自己是否带来了与当地问题相关的先进理念与技术。

（2）宽松的环境有利于当地人才专注于细节并创造性地解决项目所针对的问题。草海项目的第一期和第二期在项目设计和项目的投入上有比较大的灵活空间，更注重项目的过程和行动，在监测上比较严格和制度化，但较少要求形式上的或者机械的项目报告。这样就激发了项目人员的创造力，也比较符合当时项目人员的能力，以足够的灵活性来应对社区群众多样化的需求。项目人才感受到被尊重，并被自身努力所取得的项目成效激励，从而进一步学习和努力，形成人才培养的良性循环。相反，在第二期项目结束后（2001 年），相关国际组织的项目资金开始增加，项目管理也趋于严格，但从诸多当事人回忆中可以看到，项目反而开始走下坡路。

（3）草海项目培养的本地人才，包括贵州省和威宁县两个层次，前者如贵州省环保局的黄明杰先生、贵州师范大学任晓冬先生，后者包括当时草海保护区管理处的邓仪先生和管毓和先生。值得引起注意的是，草海自然保护区管理处的项目人才先后离开了威宁县，在贵阳甚至北京发展。虽然对于个人发展而言是好事，但对于草海项目在本地的持续开展却造成了一定影响。如果草海项目在威宁县培养的人才不是过于集中于草海自然保护区，而是有来自多个单位的人员，尤其是帮助一些"村社基金"发展为农民合作经济组织、农民协会等农民组织，项目培养的人才持续服务于项目的效率或许更高。

外来干预性公益项目与其花费大量资金聘请远距离的外部人才，不如通过先进的理念和技术及直面现实问题来激发和培养当地人才，并提供宽松的项目环境来激发人才的主观能动性。外来干预性公益项目，需要时时反思，是否具备这些因素以使当地人才能够脱颖而出。

（四）综合保护与发展项目中保护与发展关系处理

社区共管项目具有综合性特点，即在一个项目中同时运用生态保护与社区发展的手段。综合性项目的优点是能更好地满足多个利益相关者的需求，然而面临的问题是使有限的项目资源捉襟见肘。

（1）国际鹤类基金会在草海项目开展前，全球年度预算仅为 20 余万美元，因此制定出在中国寻找一个项目点开展示范项目的策略。为了寻找到合适的项目点，花费了半年时间和相当的经费在安徽、云南等省区考察，最后通过一次研讨会了解到草海自然保护区有缓解与社区矛盾的需求，终于寻找到一个需要解决问题的合作伙伴而不是一个为项目而项目的合作伙伴。在危机中有魄力花时间、把极其有限的项目资金用于寻找合适的合作伙伴是非常

值得钦佩的。

（2）草海项目在第一期集中资源于社区发展，专注于解决自然保护区与周边社区矛盾，因地制宜地利用"渐进项目"和"村社基金"使冲突得以缓解，村民们的信任得以加强。然而，作为一个国际性的保护组织，把大量的资金用于社区发展而不是直接投入保护性活动，事后来看理所当然，但当时其面临的压力和质疑肯定是不小的。第一期的社区发展项目，使草海自然保护区成为社区的朋友，在农民中获得了很大的信任，为后续开展保护性项目打下了坚实的基础。而国际鹤类基金会等组织也获得了公益声誉，资金募集量大幅增加。

（3）在第二期，随着贵州省环保局成为草海项目的主导，草海项目通过宣传被各界了解，多个组织纷纷参与项目实施或者增加项目资金，草海项目得以同时开展保护与发展多项活动，在"村社基金"推广复制的同时，开始尝试让一些基金小组种树、种花，接受环境教育活动。这些活动虽然与黑颈鹤及其栖息地保护联系不够紧密，但至今在我们随机的社区调查中仍然能够被农民们回忆起来，而所种的树木现在已经成林，老百姓颇为自豪。

（4）同样在第二期，草海项目尝试在黑颈鹤常常出没的区域开展一些直接的保护性措施，如搭建瞭望（看护）台并树立"簸""箕""湾""观""鸟""台"六个字的标牌和建立鸟禽繁殖区。考察中发现，鸟禽繁殖区的水域已经全部成为耕地，当时的设施荡然无存；而瞭望台房屋虽然破败，但被所在行政村作为唯一的村级集体资产加以利用和维护，只是当时的六个字仅仅剩下"簸""湾""台"了。与种树等社区群众能够参与并直接受益的保护活动相比，这些直接性保护活动的尝试都没有取得持续的效果，在项目结束后没有了外界的持续干预很快就消失了。

（5）社区先从经济中受益然后就投身于保护是20世纪90年代盛行，甚至在当前很多公益组织所信奉的假设。然而从草海的案例看，尽管社区大面积地从"渐进项目"和"村社基金"中受益，并且通过基金的形式把村民们一定程度地组织起来了，但并没有实现从"社区发展"到"社区保护"的关键一跳。究其原因，虽然有下面提及的宏观问题，但如何帮助社区界定清晰的保护目标和边界、厘清保护责权利、解决社区保护领导力、村民之间可信的承诺和相互监督等问题，都是值得其他组织在草海项目的经验与教训中进一步探索的。

（6）作为国际鹤类基金会与草海自然保护区两个环保组织共同发起的保护项目，其保护目标是"缓解社区与自然保护区矛盾"，这是一个短暂而动态的目标：社区与自然保护区的矛盾可能随着社会经济发展甚至自然保护区人员变动而不断变化，通过"渐进项目"与"村社基金"虽然缓解了社区与自然保护区之间的部分矛盾，但并不能一劳永逸地解决社区与自然保护区所有的矛盾。

（7）草海项目一直没有提出一个既清晰、有科学依据同时又可行的保护目标。衡量草海保护成效最关键的三个指标分别是水域面积扩大、水体质量改善以及旗舰物种黑颈鹤数量增加。从当前看，这 3 个指标与 20 世纪 90 年代相比，都呈不断恶化的态势。究其原因，其中有多少是自然保护区能够影响的，有多少是威宁乃至贵州当地的人为因素造成的，又有多少是更大区域的外部因素引致的，还有多少是气候变化造成的？弄清这些问题，不仅在草海项目期间，即使在当今，也是一个困扰的难题。在面临诸多不确定的情况下，草海项目针对当地实际，提出了一个浅层次的环境问题，即社区与自然保护区矛盾，动员各方力量认真探索，为当时的中国自然保护区管理从理念到实践都摸索出了一整套经验。

当前，很多公益组织在项目中都力图或宣称获取社区发展与生态环境保护双重效益，草海项目展现了其困难性与挑战性。

G.10
三江源国家公园内的社区保护示范
——青海玉树昂赛乡实践

赵 翔　史湘莹　更尕依严　刘馨浓　董正一　刘之秋*

摘　要：　山水自然保护中心通过与三江源国家公园管理局合作，在澜
　　　　　沧江源头的杂多县昂赛乡开展国家公园建设乡级示范实践，
　　　　　充分发挥公益管护员在生态保护中的主体作用，在旗舰物种
　　　　　雪豹及其生态系统保护、人兽冲突、自然体验和环境教育以
　　　　　及公众参与四个方向上进行示范，期望为国家公园公益管护
　　　　　员考核办法、野生动物保护补偿办法和社区自然体验模式提
　　　　　供政策建议与案例参考。在此同时，本文探索民间组织如何
　　　　　有效参与国家公园试点建设的经验，总结示范政府－民间组
　　　　　织－社区的多方合作模式。

关键词：　社区监测　自然体验　社区保护　国家公园

一　背景

　　青海省玉树藏族自治州杂多县昂赛乡位于澜沧江源头扎曲河畔，包含年
都、苏绕和热情三个行政村，总面积1924平方公里，共计1590户8041人。

---

　*　赵翔，山水自然保护中心保护主任，从2011年开始，驻点三江源，推动以社区为主体的保护
　　工作；史湘莹，山水自然保护中心执行主任，北京大学环境学院博士研究生；更尕依严、刘
　　馨浓、董正一、刘之秋，山水自然保护中心三江源项目组成员。

作为纯牧业区，全乡有近四万头牦牛，居民主要收入为虫草、畜牧业以及国家生态补偿，其中虫草收入占到 70% 以上。昂赛乡境内地形为峻峭的高山夹峙河谷和起伏较小的高原，而在海拔较低的深切河谷里有针叶林分布。区域内土地植被类型多样，有高寒针叶林、灌木林/灌丛地、高寒草甸以及裸岩，因此具备丰富的生物多样性，分布有雪豹、金钱豹、狼、藏棕熊、白唇鹿、马麝、岩羊等野生动物。

昂赛乡是澜沧江源区域重要的水源涵养区，拥有青藏高原海拔最高的林线——4200 米。而根据目前的栖息地模拟和实地研究来看，三江源地区是中国雪豹分布的中心，是全球雪豹保护最重要也是最有希望的地区之一。昂赛乡位于雪豹栖息地模拟的中部玉树州的核心区域，拥有丰富完整的生态系统，同时也是中国首个发现雪豹和金钱豹种群栖息地重叠的地方[1]。

2015 年，昂赛乡被划入三江源国家公园澜沧江源园区，其境内的年都村是整个澜沧江源园区唯一的示范村，以"突出并有效保护恢复生态""探索人与自然和谐发展的模式"为主要任务。自 2015 年试点开始，三江源国家公园的工作主要关注顶层制度设计层面，对于如何解决基层的具体生态问题以及如何实现人与自然和谐共生，依然涉及较少，与此相关的诸如"公益管护员考核办法"等一些政策由于缺少具体的实践经验和案例作为参考，迟迟难以落地，影响了国家公园的整体建设和生态保护的成效。

自 2015 年开始，山水自然保护中心（以下简称"山水"）和三江源国家公园管理局（以下简称"管理局"）等开展合作，希望针对具体问题，发挥"先行先试"的优势，开展落地示范，为国家公园政策制定以及规划[2]等提供依据和借鉴。

---

① 李娟：《青藏高原三江源地区雪豹（*Panthera uncia*）的生态学研究及保护》，北京大学博士学位论文，2012。

② 《三江源国家公园总体规划》（发改社会〔2018〕64 号）。

二 合作模式与内容

三江源国家公园在管理上的一个重要挑战在于国家公园内部有 13 个乡镇，这些乡镇接受国家公园的业务管理，以及原有的地方县州等行政体系的属地管理。除了生态保护之外，乡镇还承担着扶贫、基础建设、医疗卫生、教育等诸多职能。因此国家公园的工作很难基于生态保护的单一目标实现乡镇全面托管。目前探索的模式就是统一管理目标，由主管部门购买民间组织的服务，补充落实保护的具体行动。

因此，民间组织在国家公园的保护体系下有了探索和工作的空间和机会。作为一个致力于野生动物与人和谐共存的民间保护组织，山水在三江源已经有十几年的工作积累和经验。从 2015 年开始，山水和三江源国家公园管理局在昂赛乡开展了政府与民间机构合作模式的探索。在合作形式上，山水与管理局下属的澜沧江源园区管委会总体签署合作备忘录，再根据与管理局确定的年度工作计划，由相关部门与山水签署技术服务合同（见表 1）。

表 1　2018 年度山水正在执行的技术服务工作

服务内容	委托方
昂赛自然体验试点	澜沧江源园区管委会
昂赛生态监测	三江源国家公园管理局
昂赛公益管护员培训	澜沧江源园区管委会
昂赛人兽冲突保险基金	昂赛管护站
玉树州野生动物保护综合示范区	玉树州林业局

在合作模式上，三江源国家公园管理局/澜沧江源园区管委会是业务主管单位，山水是技术提供方，昂赛管护站是在地管理主体，社区以及管护员是执行主体。相应的，在国家公园内形成了"管护站（乡）—管护大队（村）—管护小队（社）—管护小组（畜牧生产小组）—管护员（牧民）"

的基层管理架构，这样的结构既依托于原有的村社结构，也能够充分发挥牧民的主体作用。

在与社区的协调层面，由于管护站是在地管理主体，在地社区的组织工作主要由管护站来负责，山水负责开展培训、会议、评估等工作。考虑到藏族社区的传统治理结构以及民族地区的复杂性，山水不介入具体的社区治理工作，但会作为评估和监督单位，对社区治理存在的问题进行及时的反馈，由管护站进行调整。比如 2018 年，山水就对自然体验合作社的管理问题进行了汇总整理，最终由管护站牵头，重新选取了合作社管理团队。

三　保护和管理措施

三江源国家公园 2015 年确立了"一户一岗"的政策，即一个牧民家庭一个公益管护员，每个人每月有 1800 元的工资。目前昂赛乡共有管护员 1516 人，年都村 496 人、苏绕村 470 人、热情村 550 人。通过与三江源国家公园管理局、社区等共同协商，确定昂赛目前面临的威胁，以及需要开展的行动。这些问题包括：生物多样性数据本底不清、人兽冲突比较激烈、存在盗猎的风险、国家公园试点任务中部分内容依然缺乏相关的案例参考。因此，在保护行动上，确定了反盗猎巡护、社区监测、人兽冲突保险基金、科学研究等方向，在国家公园体制试点上，确定了自然体验、科学志愿者两项工作。这些工作，都由生态管护员来执行，管护站和社区进行管理。

（一）反盗猎巡护

三江源地区有着完整的自然生态系统与极其丰富的动植物资源。近年来，尽管在社会各界的共同努力下，研究与保护的力度正在逐年增大，但对于许多珍稀物种来说，来自偷猎者的威胁仍然没有消除。山水在年都、热情、苏绕范围内，协助培训国家公园公益管护员开展长期的反盗猎巡护，负责协助制定巡护路线、记录表格以及考核制度。巡护队员接受培训学习野生动物知识，进行日常巡护工作，一旦发现猎套就会予以清理和记录。

（二）社区监测

社区监测是以牧民作为参与保护的主体，借助红外相机监测技术对三江源地区生物多样性进行的本底调查工作。社区监测以雪豹和金钱豹等大中型兽类为主要调查对象，所得到的红外相机数据将帮助管理者全面了解该物种在昂赛乡境内的种群数量、密度与分布。与此同时，监测结果还会为在国家公园内开展野生动物保护、自然观察活动和人兽冲突补偿提供数据参考。2015 年，山水与昂赛乡政府合作，在昂赛乡年都村开展红外相机监测和生物多样性本底调查的试点工作。2017 年 11 月至 2020 年 12 月，监测区域扩大到昂赛乡全乡，在 1800 平方公里的区域内共设计 72 个 5 公里 ×5 公里的监测网格，每个网格内放置 1 ~ 2 台红外触发相机，全乡红外相机总数近100 台，目前有效捕捉照片近 27 万张。

（三）人兽冲突保险基金

雪豹、棕熊等野生动物捕食家畜引起的报复性捕杀，极大地威胁着雪豹的生存。自 2017 年起，通过政府投入、民间组织参与、牧民投保等方式，山水与当地政府合作在昂赛乡年都村建立了"人兽冲突保险基金"试点。目前，年都村人兽冲突保险的资金由三部分组成：每户牧民为自家的每一头牛上交 3 元保险费，有 8362 头牛登记在案，共筹集资金 25086 元，三江源国家公园澜沧江源园区管委会出资 10 万元，山水出资 10 万元，共同设立了保险基金。保险基金由社区组成的评审委员会负责管理，并下设 15 个牧民审核员进行日常审核工作（见图 1）。2018 年，共补偿了 222 起肇事事件的损失，共赔偿 22 万元。基于经验，通过与太平洋保险等公司合作，尝试将市场机制引入补偿之中；除此之外，也在尝试如果市场机制不能完全解决，由政府补充资金的可能。

（四）自然体验

为让牧民从自然保护中持续受益，实现人与雪豹的和谐共处，2017 年，

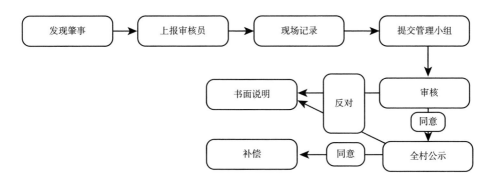

图1　人兽冲突保险审核流程

山水与昂赛乡政府合作，在昂赛乡年都村开展自然体验试点。目前共培训自然体验示范户21户，培训了21名自然体验向导。通过培训牧民开展社区监测，构建生物多样性数据库，所收集的数据将会告诉自然体验者过去一个月区域内雪豹的活动节律。这些信息，将帮助自然体验者在当地牧民向导的带领下，更容易观察到雪豹的活动。

参与自然体验项目的接待家庭将为自然体验者提供食宿，担任向导带领体验者上山观赏野生动物，从而为家庭和社区整体带来收入。在最终的收益分配中，45%属于接待家庭，45%属于村集体，由全村讨论后，用于发展医疗、教育等公共事务，10%将作为野生动物保护基金，进一步推动自然保护。

（五）科学志愿者和公众参与

遵循有序扩大社会力量参与的原则，为了补充保护工作的人力和让普通公众有机会接触一线的保护实践，项目联合组织和招募共计约150人次的在地及线上公众志愿者参与三江源国家公园的志愿服务。通过邀请对三江源国家公园感兴趣的自然科学爱好者，以科学调查为主要方式，参与生物多样性监测、自然体验讲解等活动，也为国家公园建设提供可操作建议，并制定了一套国家公园志愿者参与的标准流程。

为了更好地调查保护地的生物多样性本底，项目招募公众参赛队伍，共

组织了两届国际自然观察节，共邀请国内近 40 支队伍参与昂赛大峡谷的生物多样性调查和自然体验，在建立本底数据、完善自然体验产品、扩大影响力等方面都取得了很好的效果，"昂赛自然观察节"更是成为国内自然体验的一个品牌活动。

（六）科学研究

科学有效的保护工作离不开扎实和长期的科学研究基础。为了更好地开展科学研究工作，北京大学、杂多县人民政府、阿拉善 SEE 基金会等投资 60 多万元共建了昂赛工作站，与北京大学等科研院所合作，开展长期的科学研究。目前在澜沧江源园区开展的研究包括：三江源雪豹基础研究，如分布、数量、状况等；三江源雪豹、岩羊与家畜共存关系研究[①]；三江源多物种间关系研究；三江源神山圣湖对于保护的价值研究；三江源流浪狗对于生态系统的影响研究；三江源雪豹种群遗传学研究；三江源雪豹和金钱豹共存关系；等等。

四　资金来源与可持续运营措施

扎实的保护离不开长期、稳定的资金支持和可持续的运营。在试点和发展阶段，2018～2019 年度资金主要来源于政府购买服务（120 万元），阿拉善 SEE 基金会（48 万元），安迪维特、膳魔师等企业（38 万元），还有在腾讯"99 公益日"与阿拉善 SEE 基金会合作的网络众筹得到爱心网友的捐款累计 75 万元。

未来，项目要想获得可持续的资金支持，仍然要主要依靠政府在三江源国家公园方面的购买服务，企业、基金会、众筹等资金则能够用于持续的项目创新和对于变化的应对。

---

① 肖凌云：《三江源地区雪豹（*Panthera uncia*）、岩羊（*Pseudois nayaur*）与家畜的竞争与捕食关系研究》，北京大学博士学位论文，2017。

五　保护管理成效

自然保护方面，2017～2020 年，牧民巡护员总巡护次数超过 1600 次，巡护距离近 20000 公里。2016 年至今，未发现任何铁丝套盗猎现象。2018 年全年，人兽冲突保险基金共完成 222 起野生动物肇事的补偿，共计 22 万元。在减少牧民损失、减轻牧民对于野生动物的报复态度等方面，都取得了显著的成效，至今未发生一起报复性猎杀的事件。截至目前，社区监测项目已识别出至少 80 只雪豹个体和 12 只金钱豹个体。红外相机首次捕捉到了雪豹发情期的活动影像，并在青藏高原东部记录到雪豹和金钱豹种群的栖息地重合，证明金钱豹在三江源实现了种群的本地繁衍，由此说明澜沧江源区域是中国大中型食肉动物群落最丰富的区域之一。

社会经济影响方面，截至 2020 年 12 月，年都村的自然体验试点共接待 133 个自然体验团，获得收入累计超过 136.4 万元，户均增收超过 3.8 万元，给村集体提留超过 48.1 万元。

政策推动方面，项目设计总结出了《三江源国家公园生态公益管护员培训手册》，完成了 5000 多人次的生态管护公益岗位培训；编撰了《三江源国家公园红外相机监测手册》《三江源国家公园自然体验手册》《三江源国家公园生态管护公益岗位考核标准》《三江源国家公园特许经营制度体系和工作机制报告》等文件，正在与国家公园管理局等部门联合讨论下一步方向和落地措施。

六　问题和挑战

目前本项目最大的挑战在于政策的变化以及保护实践和政策衔接的时滞，由于基层实践和政策制定之间有一定的沟通成本，因此很多时候基层的保护实践一旦遇到大的政策调整，就会面临比较大的挑战。

比如，昂赛的人兽冲突保险基金采用社区管理的模式，但一年之后，可

能省级政府就会推动保险公司大规模介入，建立和管理野生动物肇事保险。实际上，虽然保险公司看起来是一种商业化的模式（政府每头牛出 102 元，牧民出 18 元），但由于人兽冲突本身不可能靠概率性的保险来获取盈利，保险公司为了不亏本，有可能努力地降低牧民的上报成功率，从而进一步打击了牧民的积极性，存在靠政府补贴来获取资金项目的风险。如何准确地掌握更高级别的政策动态，从而快速进行衔接和沟通非常重要。

七　经验和教训

三江源国家公园体制试点过程中，明确提出了"有序扩大社会力量参与"的原则，在这其中，如何综合协调管理局、地方政府、社区以及民间组织的关系就显得极为重要。从昂赛的经验来看，由于具体到局部区域的保护工作非常细致，相当于在精准扶贫、社会治理、民生保障等工作外，额外增加了很大的工作量，对于基层政府而言是一个非常大的挑战，而这也是民间组织可以深度参与的空间所在。

总体上，我们认为国家公园管理局是业务主管部门，地方政府是在地监管部门，社区是参与和执行主体。在这样的架构中：民间组织一是可以搭建桥梁，帮助打通管理局和基层政府之间信息传达的渠道，将上面的政策和要求进行解读，将下面的实践工作进行整理，实现自上而下和自下而上的沟通；二是民间组织还可以支持基层政府和社区具体的保护工作，比如监测、巡护、考核、自然体验等，民间组织可以作为技术提供方，提供具体的支持，甚至承担其中某部门具体的工作；三是民间组织还可以发挥评估的作用，跳到试点的外面，来综合观察和评估试点的状况，从而整体性地为国家公园体制试点提供有用的信息。

当然，这些工作也给民间组织提出了非常高的要求。首先，生态保护目前普遍受到了政府、社会各界的重视，政府也逐步建立了完善的管理和治理框架，而政府的影响力又非常明显，因此建议生态保护工作需要进一步加强与政府合作，尤其是了解目前政府部门在社会服务方面的需求，多保持对于政策进展的了解。其次，在社区参与上，由于三江源很多社区依然保留了非常好的传统治理结构，应该在充分学习和尊重传统的社区管理模式的基础上，探讨更好地推动管理和外部干预的可能。最后，在政府如此重视生态的今天，民间组织需要在理论之外，将落地工作更扎实地做好，保持创新实践的心态，这样才有可能找到持续的生态位。从经验上来看，如果真的想要在国家公园体制试点中发挥切实有效的作用，民间组织还是应该有人员长期驻点在国家公园内，能够及时掌握宏观政策—基层政府—本地社区—保护行动—保护成效之间的互动关系。

G.11
社会公益组织管理城市自然保护地实践

——深圳福田红树林生态公园

李 燊*

摘 要： 深圳福田红树林生态公园是深圳首批市级湿地公园，是集生态修复、科普教育、休闲游憩等功能为一体的城市生态公园，于2015年11月建成。建成后由深圳市福田区人民政府委托深圳市红树林湿地保护基金会（以下简称"红树林基金会"）进行运营管理，是国内第一个由政府规划建设并委托社会公益组织管理的自然生态公园。五年来，红树林基金会围绕如何在城市的自然保护地开展生物多样性保护与提升开展了大量工作，通过小微生境的修复、外来入侵物种的治理、乡土植物的引种、多类型湿地的重建等近自然的管理手段来提升湿地公园的生物多样性，为市民提供亲近自然的绿意空间，还通过自然科普教育设施和活动来紧密人与自然的联结，为创新城市自然保护地管理提供一个新的模式。

关键词： 湿地公园 社会公益组织 生物多样性 近自然自然科普教育

---

* 李燊，深圳市红树林湿地保护基金会原副秘书长，长期从事滨海湿地自然保护区、湿地公园的生态保育工作，专注于自然生境管理、鸟类栖息地管理、红树林生态恢复、自然科普教育等领域的研究。

一 背景

福田红树林生态公园位于新洲河与深圳河交汇的入海口，西靠福田红树林国家级自然保护区，南邻深圳湾，与拉姆萨尔国际重要湿地、香港米埔自然保护区一水相隔①，如同一把钥匙，嵌合在深圳湾温柔的绿色海岸线上。这把钥匙守护着珍贵的自然宝藏——福田国家级自然保护区和香港米埔国际重要湿地，是连接两个保护区重要的生态廊道（见图1）。

图1 生态公园在深圳湾（后海湾）的位置

生态公园面积约为38公顷，20世纪90年代还生长着原生态的红树林，是深圳湾湿地的重要组成部分，后来因为城市经济发展建设，填海造陆，遭到了破坏，是深圳填海建设的一个缩影。公园建设前，该区域地块功能混杂，建设凌乱，除南侧一片5.2公顷人工红树林外，其余被分为十宗土地使用，同

---

① 谢恺琪、黄兰英、唐佳梦：《社会公益组织管理城市公园的创新实践》，《中国园林》2018年第S2期，第12~15页。

时还聚集了 30 多家经营商户，存在 100 多处违法搭建[①]。长期作业的运沙码头及练车场、灯光球场的噪音、夜晚灯光，让滩涂湿地失去了本来面貌和原有的生态功能，同时对两岸保护区内的动物栖息环境造成不良影响。

为了恢复新洲河口滨海生态环境，给市民提供一个体验红树林湿地、认识生态保护重要性的场所，深圳市政府决定建设红树林生态公园。生态公园于 2012 年开始筹建，由福田区政府牵头，采取"共建"模式，与广东省公安边防总队第六支队、深圳市公安边防支队、深圳广播电影电视集团、福田区人民武装部共同推进项目建设，2015 年 12 月 28 日正式开园。

生态公园由福田区政府财政投资约 1.2 亿元建设，由深圳市北林苑景观及建筑规划设计院规划设计。生态公园在功能上定位为"福田国家级自然保护区东部缓冲带""红树林湿地生态修复示范区""红树林湿地科普教育基地"，以及"适度满足市民休闲需求"[②]。在规划分区方面按照用地现状和实用功能划分为游览区（入口服务区和红树林科普区）、生态缓冲区和生态复育区，广电办公区和广电发射塔控制区因无法搬离保留在公园范围内。其中游览区和生态缓冲区完全对市民开放，生态控制区位于深圳湾腹地，是鸟类等生物的集中栖息区，需要严格控制管理以减少人类活动对生态的影响。生态公园根据《深圳市福田红树林生态公园建设项目环境影响报告书》恪守"生态优先"的原则，对公园开放区域进行人数控制，据生态评估和面积测算，同时在园人数不得超过 2200 人，而生态控制区则需要预约团进团出。

二　治理及管理模式

（一）管理依据

2015 年 6 月，在公园建设期间，红树林基金会就开始与福田区政府沟

---

① 石婷：《与大自然相约：走进深圳福田红树林生态公园》，《中国生态文明》2015 年第 4 期，第 57~60 页。

② 谢恺琪、黄兰英、唐佳梦：《社会公益组织管理城市公园的创新实践》，《中国园林》2018 年第 S2 期，第 12~15 页。

通探索建立"政府+社会公益组织+专业管理委员会"的公园管理新模式。福田区政府委托中山大学旅游学院开展调研工作，编写了《政府委托公募基金会管理红树林生态公园可行性研究报告》，内容包括：研究国内外政府委托公募基金会参与城市公园管理的经验；判断政府委托公募基金会管理红树林生态公园的可行性；分析政府委托公募基金会管理红树林生态公园可能存在的风险；提出政府委托公募基金会管理红树林生态公园的风险规避策略；寻求政府委托公募基金会管理红树林生态公园的可持续之道。报告为福田区政府委托红树林基金会管理生态公园奠定了基础（见表1）。

表1 管理模式分工

单 位	权利及义务
政 府	监督检查社会公益性组织的管理团队和员工培训情况，按进度和标准检查评估结果，支付委托管理经费
社会公益性组织	充分发挥公募基金会优势，在公园日常管理、生态保护和科普教育中充分利用自筹经费，节约、补充政府资金投入，严格执行专业管理委员会设定的评估标准和要求
专业管理委员会	由行业专家及市民代表组成，设定监管和评估的标准和要求，对社会公益性组织的工作进行全面的技术指导、监督和评估

资料来源：谢恺琪、黄兰英、唐佳梦：《社会公益组织管理城市公园的创新实践》，《中国园林》2018年第S2期，第12~15页。

2015年11月，深圳市福田区人民政府和红树林基金会签署了《福田红树林生态公园合作框架协议》，确立了红树林生态公园综合管理的战略合作关系。根据合作框架协议和"政府+社会公益组织+专业管理委员会"的公园管理模式，福田区水务局（以下简称水务局）与红树林基金会签订《深圳市福田红树林生态公园委托管理合同》，将生态公园的日常综合管理、生态环境保护和自然科普教育任务委托给红树林基金会。

根据委托管理合同的约定，福田区政府指定水务局与红树林基金会确定每年的工作计划和费用拨付额度等事宜，并负责组建福田红树林生态公园管理委员会（以下简称管理委员会）对公园进行指导评审、监督检查、评估

考核等工作；红树林基金会作为公园管理方负责制定每年的管理工作计划和年度预算提交管理委员会审议，并接受管理委员会的指导和考核。

管理委员会由深圳市生态保护、公园管理、园林规划、环境水务、财政预算等领域专家组成；下设秘书处开展日常监督检查工作；根据秘书处监督评估报告、深圳市公园管理相关规范评定当年工作成效。评定为合格或优秀后再进行下一年委托事项①。

（二）管理架构

根据生态公园的运营目标，公园设置了园长、执行园长，全面负责公园的运营管理，具体职责包括：组织制定公园的发展目标及战略规划，确定公园年度、季度运营规划；协调安排并监督检查各部门的工作，听取工作汇报，提供决策性意见；协调整合红树林基金会的资源、资金、工作团队，支持公园的运营发展；协调政府部门、武警边防、企业等外部单位，促进公园的国际交流与合作。

管理团队下设综合行政部、园容物业部、生态保护部、教育服务部、传播与筹款部五个部门。其中：综合行政部负责公园的行政管理、后勤支持、对外交流及参观访问接待，园容物业部委托外包给专业的物业管理服务公司，承担公园环境卫生、绿化养护、安全保卫、设施设备维护维修等工作，并协助开展生态保护和自然科普教育工作；生态保护部负责公园的自然生态保护管理，包括生物多样性监测和研究、野生生物栖息地管理、园艺及游憩空间设计营造、外部科研机构等合作交流；教育服务部负责公园的自然科普教育工作，包括体系规划、活动研发及推广、日常自然导览活动开展、定期主题展、中小学、企业及社区的活动对接、展览展示及出版物等传播品的设计制作，以及志愿者队伍的建设与管理；传播与筹款部由红树林基金会的合作发展中心（品牌传播）承担，负责制定公园的品牌

---

① 谢恺琪、黄兰英、唐佳梦：《社会公益组织管理城市公园的创新实践》，《中国园林》2018年第 S2 期，第 12～15 页。

传播策略、制作有创意的品牌传播内容、拓展及维护公园品牌宣传渠道、媒体资源、制定公园的年度和阶段性筹款计划，完成筹款目标、管理和维护公园资助方资源，及时为捐助方提供信息与反馈，并与其他部门保持良好的协作（见图2）。

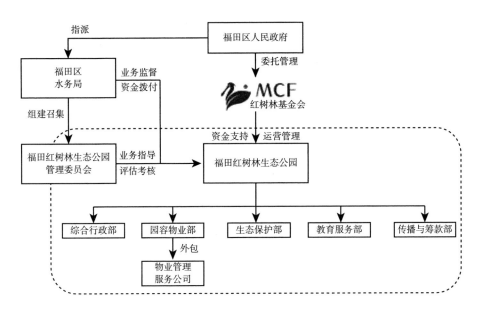

图2　生态公园管理架构

三　保护和管理措施

基于生态公园"红树林湿地生态修复"和"科普教育基地"的功能定位，红树林基金会在公园的管理工作主要集中在自然生态保育以及自然科普教育两个方面。

（一）自然生态保育

1. 生物多样性调查与监测

生态公园是环境友好、生态文明典范的湿地生态修复项目，生物多样性

的丰富度是评估生态修复成效的重要指标。红树林基金会与厦门大学、中山大学、深圳大学等科研院校、团体建立了合作关系。在科研院校的专家指导下，工作团队在园区内开展了植物、昆虫、底栖生物、鸟类、两栖爬行类、哺乳类、浮游生物等多样性监测；噪音、地表水、土壤等方面的生态环境监测；病虫害、外来入侵物种两个专项研究。

根据生态监测结果，生态公园在过去 5 年生物多样性得到了显著提升，截至 2020 年 12 月，生态公园记录有维管植物 134 科 477 属 686 种；昆虫 17目 236 科 895 属 1012 种；鸟类 18 目 48 科 167 种；两栖动物 1 目 5 科 9 种；爬行动物 3 目 9 科 18 种；哺乳动物 4 目 6 科 6 种；游泳动物（鱼类和甲壳类）12 目 19 科 30 种；浮游藻类 7 门 58 属 68 种；浮游动物 5 门 33 属 44种；底栖动物 5 门 67 属 79 种。记录有国家一级保护动物小灵猫、国家二级保护动物领角鸮、豹猫和欧亚水獭。其中，小灵猫是首次在深圳市区中心被发现，而欧亚水獭更是十年来再度现身深圳（见图 3）。

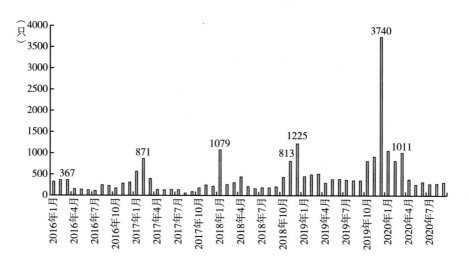

图 3　福田红树林生态公园鸟类数量变化趋势（2016～2020 年）

资料来源：深圳红树林基金会。

2. 公园的生态功能分区与规划

2017 年 11 月，红树林基金会邀请英国伦敦湿地公园的设计建设与管理

方——英国野禽及湿地基金会（WWT）到生态公园进行湿地生态考察，
WWT为生态公园制定了未来三年的发展规划（见图4）。

九个专类园：
1.食虫植物花园（屋顶花园）
2.有毒植物花园
3.热带雨林花园
4.蜜源植物花园（蝴蝶）
5.野花野草园（迷园）
6.藤蔓植物园
7.零废弃乐园
8.两栖摇篮园
9.十九届植物学大会纪念园

九大功能区：
1.生态浮岛科普展示区
2.咸淡水湿地植物种植区
3.淡水湿地植物种植区
4.老新洲河红树林改造区
5.红树林湿地修复区
6.活水广场草坪活动区
7.海绵城市功能展示区
8.苗圃生产区（含堆肥）
9.野生动物庇护区

图4　生态公园功能分区与规划示意

3. 生境提升

2016～2020年，在功能分区规划的指引下，管理团队进行了淡水湿地
生境修复、生态浮岛建设、红树种植、土壤改良、乡土陆生植物提升、外来
入侵物种清理、海漂垃圾清理、无瓣海桑研究与治理等一系列生境改造和提
升活动。

淡水湿地生境修复：清理小湖沿岸及湖底不利于植物生长的水泥块、砖
头和石块，铺设养分丰富的塘泥以利于植物生长及底栖动物的繁衍生存，发
动公众参与种植华南地区典型湿地植物2.4万株。建设两栖摇篮效果明显，
引种乡土植物50余种、300余株，蝌蚪和水蚤数量繁多，蛙类、蜻蜓种类
丰富。

生态浮岛建设：生态浮岛由多个使用天然材料的浮岛单体组成。在浮岛
单体上种植植物，后用麻绳将其固定连接，安放在水域中，形成生态浮岛。
生态浮岛具有为生物创造栖息地、净化水质、美化环境等作用。

土壤改良：园区内的土壤较为贫瘠，氮素尤为缺乏，因此在植被养护的
同时对园区的土壤进行翻挖，清除石块，增加有机肥、塘泥等，提高土壤养

分，每年改良约6000平方米。

野生动物庇护所建设：开展昆虫调查，根据公园昆虫的分布情况，设计了两款昆虫旅馆。昆虫旅馆通过布置不同的材料，如瓦花盆、长纸筒卷、竹竿、麦秆、芦苇秆等，为小型胡蜂、泥蜂、无垫蜂、瓢虫、蜻类等昆虫提供繁衍场所（见图5）。

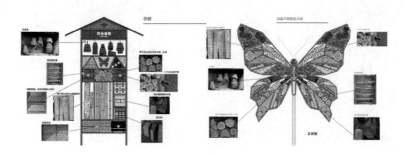

图5　不同造型的昆虫旅馆

控制外来物种入侵：生态公园处于城市腹地，有外来物种入侵的风险，包括蟛蜞菊、薇甘菊、凤眼莲、非洲鲫、福寿螺和红火蚁等。公园先后组织了300多次外来入侵植物的清理活动，5000多人参与义务服务。

红树林湿地修复：在园区内开展了3次红树种植项目，种植秋茄、桐花树、老鼠簕、卤蕨等红树植物12000多株。

海漂垃圾清理：每月组织企业志愿者、公众志愿者对南区滩涂红树林区域的海漂垃圾进行清理。

无瓣海桑研究与治理：生态公园南区共有无瓣海桑4.1公顷，其中1.1公顷为20世纪90年代种植的人工林，后来逐渐扩散形成无瓣海桑－桐花－老鼠簕群落。为了恢复本土红树林群落、改善鸟类栖息地，生态公园启动了"福田红树林生态公园湿地生态修复项目"。首先对深圳湾无瓣海桑的面积、扩散速度、林下结构等进行研究，为公园南区的无瓣海桑治理提供科学依据，并编制了《深圳湾无瓣海桑控制治理方案》；然后设计具体实施方案，通过专家评审，取得广东省林业局的行政审批决定书，对4.1公顷无瓣海桑进行更新改造，恢复乡土红树和候鸟栖息空间。

光滩营造：在深圳湾高潮位期间，越冬的鸻鹬类木鸟会迁飞到内陆鱼塘等空旷生境进行停歇休憩。生态公园南区和米埔后海湾国际重要湿地、福田红树林国家级保护区紧密相连，建造水鸟高潮位栖息地对深圳湾水鸟具有非常重要的作用。项目地约有7000平方米，原以鬼针草、田菁、南美蟛蜞菊、银合欢等植物为主，植物生长过高，无法为水鸟提供栖息环境。2020年8月将项目地植被全面清除，抑制复发。其中1000平方米用碎石子铺设地型，保留中间低洼处，高潮位时有水进入，低潮位时保持少量积水，可为部分鸻鹬及部分林鸟提供特殊的环境。

（二）自然科普教育

生态公园对标《拉姆萨尔公约》关于湿地教育中心的建设标准，开展CEPA（传播交流、学校教育、公众参与、意识提升）活动。

1. 场地和教学设施设计及安装

场地是进行自然教育的基础，也是体现自然教育理念与核心信息的教育载体。公园教育团队完成了园区内的教学场所规划、教学设施设计制作和使用，并对场域内导赏内容的设计进行了更新，完成了鸟类导识牌、动植物导识牌、公园历史展板规划、观鸟屋鸟类展板规划等。2020年通过与外部专业团队合作，经过多次探讨及线下测试，确定了导视系统的视觉风格为"城市与湿地"主题，并结合生态公园"守护深圳湾的小钥匙"这一定位，在导视牌上体现"钥匙扣"的元素，希望引导访客在公园进行自然探索（见图6）。

2. 自然教育课程研发与活动组织

生态公园作为连通福田红树林自然保护区和香港米埔的生物廊道，不仅拥有优美的自然环境和丰富的湿地生境，而且还有以红树林湿地、鸟类家园以及沙嘴村口述史为三大主题的互动体验式科普展馆，是面向中小学生开展自然交流活动的理想场所。生态公园以场域为基础，构建了针对不同群体、不同学习深度、不同学习时间和资源投入的自然教育课程体系。

目前生态公园有"深圳湾的小钥匙"基础导览活动；亲子观鸟活动和成人

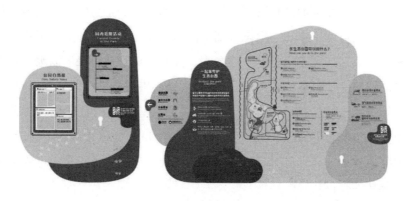

图 6　导视系统

观鸟活动以及公民科考鸟调体验活动课程；"水缸里的秘密"和"我的秘密小花园"，分别以水生植物和深圳本土植物物种为主题开展深度自然体验课程。

3.志愿者培训、维系及服务支持

志愿者是生态公园生境管理和教育活动的中坚力量，公园管理团队延续红树林基金会搭建公众参与环境保护平台的一贯宗旨，逐步建立了志愿者招募、培训、维系和服务支持的完整管理体系。2020年《生态公园志愿者管理制度》经过三年摸索，建立《社区志愿者管理手册》《专项志愿者管理手册》《生态公园志愿者行为规范》等制度，志愿者考核和培训纳入管理，努力提升志愿者服务质量，扩大服务领域，力争建立一支充满在地情怀、服务规范、管理一流的志愿者服务队伍。

生态公园一直在进行志愿者数量积累，共完成五期导览志愿者和六期社区志愿者的招募，虽数量多，但流失率一直偏高。2020年红树林基金会着力解决此困境，拓宽志愿者服务领域，建立健全"志愿者荣誉体系"和"层级培养提升制"，志愿者的服务领域涵盖了巡园、日常运营、定点导览、课程支持等10个项目，志愿者的荣誉感和归属感大大提升，尤其是社区志愿者力量被充分挖掘出来，公园志愿者359人，包括社区志愿者130人，儿童志愿者39人。2020年社区志愿者提供服务2028个小时，上岗服务率达到73%。

四　资金来源和可持续运营措施

在资金方面，生态公园的日常综合管理根据深圳市城管局、财政局对市政公园的经费拨付规定申请政府财政拨付，生态环境保护和自然科普教育方面的经费则由红树林基金会通过社会募集承担。例如 2020 年生态公园总体经费支出约 1274 万元，其中日常综合管理约 1011 万元来自政府财政支出，生态环境保护和自然科普教育约 263 万元由基金会向社会募集。

红树林基金会具有公募资质，通过多渠道向社会各界募集资金投入生态公园的保育和教育工作中来，保障资金的可持续。例如通过设计专项的保育项目获得阿拉善 SEE 基金会、企业基金会等资助；通过设置荣誉园长、开展企业志愿者服务活动获得企业捐赠；组织公众参与志愿者服务获得公众的小额捐赠。

五　保护管理成效

生态公园的规划建设改善了福田红树林国家级自然保护区和香港米埔自然保护区的周边生态环境，对深港合作共同保护深圳湾滨海湿地具有重要的意义。例如高尔夫练习场的拆除大大消除了夜晚高空照明对深圳河口区域水鸟的影响，运沙码头的拆除减少了海上航运对深圳湾水鸟的影响。

红树林基金会开展生态公园的管理，从为市民服务和为自然服务两个角度出发。为市民服务，五年来，增加园区各种"亲自然"的设施设备，为市民提供一个近距离接触红树林湿地、亲近自然、遥望保护区景致的空间。为自然服务，将传统园林工程的市政公园一步步往"近自然"的生态公园转化，例如目前记录植物 134 科 477 属 686 种，比开园时的 300 多种增加一倍多，一方面通过引种增加公园的乡土植物，另一方面对逸生植物进行选择性保护和繁育，也考虑到市民对景观的需求增加"生态安全"的园林植物，通过不同功能分区的策略加以营造与管理。植物的多样性带来其他生物的丰

富，目前记录昆虫 17 目 236 科 895 属 1012 种；鸟类 18 目 48 科 167 种；两栖动物 1 目 5 科 9 种；爬行动物 3 目 9 科 18 种；哺乳动物 4 目 6 科 6 种，生态公园通过生境的提升逐渐成为城市中心的物种基因库。

生态公园连接人与自然，不仅希望人在自然中可以获得游憩的幸福感受，也希望能通过微小的行动为自然服务，红树林基金会通过设计各种公众参与的活动实现这一目标。截至 2020 年 12 月，约 5 万人次参与了公园科普教育活动，公园举办 300 多场大型科普传播活动，组织 300 多次课程导览，接待 200 多场参访调研；志愿者 359 名，组织志愿者培训 45 次，累计服务时长 7000 个小时，科普展馆和自然力乐园作为公园特色，受到访客普遍青睐。

公园管理五年多来，得到了管理委员会的一致认可，在历年 8 次考核评估中皆被评为优秀；同时获得了"国家生态环境科普基地""中国林学会自然教育学校""广东省自然教育基地""深圳市自然教育中心""深圳自然学校""深圳市环境教育基地""深圳市福田区中小学生态文明建设教育基地""儿童友好城市挂牌点"等荣誉，被纳入 2020 年公益保护地名录。

六 经验与教训

生态公园委托社会公益组织管理为中国民间自然生态保护提供了一个好的案例和样板。依据国家生态文明建设、深圳国际城市定位、政府采购社会组织服务等政策来创新公园管理模式，让社会公益组织进入自然生态区域保护，有实际管理权。在与政府洽谈过程中，提出由科研院校来分析模式的可行性，奠定托管的理论基础。

在"全委托管理"的模式下，红树林基金会因为有自然生境的管理自主权，可以实验性地开展为满足某种或某类生物的栖息地恢复或重建的工作，积累在城市开展小微生态系统构建的经验。对公园进行全程的生物多样性监测，形成了方法、锻炼了队伍，也为管理成效提供了足够的评估证据。在自然科普教育方面开展基于场域的教育活动，同时与自然保育结合，可以更有故事性，让公众看到自然生态恢复的过程。作为一个城市公园，有大量公众到访，可以更好地传播自然生态保护理念。

城市公园的管理有大量烦琐、重复的工作，同时承担满足市民各项需求的压力。因需要为人的安全、感受等因素考虑，需要在"近自然"的生态管理中寻找平衡；因有政府财政的拨付，需严格地进行考核，但在考核机制上目前还不能突破一般的公园管理要求，生态空间和市政空间有一些矛盾点还不能得到很好的解决；因设计和施工的一些"硬伤"也给后期日常管理带来很多难度，比如土壤贫瘠的问题、苗木种植不规范的问题。

G.12
政府与民间机构共同管理的保护地
——四川鞍子河保护地

蒋泽银　王　磊*

摘　要：　鞍子河保护地位于四川省成都市崇州市西北部，范围包括四川
　　　　　鞍子河省级自然保护区、鸡冠山国家森林公园及岩峰村社区集
　　　　　体林部分区域，总面积约150平方公里。鞍子河保护地位于邛崃
　　　　　山山系的中部，西北方向毗邻四川卧龙国家级自然保护区，西
　　　　　南方向与四川黑水河自然保护区接壤，是邛崃山野生动物活动
　　　　　的关键连接区域，也是成都市第二水源地文井江的主要汇水区
　　　　　域。2014年底，保护国际基金会（Conservation International,
　　　　　CI）与崇州市林业和旅游发展局（2015年并入崇州市农村发展
　　　　　局）签署合作框架协议，共同管理鞍子河保护地，以促进保护地
　　　　　的良好管理，并充分发挥保护地的多项功能。鞍子河保护地是国
　　　　　内第一个由民间机构与相关政府部门共同管理的保护地。

关键词：　共同管理　保护地　鞍子河

一　背景

鞍子河保护地位于四川省崇州市鸡冠山乡境内，总面积约 150 平方公

---

　　* 蒋泽银，保护国际基金会原保护地项目经理，主要研究方向为生物多样性保护及保护地管
　　理；王磊，四川鞍子河自然保护区管理处副主任，主要研究方向为保护区管理。

里，主要由四川鞍子河省级自然保护区、鸡冠山国家森林公园与岩峰村的部分集体林组成。四川鞍子河省级自然保护区面积 101 平方公里，鸡冠山国家森林公园面积约 6 平方公里，鞍子河自然保护区与鸡冠山国家森林公园均为国有林地，岩峰村社区集体林面积约 40 平方公里（见图 1）。

图1　鞍子河保护地地理位置与范围

　　鞍子河保护地地处横断山中段的川西高山峡谷地区，是成都平原以西向青藏高原东缘的过渡地带，距离四川省会成都市仅 100 公里，拥有距离成都最近的自然生态系统。鞍子河位于邛崃山系中段，海拔跨度 2000 余米，物种分布具有中高海拔的代表性，生物多样性丰富。除主要保护对象大熊猫外，还分布有川金丝猴、羚牛、雪豹、林麝、珙桐、红豆杉等国家重点保护野生动植物[1]。鞍子河保护地是邛崃山系野生动物重要的交流通道，把卧龙自然保护区、蜂桶寨自然保护区、喇叭河自然保护区和黑水河自然保护区连为一体，共同构建成四川大熊猫栖息地世界自然遗产地的核心组成部分。鞍子河在这片大熊猫栖息地中处于纽带和通道地位，为邛崃山系大熊猫基因交流发挥着至关重要的作用。除此之外，鞍子河区域雨量充沛，水质清洁，是

---

① 《四川鞍子河自然保护区总体规划（2013～2020）》。

2015 年确定的成都市第二水源地文井江的主要汇水区。

鞍子河保护地在保护管理上面临着一系列的威胁和问题。

1. 本底资料不清

鞍子河保护区虽然开展过本底资源调查，但由于进行本底资源调查时以野外调查与查询资料为主，很多物种分布信息都是从资料上得来，而不是实际调查所得；有些类别没有开展调查，例如昆虫类；鞍子河保护地范围内，除保护区有一些资料外，在外面的森林公园与社区集体林范围内都没有做过资源调查；没有建立保护区的物种信息数据库。

2. 保护区保护管理人员缺乏

保护地范围内的鞍子河保护区有员工 8 人，但平时工作地点主要在崇州市区，基层保护站的主要员工是崇州市综合林场的员工，知识结构与保护管理的需求有较大的差距；保护地范围内的森林公园部分长期处于无人管理的状态；保护地范围内的社区集体林也没有专门的保护管理活动。

3. 没有开展系统的自然教育活动

鞍子河保护地具备丰富的资源，并有较好的地理位置（距离成都市区约 100 千米），虽然自然教育已经在计划中，但由于人员的限制一直都没有开展过任何的自然教育活动。

4. 保护地保护管理工作缺乏系统性

鞍子河保护地范围内，最里面为鞍子河自然保护区，紧挨保护区的是鸡冠山森林公园，在森林公园以外是社区集体林。原来虽然有公司做过此区域的旅游开发，但一直缺乏系统化的规划，尤其是此区域整体的以强调保护与自然教育的规划。

二　治理及管理模式

（一）管理依据

在项目启动前期，通过与四川省林业厅、成都市林业和园林管理局、崇州市人民政府、崇州市林业和旅游发展局（2015 年撤销，管理林业的职能并入崇州市农村发展局）及鞍子河自然保护区等多方多次沟通与交流，明确了共管保护地范围、共管方式以及共管目标等内容。

2015 年 1 月 28 日，崇州市林业和旅游发展局与保护国际基金会正式签订了鞍子河保护地项目共管协议（共管协议第一期为五年，后面双方协商根据需要续签），希望通过由保护国际基金会与相关部门共同管理鞍子河保护地，引入国际、国内先进的保护地管理理念及方法，以加强保护地的保护与科学研究，积极发展自然教育和游憩体验，同时促进当地社区经济发展；积极探索和试点国家公园的管理模式；促进保护地管理从粗放型管理向精细化管理转变。

（二）管理架构

鞍子河保护地的管理方式为共同管理，林地权属没有发生任何改变（四川鞍子河自然保护区与鸡冠山森林公园林地权属全部为国有林，由崇州市农村发展局管理，社区集体林为鸡冠山乡岩峰村所有，按照国家相关政策由社区管理）。为实现有效的共同管理，四川省林业厅、成都市林业和园林管理局、崇州市人民政府/崇州市农村发展局、四川鞍子河自然保护区管理处及保护国际基金会五家机构共同组成"鞍子河保护地管理委员会"（以下简称"管理委员会"），管理委员会下设鞍子河保护地管理委员会办公室，负责年度、半年工作计划的制定与具体工作的开展。鞍子河保护地的发展方向、发展思路、工作计划等均由管理委员会批准。管理委员会的工作机制是例会制，每半年召开一次，主要任务是听取上一阶段的工作成效汇报和审议下一年度（半年）的工作计划；为保证保护地管理的科学性，专门组建了由保护、科研监测、自然教育、社区发展等各个方面专家组成的专家咨询委员会，专家咨询委员会为保护地管理献计献策，并保证保护地管理的科学性，专家咨询委员会会议为一年一次，与管理委员会合并召开（见图 2）。

保护地主要工作人员为鞍子河保护区工作人员与保护国际基金会保护地项目组工作人员，人员并没有非常明确的分工，一般工作计划制定下来

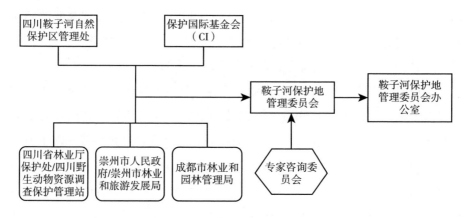

图 2 鞍子河保护地共管架构

后，保护区与保护国际基金会（CI）基于各自的特点，共同协商哪一部分由谁来完成，在具体工作时互相及时沟通与提醒，所以在工作完成情况与考核方面，保护区与 CI 对于员工的考核还是沿用各自的体系。一般来说保护管理工作主要由鞍子河保护区工作人员完成，科研监测由外部科研院所带领保护区工作人员与 CI 保护地项目组人员完成，自然教育团队在外部专家带领下，由保护区与 CI 保护地员工共同组成团队执行。不论是总体规划、科研监测还是自然教育，外部专家来开展工作时都会有专门的培训，保护区与 CI 的人员都会参加。在资金方面，共管项目由 CI 投入或额外引入的一共约 1200 万元，CI 在此项目上投入全职员工 5 名，相对固定的实习生 2 名。

管理委员会决定鞍子河保护地的发展方向及主要工作内容，各个机构能够在统一的框架下投入各自的资源，发挥各自的专长。组建的在地管理团队能够将原有分散的管理机构和人员统一管理，通过明确权责和能力培训，提升管理的成效。通过志愿者体系的建立，增加了保护地的工作人员数量。

三 保护和管理措施

鞍子河保护地共管项目自 2014 年底启动以来，通过专家咨询委员会的指导，在保护地总体规划、生态保护、科研监测、自然教育、社区可持续发展及品牌宣传方面进行了一系列尝试。

（一）总体规划

通过多方的接洽、考察和实地调研，管理委员会选择了中国台湾一家从事保护地规划的机构按照国家公园的标准对鞍子河保护地开展总体规划。在总体规划的过程中，规划团队邀请各个门类的专家对鞍子河保护地进行详细的野外踏勘，并与在川专家及管理委员会成员详细交流讨论，规划历时两年半完成。保护地总体规划充分体现了全面性与系统性，并且有翔实的数据作为支撑，在地性与可操作性强。2018 年 11 月，鞍子河保护地总体规划获得了四川省林业厅的批准，将与正在编制中的大熊猫国家公园总体规划做好衔接与协调工作，并逐步实施。

（二）生态保护

生态保护主要通过三个方面来实现，首先是划界标桩，通过勘界了解鞍子河省级保护区边界具体位置，并设置界桩、界碑，同时在边界设置明显的宣传牌；其次是修建与完善入区管理站与保护站；最后是制定完善的日常巡护与反馈机制，以此达到有效保护资源的目的。

（三）科研监测

为有效解决保护地本底不清及数据缺乏的问题，鞍子河保护地开展了一系列的专项调查及监测，并建立起了物种信息数据库，这既为保护地建立起足够的本底资源数据，也为以后的保护地精细化管理打下了基础。

植物专项调查：共采集 1529 号标本，标本存放于中国科学院成都生物研究所，拍摄植物有效照片 20000 余张，鉴定到种的有 734 种，隶属于 122 科 322 属。

大中型兽类及雉类调查：建立了鞍子河红外相机公里网格监测数据库，并对鞍子河 2011～2017 年初的红外相机数据（红外相机照片 16072 张，视

频 5793 段）进行了整理分析，其中共记录了灵长目（1 科 3 种）、食肉目（5 科 9 种）、偶蹄目（4 科 8 种）、啮齿目（2 科 4 种）、兔形目（1 科 1 种）。将调查结果与王朗、老河沟、小河沟及陕西长青保护区对比发现，鞍子河保护地物种多样性水平与种群数量水平较高，濒危物种发现的比例高，森林生态系统顶级食肉动物缺失。

昆虫调查：由于鞍子河区域以前没有做过昆虫调查，所以没有可参考的资料，此次调查实际调查到的昆虫共计 135 科 508 属 820 种，已发表新种 3 种，其余还有多个新种正在发表的过程中。

两栖爬行类动物调查：共调查到两栖爬行类动物 20 种，标本 82 号，收录有效照片和视频约 800 张（段）。此次调查发现的大齿蟾（蝌蚪）、峨眉树蛙、平鳞钝头蛇、腹链蛇、白头蝰等 5 种是保护区新品种。

鸟类调查：在鞍子河保护地共调查到有鸟类 38 科 137 种，包括非雀形目 8 科 21 种，雀形目 30 科 116 种，可见保护地内以雀形目鸟类为主，占到总数的 84.67%。调查到保护地内国家重点保护动物的鸟类则主要为非雀形目鸟种，其中绿尾虹雉是保护地鸟类的旗舰鸟种。

气候、物候调查：鞍子河保护地由低到高海拔，以 500 米为梯度，分别在海拔 1400 米、1900 米、2400 米、2900 米、3400 米的阴坡与阳坡设置气象与物候监测设备，自动记录空气温湿度与土壤温度，并同时自动拍摄物候的照片。通过一年的记录，初步弄清楚了不同海拔梯度的空气温湿度与土壤温度的变化情况。

其他专项调查：基于鞍子河保护地的物种分布，保护地还开展专门针对水鹿、雪豹的专题调查研究，初步搞清楚了保护地内这两种动物的分布与种群；目前还在开展主要食草动物的调查研究。

（四）自然教育

一直以来，管理委员会对鞍子河保护地的定位是在做好综合保护管理的基础上，将自然教育作为保护地的特色进行发展，为此项目启动以来一直围绕这个目标来开展工作。鞍子河自然教育体系的形成经历了三个阶段，第一个阶段是自然教育总体设计与能力培训阶段，第二个阶段是自然教育场域软硬件准备与课程测试阶段，第三个阶段是自然教育活动运行与更新阶段。

2018 年 9 月，鞍子河自然教育中心正式建立，经过开发、测试正式上线了自然观察、自然美学、自然科学、主题夏（冬）令营等自然教育课程，累计开展活动 20 余次，并且与崇州市多所中小学达成合作意向。通过几年的实践，逐渐摸索出了一套如何在自然保护地中开展自然教育的方法与经验。

（五）社区协议保护与可持续发展

鸡冠山乡岩峰村与保护地边界紧密相邻，共有 5 个村民小组，234 户720 余人，全村集体面积较大，平均每户近 20 公顷（但不同村民小组有较大差别）。全村在退耕还林以后仅余下 200 亩土地，青壮年多数在外务工。全村的主要经济收入包括政策性收入（集体林生态公益林补贴）、外出务工、售卖竹木、种植药材、农家乐接待等。

保护地共管项目启动以后，将岩峰村集体林按协议保护的方式来进行管理，由鞍子河自然保护区与岩峰村签订保护协议，并帮助社区建立相关保护管理机制，开展以社区为主体的保护工作；同时为岩峰村产业发展提供扶助及技术支持，帮助其挖掘、利用自身资源，解决生产发展中遇到的问题，与社区共同探索适合当地的可持续发展方式。

社区保护工作包括组建了 6 人的社区集体林巡护队，制定了社区保护地的巡护方案和制度。在岩峰村集体林中设立了 25 条巡护线路，每人每月需按划定的样线进行 5 次巡护。巡护队的主要功能是监测并记录区域内的野生动物活动情况，同时对盗伐、偷猎、挖药及采野菜等行为进行劝导并上报，在巡护的过程中填写巡护记录。

截至 2018 年 6 月底，已经巡护了 230 人次，并已提交了相关的巡护记录，其中发现动物痕迹 260 个，同时拆除捕猎陷阱 3 起，阻止违规滥伐 2起，阻止违规放牧 1 起，制止上山违规采药 4 起。

为巡护队进行巡护专业培训两次，提高巡护技能和专业性，并根据巡护队反馈情况，进行了巡护方案的更新，提高巡护效率。

建立了社区与保护区之间的联勤通报机制，对发现的偷盗猎、挖药、游客干扰及火灾隐患等情况及时进行记录，并同时通报保护区和森林公安及当地政府。

林下种植技术培训和实地考察，56位村民参与，邀请了中药材（重楼、白及等）种植和病虫害防治方面的专家为岩峰村的村民进行了技术培训。其中详细讲解了两种中草药种植所适应的种植光照遮阴度、在当地种植海拔、种植坡度和土壤要求，主要解决白及和重楼种植时常出现的问题，如根部腐坏或长虫子、叶子顶部焦掉的情况。实地考察了都江堰和崇州的中草药种植基地，了解和学习中药材的种植技术和方法。从村民的反馈中了解到，他们觉得很有收获，确实解决了种植过程中存在的问题。

农家乐经营管理培训和实地考察，26位农家乐管理者参加，针对岩峰村农家乐的运营管理及提档升级等问题进行相关探讨与培训。主要以提升农家乐的服务质量和水平以及过程中的环境保护意识为目标，同时让农家乐来规范游客的不良行为。实地考察了都江堰和崇州口碑出众的农家乐，了解管理和服务理念。

现在岩峰村的部分农家乐经过改造，排污、排水和排烟已经符合排放标准，同时部分农家乐带头着手解决不卫生和不整洁的问题，希望提高游客居住、餐饮及游玩的满意度。

（六）保护地品牌与宣传

经过品牌设计团队与鞍子河保护地管理委员会成员的多次沟通交流及讨论，鞍子河品牌设计团队从保护地主要工作的五个方面（保护、科研与监测、自然教育、游憩体验及社区发展）入手，设计出了保护地品牌策略，并形成了《鞍子河保护地品牌手册》。品牌手册中包括鞍子河保护地品牌标识、logo色彩、单色样式、反白样式、品牌形状、字体、应用，也设计出了常用图标、插图及纪念品等。《鞍子河保护地品牌手册》完成后，按照品牌手册中的要求将用于以后保护地对外宣传的方方面面。

鞍子河保护地微信公众号（服务号）正式开通，通过微信公众号，编辑推送了鞍子河"寂静山林"系列科普文章，同时自然教育的招募与活动后的回顾也通过微信公众号进行推送；建设完成了鞍子河保护地的网站（http：//www.anzihe.org.cn）并适时更新；在鞍子河保护地品牌设计的基础上，设计出了鞍子河自然教育折页、手作步道折页、龙灯沟介绍折页、保护地介绍折页以及自然教育解说课程单页（针对学校）；设计并制作了鞍子河自然观察手册。

四　资金来源与可持续运营措施

鞍子河保护地共管项目的主要资金来源包括三个部分，第一部分是崇州市政府拨付给鞍子河保护区的人员工资及日常办公经费，第二部分是国家林业局、四川省林业厅、成都市林业和园林管理局下拨的专项经费，第三部分为保护国际基金会的项目经费。三个部分的经费在鞍子河保护地总体规划的框架下，基于各项目的要求分别实施。同时鞍子河保护区也通过各级主管部门积极争取各项资金，保护国际基金会也通过相应的渠道筹集资金用于保护地的建设与发展。

五　保护成效

鞍子河保护地共管项目自实施以来，主要在共管机制、保护地精细化管理及国家公园的技术管理等层面开展了一系列的探索与尝试。就现阶段而言，这种共管方式是一种行之有效的管理模式，在不改变权属的情况下，充分尊重各共管成员单位，按原来的管理途径朝着一个共同的方向努力；建立起一套基于国家公园的管理体系，包括了总体规划、生态保护、科研监测、游憩体验、自然教育、社区可持续发展及宣传推广等各方面的内容；基于各

种数据管理的保护地精细化管理框架已初步成形，接下来会进一步细化与测试相关内容，并加以提炼与总结。

六　问题和挑战

（1）要把鞍子河保护地按照既定的思路和总体规划执行下去，现阶段面临的主要问题是资金的短缺与不可持续。

（2）针对鞍子河的游客（尤其是驴友）在保护地范围内随意穿行的情况，现在已通过设置限高杆、设置标识牌及视频监控等方式阻止驴友进入保护地核心区域。

（3）针对游客乱扔垃圾的情况现在已通过聘请人员定期清理的方式得到了解决。

（4）项目执行期间恰逢大熊猫国家公园筹建，国家公园管理主体的不确定性造成了项目在执行中有一定的难度。

（5）鞍子河保护地的范围包括了自然保护区、森林公园及社区集体林，现在虽然规划了管护站，但尚未修建，还不能对入区人员进行有效管控及教育。

（6）鞍子河保护区员工较少，保护站员工主要为林场职工，部分职工工作能力需要提高。

（7）当地政府采用"一刀切"的方式对于进入林区的 7 座以上车辆的管控对保护地开展自然教育活动造成比较大的影响。

七　可供其他公益保护地参考的经验和教训

总体规划需要建立在详细的野外调查与数据支撑的基础上，充分吸收和借鉴相似的国际国内案例，并且要契合保护地发展的方向。

管理权限是一个需要重视的问题，由于鞍子河保护地包括一部分鸡冠山国家森林公园，而鸡冠山国家森林公园现在没有编制和人员，并没对森林公园开展任何的管理，而森林公园本身又有一些知名度，这导致了有慕名而来的游客进入，尤其是一些户外俱乐部组织驴友进入保护地开展穿越活动。

共管保护地及国家公园管理是一项系统化的工作，需要多个部门人员的齐心协力与密切配合。

G.13
国家级自然保护区与民间力量
联合管理的创新试验

——吉林向海社会公益保护地

王春丽*

摘　要：　2016年11月，吉林向海国家级自然保护区管理局和通榆县人民政
府联合深圳桃花源生态保护基金会对保护区内175平方公里的核
心区进行30年的联合保护。这是首例国家级保护区与民间力量联
合进行生态保护的尝试，此次尝试有两个创新之处，第一，配合
政府政策，利用民间资本作为政府力量的补充，帮助国家级保护
区解决土地权属问题；第二，民间机构作为生态保护力量的补充
进行保护管理工作，政府负责提供执法支持和监督。

关键词：　向海　桃花源生态保护基金会　国家级保护区　联合管理　社会
公益保护地

一　背景

（一）保护价值

向海，位于中国东北地区吉林、黑龙江和内蒙古三省交界处。地处内蒙

---

* 王春丽，桃花源生态保护基金会保护地项目经理、向海生态保护中心主任，主要研究方向为
不同类型民间公益保护地的管理、保护方案的设计和评估。

古高原和东北平原的过渡地带，发源于大兴安岭西部的霍林河和额穆泰河，进入吉林西部后逐渐失去河道，呈散流状，形成大面积的沼泽、湿地。而广阔、洁净且少人为干扰的沼泽地正是丹顶鹤等湿地鸟类的理想家园，也成为丹顶鹤西部种群最主要的繁殖地，向海正是这样的湿地。

为了保护丹顶鹤等珍稀水禽和蒙古黄榆等稀有植物群落，吉林省人民政府于1981年批准建立向海国家级自然保护区管理局。向海国家级自然保护区管理局是内陆湿地与水域生态系统类型的自然保护区，1986年被国务院批准晋升为国家级自然保护区，1992年被国务院指定列入《国际重要湿地名录》，同年被世界野生生物基金会评定为"具有国际意义的A级自然保护区"，1993年被中国人与生物圈委员会批准纳入"生物圈保护区网络"。保护区位于吉林省通榆县境内西北，东经122°05′~122°31′，北纬44°55′~44°09′，总面积105467公顷。

我国动物地理区划中的东北区松辽平原亚区和蒙新区东部草原亚区的动植物资源在向海均有分布。保护区内生境类型多样，林地面积2.9万公顷，其中蒙古黄榆面积1.9万公顷，湖泊水域1.25万公顷，芦苇沼泽2.36万公顷。区内共有植物595种，脊椎动物300多种，其中鸟类293种。国家重点保护物种向海有52种，其中一级10种：大鸨、东方白鹳、黑鹳、丹顶鹤、白鹤、白头鹤、金雕、白肩雕、白尾海雕、虎头海雕。有《中日保护候鸟及其栖息环境协定》中鸟类种类的76.21%，有《濒危野生动植物种国际贸易公约》中保护的鸟类49种①（见图1）。

（二）向海保护面临的问题

向海国家级自然保护区管理局面临着土地权属复杂、非法人为活动破坏严重的问题。保护区成立于1981年，并成立保护区管理局开展保护管理工作。但是保护区管理局并不是保护区境内土地的所有人，区内土地权属包含国家所有、集体所有、个人承包三种类型。管理权限分属不同的政府部门，因此给保护区的生态保护工作带来一定的压力。

---

① 崔凤午、赵福山主编《向海志》，吉林文史出版社，2016年。

图1 向海湿地的丹顶鹤

向海国家级自然保护区管理局核心区，由蒙古黄榆核心区、大鸨核心区、白鹳核心区和鹤类核心区组成，《中华人民共和国自然保护区条例》规定：保护区核心区禁止任何单位和个人进入；除经批准外，也不允许进入从事科学研究活动①。但现实情况是，保护区境内的土地权属分散在不同单位和机构手中（见表1），按照《中华人民共和国土地管理法》，土地权属所有者有权在自己家土地上进行正常的生产经营活动②，但这些活动是《中华人民共和国自然保护区条例》严格禁止的。

表1 向海国家级自然保护区各类土地权属面积

权属性质	农村集体经济组织						国有经济组织			总计
名　称	草原	耕地	天然林	人工林	同发牧场	村屯和道路	向海水库	兴隆水库	芦苇局	
面积（公顷）	30400	9000	19000	10000	8500	10067	7100	2400	9000	105467
百分比（%）	28.8	8.5	18.0	9.5	8.1	9.5	6.7	2.3	8.5	100

资料来源：向海国家级自然保护区管理局。

---

① 《中华人民共和国自然保护区管理条例（2017年修订)》，第二章第十八条。
② 《中华人民共和国土地管理法（2020年修订)》，第二章第十二条。

保护区内除了周边村屯居民的农业种植、放牧、捕鱼等生产活动之外，开荒、打猎、毒鸟和乱砍滥伐等非法行为也是保护区最主要的威胁。

养殖牛羊是周边村屯百姓主要的经济来源，但本地老百姓全年散养，没有圈养的习惯，核心区过度放牧使以蒙古黄榆为主的天然次生林面积锐减，草场退化、土壤裸露，导致土壤沙化严重，产生沙尘暴。捕鱼、打猎和毒鸟，是当地老百姓种地和放牧之外的副业，用来增加经济收入。

在向海繁殖的野生丹顶鹤最多的时候达到 15 对，但自 2007 年之后，向海国家级自然保护区管理局再也没有监测到过丹顶鹤在向海的繁殖。国家一级保护物种大鸨在向海繁殖最多的时候有 30 对，2002 年之后也再没有监测到过大鸨的繁殖记录。在向海国家级自然保护区管理局周边，老百姓冬天需要大量木材来取暖，乱砍滥伐使保护区内的森林锐减；此外，春天植被没有长出来的时候，农户也会把长出嫩芽的树砍倒，给牛羊吃。

（三）建立社会公益保护地的背景和目的

向海社会公益保护地，是中国第一例国家级自然保护区部分委托管理的示范。通过引入社会资源，加强自然保护区的保护工作。向海社会公益保护地的建立，有两个示范意义。

1. 社会资金配合国家政策解决保护区内土地权属问题

党的十八届三中全会报告指出，国家未来要建设健全的自然资源资产产权制度和用途管制制度。对水流、森林、山岭、草原、荒地、滩涂等自然生态空间进行统一确权登记，形成归属清晰、权责明确、监管有效的自然资源资产产权制度。党的十九大更是提出要建立设立国有自然资源资产管理和自然生态监管机构，完善生态环境管理制度，统一行使全民所有自然资源资产所有者职责，统一行使所有国土空间用途管制和生态保护修复职责。各级政府正通过生态移民的方法解决保护区权属纠纷的问题，在这样的情况下，社会资金可以参与其中，促成保护区内权属的明确，保障生态保护工作能够顺利开展。

2. 补充现有保护区管理能力的不足

向海国家级自然保护区管理局编制有 55 个，整个保护区包括行政人员

在内只有51人，对于一个面积为105467公顷，有近4万居民、10万头牲畜的保护区来说，保护力量是远远不足的。因此，社会公益机构，可以通过委托管理的模式，成为国家自然保护区管理的有效补充。

二 治理及管理模式

（一）管理依据

吉林向海社会公益保护地是2014年底吉林省发改委与深圳桃花源生态保护基金会共同探讨在吉林省开展自然保护合作的指导下，逐步选择并开发出来的保护地。在吉林向海生态移民大背景下，吉林省人民政府出资将向海国家级自然保护区管理局内的耕地通过租赁流转到政府手里，将核心区内的窝棚拆除。然后由政府把流转的耕地交给向海国家级自然保护区管理局进行生态保护。首期的试点从耕地开始，核心区内的草原、林地和苇田目前还没有解决方案。

这种情况下，桃花源生态保护基金会成立了项目组到向海开展多次前期调研，与吉林省林业厅、通榆县人民政府、向海国家级自然保护区管理局共同设计，达成合作意向：在吉林省生态移民的大背景下，通榆县人民政府和向海国家级自然保护区管理局出资1500万元，桃花源生态保护基金会捐赠1500万元，用于帮助向海国家级自然保护区管理局收回核心区内部分草原、林地和苇田的管理权，管理权回收之后由向海国家级自然保护区管理局按照《中华人民共和国自然保护区条例》的规定进行统一管理。向海国家级自然保护区管理局再和桃花源生态保护基金会签订联合管理协议，由桃花源生态保护基金会成立在地保护机构，组建专门的保护团队实施保护行动。

此次联合管理涉及保护区三个核心区，其中黄榆核心区面积2433公顷，鹤类核心区（部分）面积8013.7公顷，大鸨核心区面积6933.44公顷，共计17380.14公顷，建立由基金会直接管理、政府监督的社会公益联合管护区，同时共同设计并带动周边居民的可持续发展，委托期限为30年（见图2）。

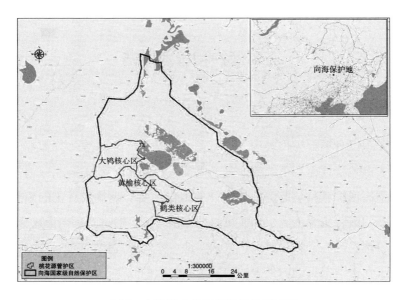

图 2　向海社会公益保护地位置示意

（二）管理架构

为了实现对向海社会公益保护地的管理，2017 年 1 月桃花源生态保护基金会在通榆县民政局注册通榆县向海生态保护中心，性质为民办非企业，注册资金为 5 万元人民币。其主要工作职能为制定向海项目各类规划，完成保护相关设施建设、项目区生态环境保护相关工作、湿地环境保护宣传、提供湿地管理培训、与周边社区建立共管机制。

向海生态保护中心是桃花源生态保护基金会为了实施在地的保护工作而注册的一个拥有独立法人的民办非企业组织，保护中心的运营经费全部来自桃花源生态保护基金会的捐赠。保护中心作为被委托管理的在地实施生态保护的机构，要定期向通榆县人民政府和吉林向海国家级自然保护区管理局汇报工作进展，并接受政府的监督和抽查。

向海生态保护中心目前整个团队有 12 个人，含 1 名中心主任，主要负责保护地保护方案的制定、执行和评估以及团队的管理工作；1 名行政人员，负责整个单位的行政运营；巡护队由 10 人组成。

三　保护和管理措施

（一）严格保护

为实现以丹顶鹤为代表的湿地鸟类以及以大鸨为代表的草原鸟类的回归和繁殖、湿地草原生态系统的恢复，以及蒙古黄榆群落的恢复，保护中心以严格的生态保护和科学监测为抓手开展工作，要准确找到真正的威胁所在，根据真正的威胁来源制定出切实可行的保护方案。通过查阅向海国家级自然保护区管理局现有资料和对保护区内实地考察以及周边村屯的社区访谈，初步确定了在公益保护地内最大的威胁为高强度的人类生产经营活动，主要包括开荒、放牧、采草、捕鱼和打猎。很显然，要实现保护对象的恢复，第一步就是要联合保护区管理局、森林公安以及当地政府林业部门把向海保护地内的人为干扰因素控制住。同时要有一支有能力把保护方案落地的团队。因此保护中心开展了以下工作。

1. 组建在地团队

成立 10 人巡护队，8 名通过招聘来自周边村屯，2 名为向海国家级自然保护区管理局配备的执法人员，并对巡护队员开展巡护设备使用、巡护记录表填写、巡护数据电子化、野外生存技能等培训（见图 3）。

2. 加强巡护，严格执法，严格巡护

巡护工作的开展从两方面入手，第一确定不同人为活动的高发区域和时间，根据确定的区域和时间，制定有针对性的巡护路线和巡护时间；第二确定威胁的人群来源，比如控制放牧这种人为活动，需要到村屯做好基础调查，谁家有牛羊，谁家圈养谁家野外散养。确定这些信息之后，每次巡护到村屯百姓家的圈舍内去看看牛羊在不在，如果不在顺着牛羊蹄印就能寻找到牛羊的位置。

2017 年 7 月，向海国家级自然保护区管理局派 2 名具有林业执法权的同事到保护中心进行联合执法，实现联合执法全年日常化，并能够使在管护区内发现的非法人为干扰及时有效地得到处理；在盗猎高发季节，与向海国

图3　向海生态保护中心巡护队

家级自然保护区管理局、向海森林公安进行联合反盗猎行动，保持每周至少2次的联合反盗猎夜间巡护，并把近一个月内处理的典型案件制作成宣传单页，到村屯进行宣传，并且到盗猎惯犯家里进行一对一地深入宣传，希望可以帮助他们避免触犯法律的风险。

从2017年4月10日到2020年12月，向海生态保护中心有效巡护里程为152704.2千米，与向海国家级自然保护区管理局和向海森林公安联合执法，发现并处理违法事件1138起，社区走访1737户，2020年1月到2021年6月与社区居民访谈时长1453个小时。

3. 建立星级巡护队员考核制度，提升巡护队员的业务能力

星级巡护队员标准包括巡护能力、监测能力、设备使用能力、野外生存能力、社区能力、交流能力和资历七个方面，并且在2018年7月完成了部分一星级标准的考核，通过率为84%。

（二）社区发展

增强社区互动，了解居民真实想法，共同探索出路，是我们社区工作的

整体思路。除了与执法部门联合执法打击保护地内的非法人为活动外，通过社区访谈增加社区居民与我们之间的了解，探索怎么样既有"鸟声"也有"民生"，是我们更为重要的工作，说是最重要的工作也不过分。通过与每一户结识、了解、促膝长谈，共同想办法解决牧民禁牧之后饲料的来源、种植户在没有了开荒地之后的收入来源等，以及怎么样转型、往哪里转、谁能带头来转型等，这些都需要我们成为这个村子里的"村民"，通过社区访谈集思广益才能找到答案。

根据 2018 年 1 月的社区调查发现，目前社区面临的问题有以下四个方面。

1. 恶性循环的土地退化

地表植被被破坏，土地裸露，土壤沙化，地力耗尽，农业生产依赖化肥，土地质量日渐降低；向海属于半干旱地带，平均每户每年需要抽三次水做农业灌溉，长期抽水灌溉导致耕地盐碱化加重。

2. 生产成本高，种地不挣钱

向海是天然的弱碱性土地，适合种植的常见品种有小米、玉米和豆类，每年购买种子、化肥、农耕机器的费用加灌溉土地的费用，平均每公顷为2800 元。但这些农作物经济价值不高，近年来价格持续下降，平均每年每公顷能收入 3200 元。

3. 禁牧之后畜牧业无出路

由于历史上疏于管理，大量的草甸被开垦成土地，当地放牧都是到保护区内。2017 年保护区境内开始实行季节性禁牧，当地社区缺乏放牧场所。但当地农户认为种田不挣钱，要挣钱还得靠畜牧业。

4. 劳动力大量流失

种植业不挣钱，畜牧业找不到出路，迫使农户放弃农业生产，外出打工。

为了缓解社区压力，解决生态移民的安置问题，尝试发现本地农村有特色的农产品，并找到一个企业帮助百姓把有特色的农产品发展成产业，帮助农户实现转产和增收，为生态保护与社区发展探求一条可持续发展之路，为生态扶贫探索一种可复制模式，2017 年向海生态保护中心从以下 3 个方面展开了尝试。

（1）社区工作

为了缓解由于严格控制核心区内人为活动而带来的与社区之间的矛盾，获得周边社区的信任、减少社区居民对保护工作的误解，保护中心 2017 年 8 月成立了社区教育基金，对社区考上大学的学生进行支持。同时也帮助村屯里的孩子进行暑假公益辅导。2017 年保护中心资助了管护区周边村屯里的 8 名准大学生，每人 1000 元。为村屯内的孩子开办了公益辅导班，受益学生从 2017 年暑假 15 人增加到 2018 年暑假 156 人。

最重要的是通过 2017～2018 年的社区走访，保护中心与西民主村胜利屯整个村民组建立了联合管理草原的合作模式。在走访中，村屯老百姓对我们说他们也觉得生态越来越不好，每年风沙、干旱都给他们的日常生活和收入带来了巨大的影响，也知道这是过度放牧带来的结果，但是现在进入了一个恶性循环，他们也不知道出路在哪里了。我们在和村屯的村干部、所有养殖户访谈时，就听到很多人说，如果不放牧，秋天有的地方可不可以让打草。以此为契机，我们与他们建立起了以他们村屯负责帮助保护中心管理 130 公顷的草原，全面不得进入核心区放牧，鸟类繁殖季节结束，可以把打防火道割下来的草送给他们村屯用作牛羊的饲料为主要内容的合作。整个村屯 37 户养殖户成立了一支巡护队，他们选定巡护队负责人，建立了巡护管理制度，制定了巡护值班表以及如果有人破坏了规矩要怎么办等处理方案，有效地与保护中心合作管理了保护地的东侧边界，在联合管理期间，整个东侧边界放牧事件为零。这个模式也被向海国家级自然保护区管理局以及向海乡党委、政府用于推广到其他边界的管理。

（2）社区帮扶

向海保护地周边分布着 3 个村、1 个国有企业，分别是向海村、利民村、东风爱河村和同发牧场，面临着巨大的社区发展与生态保护的压力。

2017 年通过把农户种植的五谷杂粮、小笨鸡对接有需求的企业，种植业使每位农户平均增收 23400 元，养殖业使农户平均增收 18700 元；2018 年，保护中心引进了茅友公社对向海保护地周边社区种植的小米进行尝试开发，看是否能够探索出一条可持续的特色农产品发展之路，目前已经进行了

两年的尝试，周边社区居民约增收 6 万元；随着社区走访的深入，向海保护中心了解到周边村屯村民慢性病患者比较多，每年慢性病不仅需要巨大的花销，还会因使用药物不正确而加重病情，2019 年保护中心引进健康元慢性病扶贫项目，针对高血压、高血脂、心脑血管疾病和胃病，对周边社区每年捐赠 200 万元的药品，与村医合作入户诊断、叮嘱医嘱，引导社区居民规范地使用药品。

（3）牧业发展新思路

向海国家级自然保护区管理局内有近 10 万头牛羊，90% 的老百姓家庭收入一半以上来自养殖牛羊，有的甚至百分之百来自养殖业，主要的养殖方式就是散养；根据通榆县人民政府 2017 年的政府报告，牧业养殖占整个通榆县 GDP 的 45%。无论是从老百姓的个人收入来看，还是从当地经济发展来看，牧业养殖都是很难被割舍掉的一个产业。怎么有效地解决目前向海国家级自然保护区管理局因牧业养殖和开荒带来的荒漠化和湿地萎缩就成了关键问题。

从 2017 年开始，向海保护中心通过大量访谈社区养殖户，得知目前如果想从散养转向圈养，最大的困难在于饲草。通过综合分析，向海的土地很多都是沙土和碱土，种植收入甚微，那是不是可以用来种植饲草，用来支持牧业转型。2017 年向海生态保护中心与中国科学院遗传与发育研究所合作，在向海开展青贮高粱的试种植项目，截至 2020 年，试种植面积从 2018 年的 2 公顷增加到了 2020 年的约 80 公顷，每公顷产量达到 100 吨。与三合一屯的种养殖合作社合作，建立了青贮高粱试种植的示范屯，目前示范屯从原来的全年散养已经转变为每年秋收之后到耕地溜茬放牧，从每年 10 月份到次年 2 月份，每年为养殖户节省约 4 万元饲料成本（见图 5）。除此之外，保护中心还每年冬季为社区提供青贮高粱种植技术、制作技术以及养殖技术的培训，为牧业转型做好准备。

目前此尝试已经获得向海国家级自然保护区管理局和向海乡党委、政府认可，向海国家级自然保护区管理局通过申请林草局的项目以及引进吉林省的企业介入青贮高粱推广种，积极引导所有牧民进行尝试，缓解禁牧之后饲

图5　向海生态保护地 2019 年生长 3 个月的青贮高粱示范田

料给社区居民带来的压力；向海乡党委、政府通过乡村振兴以及目前禁牧政策提倡的建立牧业小区、人畜分离等项目，推进整个向海乡牧业养殖更规范、更科学、更生态。

四　保护成效

保护中心 2017 年设定了 3～5 年内有效管控保护地内非法人为破坏活动的保护目标。监测结果显示，经过近两年的工作，管护区内的人为活动已经明显减少（见图6）。

2018 年有一对野生丹顶鹤在管护区的鹤类核心区内繁殖；疣鼻天鹅在向海从来没有过野外繁殖记录从 2017 年到 2021 年已经连续在向海繁殖了 5 年，繁殖了 21 只小疣鼻天鹅。与周边社区建立了草原合作共管的示范，为禁牧之后社区居民圈养面临的养殖成本增加、养殖技术缺失等问题的解决探索出了一条可能的出路。

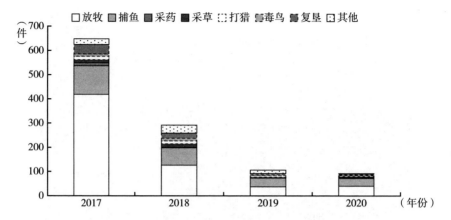

图6　向海生态保护中心违法事件数据对比（2017～2020年）

资料来源：向海生态保护中心巡护记录。

五　过程中遇到的问题和挑战

在实施保护方案的过程中，最大的难点是管护区内的草原权属并没有完全收回，这就导致保护中心在进行保护管理的时候会跟村屯的老百姓有很大的冲突矛盾。向海生态保护区周边村屯百姓的主要生计来源是牧业，但这里的牧业85%是散养，他们放牧的草原绝大部分分布在保护区的核心区，涉及2万人左右的生计，牵涉巨大的经济利益。在实现管护区内杜绝人类活动的保护目标上是巨大的障碍。

为了解决这个挑战，目前正在尝试各种可能的方法。要从根本上解决当地社区的民生问题，必须要在国家政策的倡导下，由政府出面解决，目前保护中心正在统计向海生态保护区内百姓生计和生态保护之间冲突的基础数据和案例，希望寻找机会以案例的形式汇报给国家，希望能引起重视，出台政策解决以向海为案例但是中国保护区普遍存在的保护区内土地权属不清和用途管制不明确的问题，以及由此引发的百姓生计与生态保护之间的冲突问题。

在没有相关政策出台之前，我们目前正在计划通过与核心区内草原的草原主、村屯牧民联合对承包草原进行管理，在不发生正面冲突、不影响各相关方利益的情况下，寻求生存与保护的平衡点，真正实现人与自然的和谐相处。

六　可供其他公益保护地参考的经验

（一）公益保护地的建立

在选择保护地的时候，毋庸置疑具备生物多样性的保护价值是最基本的条件，但一个保护地的成功建立一定离不开当地政府政策的支持和保护区敢于尝试新的保护方式的魄力。向海生态保护地的建立最有力的推动是2014年吉林省人民政府要在向海核心区做生态移民的试点，如果没有政府政策的先行，可能很难将向海生态保护地建成。除此之外，向海国家级自然保护区管理局为了实现生态文明建设和落地向海的保护工作，保护区管理局的领导敢于创新，勇于探索新的保护模式，拥有共同的生态保护目标，这种魄力无疑直接促成了向海建立联合保护这种新模式。

（二）保护方案的制定

根据向海的工作经验，制定保护方案的过程中，准确找到威胁因子是最重要的一个环节。在制定向海保护方案的时候，前期对威胁因子的调查占了将近整个规划时间的2/3。明确问题所在是至关重要的一步。我们需要准确地知道丹顶鹤和大鸨为什么离开了向海，蒙古黄榆林为什么在锐减。找到问题所在之后，接下来就容易很多，就要根据威胁因子高发区域和时间，有针对性地安排巡护的时间和人力。

（三）在地合作伙伴之间的合作

作为一个在地开展保护工作的NGO，自己机构的定位非常重要。向海生态保护中心的定位就是政府生态保护的有效补充力量。

　　在目前的政策形势下，政府永远是主力，在政府目前顾及不到的地方NGO作为补充力量。政府的宗旨是生态文明建设，保护中心目的是生物多样性的保护，在相同的目标前提下，NGO与政府间只有高效互补合作，才能最终实现生态保护的目的。

G.14
国家级自然保护区与民间机构
共建共管的公益示范

——四川唐家河白熊坪公益保护站

刁鲲鹏*

摘　要： 本文介绍了一种新型的公益保护模式，即北京山水自然保护中心（以下简称山水）与四川唐家河国家级自然保护区创立的"共建共管"的白熊坪保护站模式。该模式是在保持政府持有产权不变的情况下引进外部机构共同开展管理，依靠轮转的年轻志愿者驻站开展工作。保护站首期合作为期5年，自2014年开始建站运营，其间经历数次调整，整体运行良好。2019年合同期满，山水策略调整重心转为开展社区工作。原白熊坪保护站团队组建青野生态，继续运营白熊坪保护站。该保护模式具有较好的稳定性和可推广性，文中对该模式进行了相关的总结、反思与建议，希望对基层自然保护站的运营有借鉴意义。

关键词： 公益保护　保护区　志愿者　共建共管

---

* 刁鲲鹏，生态学硕士，毕业于中科院动物研究所，青野生态负责人，山水自然保护中心前项目官员，首任白熊坪保护站站长。自2014年至今，为白熊坪社会公益保护站项目的负责人，有丰富的保护区工作经验，擅长动物学研究与写作。

一 背景

　　四川省唐家河国家级自然保护区地处岷山山脉，北部与甘肃文县接壤，西部与四川平武县木皮藏族乡接壤，是国内知名的以大熊猫及其栖息地为保护对象的自然保护区。白熊坪保护站是唐家河保护区最深处的一个保护站，海拔1800米，管护总面积为57平方公里。

　　白熊坪保护站始建于20世纪80年代，当时为了与邛崃山卧龙保护区五一棚野外大熊猫研究工作进行平行对比，在岷山腹地的唐家河保护区建立了白熊坪野外工作站。胡锦矗、乔治·夏勒等老一辈中外科学家在此开展了大熊猫定位跟踪研究，也对黑熊、羚牛等野生动物开展了系统的研究。其辖区内的当地居民当时便已迁至保护区外围，一直没有开展过旅游等生产经营性活动，是唐家河保护区受到人为干扰最小的区域，也因此成为保护区内大熊猫分布数量最多、最容易目击到野生动物的区域。白熊坪保护站的高海拔区域还保留有比较完整的原始森林，有大量的彩叶植物和大片杜鹃、辛夷，科学和美学价值非常高。白熊坪区域的高封闭性和低干扰度也使其成为一个研究群落演替和动植物关系的天然实验室。

　　然而白熊坪保护站位置偏僻，大部分管辖区域还未修通公路，科研工作者在20世纪90年代初科研项目结束后就撤离了该工作站，保护站的57平方公里森林就委托给邻近的水池坪保护站管理。由于白熊坪地处两省三市交界，接壤地区少数民族众多，经济水平普遍不高，山区居民又有狩猎传统，一直都是唐家河保护区反盗猎压力最大的区域之一。为了强化对这个区域的管理，保护区管理局决定重建白熊坪保护站，并于2012年修建了基本的生活和巡护设施。但是保护站地处高海拔地区，进出交通非常不便，而且夏季多洪水塌方，冬季严寒少水、水电站无法发电满足工作和生活的基本需求。而保护区的员工大多来自周边社区，工作之余还需要照顾家庭，驻守白熊坪的生活成本太高，所以选合适的人驻守白熊坪一直是让保护区管理局头疼的问题。

　　与此同时，保护区现有员工接受过高等教育的比例不高，大多数仅能发挥巡护职能，对白熊坪得天独厚的科研资源无法有效利用。保护区驻站人员在接待外部科学家前来开展科学研究的过程中，通常仅充当向导的角色，难以学到对保护至关重要的科学知识。此外，长久以来，在保护区开展的科研活动与保护需求之间存在不同程度的隔阂，高校和科研院所的科学家选择科研项目的时候，往往以个人兴趣和本研究领域的创新性为重。在职称评选、基金申请等压力下，外部专家追求的往往是解决高深的科学问题或发表高质量的学术论文。而基层保护工作更看重必要数据的获取和科研成果对保护工作的指导，所需要的研究不见得是非常高深和前沿的研究。此外，当前保护工作中普通公众的参与度普遍较低，一些有知识有情怀的公众也很难利用自身掌握的技能对保护工作提供帮助。

二 治理及管理模式

（一）管理依据

为了解决上述这些问题，既能实现对白熊坪保护站管辖区域的有效管护，发挥好保护站的巡护监测、护林防火、反偷盗猎等基本职能，又能联结科研与保护、大幅提高基层保护站的自主科研能力，同时构建研修生与志愿者服务驻站机制，吸引公众参与科研与保护工作，在四川省林业厅的撮合下，2014 年 9 月，唐家河保护区管理处与山水签署战略合作协议，在产权不变的情况下将白熊坪保护站的管理权委托给山水，共同开发巡护监测、科学研究、自然教育三位一体（简称"巡研教"，2019 年后有调整，见文末）的保护站工作，打造保护区与社会组织共建共管的社会公益型保护站模式（见图 1）。

第一期协议期限为 5 年，协议中约定：基础设施和保护站产权保持不变，保护站的房舍以及保护区购置的设施设备等固定资产的国有资产性质不变，属唐家河保护区所有，保护站的一切债权、债务由唐家河拥有或承担。山水对白熊坪保护站区域行使管理权，山水的管理权限在大框架内需符合保

图1 白熊坪保护站外观

护区的现有规定，除此之外拥有比较宽泛的权限。

双方合作主要内容包括：一是开展区域内的监测巡护，建立跨区域社区共管机制；二是加强应对气候变化和生物多样性保护等方面的科学研究；三是建立自然学校，开展森林自然体验、森林疗养等活动；四是探索保护站合作共管运行模式。

（二）管理架构

围绕着合作内容，白熊坪保护站完成了管理团队的组建。保护站的固定工作人员配置为7人，其中站长1人、副站长1人、监测巡护人员2人、研修生3人。由唐家河保护区派驻一名副站长和2名野外监测巡护人员，所产生的费用由唐家河承担；由山水派驻一名站长和3名研修生，其中研修生的费用由山水承担，站长的费用由唐家河和山水共同承担，同时向双方汇报工作。

在驻站人员选拔上，站长为山水和唐家河联合面向社会进行公开招募，劳务合同由山水作为甲方与站长签订；唐家河派驻保护站的人员由山水和保护区管理处在现有保护区员工内共同选拔，驻站人员视工作需要随时调整；而山水派驻的研修生则是面向社会公开招募，每轮研修生的工作年限为一年，任期结束后经双向选择可以留下继续工作。

建站第三年（2016 年），四川省林业厅牵头对前 3 年的工作进行了总结，出于权责匹配问题和发挥各自特长的考虑，由唐家河增派一名员工担任站长职务，山水派驻人员担任副站长职务。站长负责主持保护站的日常管理工作，组织制订工作计划，完成保护区布置的各项工作目标，副站长配合站长完成上述工作任务并负责科研与自然教育。管理模式也从原协议中的委托山水管理变更为双方共同参与管理保护站事务。保护站开展的工作内容不变。

在团队的管理方面，唐家河是一个管理比较成熟的保护区，对于基层保护站的日常巡护、季度监测、护林防火、反偷盗猎、社区管护与帮扶等基本工作已经有较为成熟的制度与程序，并且对工作成效按事业单位现有的相应指标进行年度考核。白熊坪保护站的年终考核由双方共同开展，原则上所有驻站人员的年度考核均按统一标准执行。保护站的年度计划在每年年初制定，一般是在完成保护区基本职能的前提下再加上白熊坪保护站特色的科学研究、自然教育、宣传接待等工作内容。白熊坪保护站建站后，在保护区管理处原有保护站员工守则的基础上进行了深化，对员工学习、请销假、值班值日等细节补充了更为细化的要求。

三　保护和管理措施

根据合作协议，白熊坪保护站的管理目标是打造"巡教研"三位一体的社会公益型保护站，因此日常的管理工作分为巡护监测、科学研究与自然教育三个模块。

（一）巡护监测

巡护监测依据保护区的整体计划制定，并按照与其他保护站相同的标准执行，白熊坪保护站的工作团队在 57 平方公里的管理范围内设置了 11 条固

定的监测样线，每季度进行一次巡护监测，并且以每 10 天一次的频率对管护范围内的 5 条日常巡护样线进行日常巡护，保证每月巡护作业 21 天以上。对保护站外的对口社区——落衣沟和联盟村进行每月 2 次的走访巡护。与此同时在每年的防火高峰期、反偷盗猎高峰期还会联合森林公安、保护区管理处社区科、社区居民开展联合反偷盗猎活动。

（二）科学研究

建站后，山水在白熊坪派驻的站长与研修生通过全天候的驻站工作，用了 7 个月的时间与各科室还有各站所员工进行了深入的交流与探讨，对保护区的每一条沟沟坎坎进行了实地走访探查，对基层保护站工作进行了细致而又客观的观察与思考。最终，山水与北京大学保护生物学团队一起，完成《唐家河国家级自然保护区科研监测规划》，其中列出的 24 个优先实施课题并非是最高端的研究，但是其研究成果能够对保护工作产生最直接的帮助。与此同时，还完成了《唐家河保护区员工技术型培训方案》，对保护区员工急需的技术型培训进行了详细的描述与培训规划。

在科研规划基础方面，经过与保护区讨论，制定了由保护站自主开展的科研工作方案，白熊坪保护站 7 名工作人员自主开展了"唐家河保护区大型食草动物与植被关系研究""唐家河保护区大型动物尸体分解研究""唐家河保护区周边家养犬携带病原体筛查""唐家河保护区白熊坪保护站红外相机监测""唐家河保护区黑熊食性 30 年对照""唐家河保护区食肉动物调查"等科研项目。

其中，红外相机在监测过程中积累了长期而完整的数据，并拍摄到大量珍稀野生动物影像资料。对森林生态系统重要食肉动物黄喉貂气味标记行为的研究和对保护区大型食草动物尸体分解研究取得建设性进展。其中对重要的食肉兽黄喉貂的标记行为进行了细致的描述和探讨，发现了黄喉貂利用山梁突出的石头和树根进行气味标记的行为，提出了野外科研、监测活动应尽量避免干扰地面标记点的建议。尸体研究项目对尸体的生态价值进行了详细的探讨，并提出了在保护区内停止对动物尸体深埋的建议，最终促使保护区改变尸体处理方式，对非疫病死亡个体和远离水源的尸体不再采用深埋的处理方式。

（三）自然教育

在自然教育方面，白熊坪保护站自建站后，对夏令营、专题营、中长期志愿者活动、短期志愿者活动、线上线下分享等进行了多种多样的尝试。在经过各种尝试积累了丰富经验的基础上，保护站逐渐摸索出了自然教育的"白熊坪模式"，即以科学志愿者参与保护站日常运营管理与在地科研工作的方式，通过公众的深度参与来实现自身保护意识的提升。在工作旺季，白熊坪保护站会面向公众招募短期志愿者参与保护站日常工作与科学研究。这种短期志愿者工作时间一般为7~9天，经过选拔入围的科学志愿者只需要承担自己的往返路费，就可以前往保护一线的白熊坪，食宿费用均由白熊坪保护站开展的科研项目承担。对于白熊坪保护站来说，用原先租请人工的费用来支持志愿者在地的食宿，既可以为科研项目招募到最优质的志愿者协助完成课题，又可以为普通公众参与科研保护提供平台，同时还能对参与的公众进行深度教育。

四　资金来源和可持续运营措施

保护站运行的设施设备维修维护费用与办公经费由唐家河保护区管理处拨付，按7人算，每人每季度1000元的办公经费。1名副站长和3名野外巡护人员由唐家河保护区负责签订劳务合同，并且支付这部分人员工资，因为野外巡护人员多为临聘人员，故所需费用由保护区天保资金支持。山水方派驻的站长由双方共同承担工资，研修生费用由山水方承担。按合同规定，科研与自然教育相关的费用原则上由双方共同筹集。实际操作过程中，建站前3年，保护站日常巡护与季度监测工作由唐家河拨款。此外，除外部专家自带经费前来开展的科研项目外，专项科研、自然教育经费主要由山水筹得。其中山水方资金来源以有环保工作需求的企业捐赠和个人捐赠为主。白

熊坪保护站还承接过数批次国际学校的实习活动，并筹得一部分费用，但是占比不大。

五　保护管理成效

在巡护监测方面，白熊坪建站4年来均能高质量地完成保护区的日常工作，没有发生任何一起责任事故，没有发生火灾和非法入区盗猎案件，保护站的工作考核连年名列前茅。现有的7名驻站人员能够胜任白熊坪保护站的基本工作，加上社会公益资金的注入与科学志愿者的参与，白熊坪保护站工作成效连年均可达到保护区先进水平。

在科学研究方面，与以往论文导向的纯科研不同，白熊坪的科研工作更看重系统数据的积累和研究成果对保护工作的指导意义。建站以来，不仅完成了白熊坪区域内的食肉动物现状评估和食肉动物行为研究这种基础性调查，也通过对周边社区家养犬的病原体筛查，制定出了养犬管理规范。通过信息登记跟踪、人工免疫普及、劝说村民拴养家犬等方式来开展保护区社区的家养犬管理，力求既能保证村民养犬的权利，又能降低家犬与大熊猫之间互相传染疾病的风险。目前这一管理模式已经在多个保护区和熊猫栖息地推广。基于动物尸体分解的红外相机研究，发现了动物尸体对于保护区食肉食腐动物具有重要作用，并首先在保护区改变以往对死亡动物采取深埋的做法，目前这一尝试已经推广到保护区全境；基于中蜂放养研究，提出了保护区养蜂尽量避免季节性放蜂的建议；基于食草动物对森林植被影响研究，提出了需关注国家一级保护动物羚牛局域种群过剩问题；发现了黑熊对河谷地带的高利用强度倾向，改变了以往认为黑熊倾向于活动在陡峭山坡上的陈旧印象，为调整黑熊保护策略提供了数据支持。

在自然教育方面，3年来有超过130人次来自全国各地的志愿者来到过白熊坪保护站参与科研保护工作，志愿者工作量超过750人天。科学志愿者在白熊坪保护站的日常巡护、季度监测、站所劳动、红外相机布放与回收、科研数据整理分析等多种工作中做出了举足轻重的贡献。

白熊坪这种由 NGO 与保护区共同管理保护站的模式在国内尚属首次，也取得了比较令人满意的效果。建站以来，白熊坪也成为公众了解保护区工作的窗口，从中央电视台到各省市媒体，各种专题报道与参观考察数不胜数，很大程度上提升了公众对保护工作的认识。多家保护区和政府部门主动寻求合作和模式复制。

六　可供参考的经验与教训

（一）成功经验

1. 做好基础工作

这是个容易被忽视却又最基本的问题。在一个保护站，可以做的事情很多，新创意和新点子会层出不穷，但是不能忽视一个前提，那就是做好基础工作。巡护监测、护林防火、反偷盗猎、外来人员管理、社区联防，做好这些是一个保护站最基本的工作。只有做好这些工作，其他的工作才有根基，不然就只能是无源之水、无本之木。在这方面，白熊坪做得很好。因为从保护区角度来说，保护站的本职工作内容很明确，也有现成的考核指标可以衡量保护站的工作。白熊坪的现有人员组成一半是熟悉白熊坪山地，在保护区有多年工作经验的本地员工，另一半是来自祖国各地、怀揣保护理想和各种新型技能的年轻人。丰富的野外经验、年轻人的热情和新技术组成了一个高效率的团队，白熊坪团队每年都能高水平地完成保护区的基础工作。

2. 保护站运营的基本资金稳定

因为白熊坪保护站本身就是唐家河保护区在编的保护站，所以在办公经费、监测巡护、维修维护经费等方面有最基本的、稳定的资金支持。即便无外部资金引进也不至于使保护站陷入工作停滞的境地。这是很多项目主导型保护站或保护地面临的最大挑战，一旦项目资金结束，工作就只能结束。

3. 有外部资金注入

如果没有外部资金注入，一个保护站也很难在基础工作之外有大的作

为。建站前 4 年，从人力到专项经费，每年有 25 万～30 万元的费用被投入保护站工作。这使得白熊坪保护站在做事情上比较灵活，反应也较为迅速。如果没有外部资金注入，保护站做额外的工作需要走政府资金申请流程，相对来说比较耗时耗力，有些项目往往申请多年都难以获得审批，造成人力和时间上的浪费。

4. 有长期在地驻站的员工

如果不派人长期驻点，往往难以与当地合作方深度融合。通常会被在地合作伙伴当作外来的"专家"或者"金主"，仅能够初步了解或者简单参与保护工作。山水在白熊坪的模式是驻站开展工作，有 4 名派驻人员长年驻扎在保护站。这种长期而稳定的驻站模式必然要求驻站人员有主人翁意识，共同开展保护站方方面面的工作，有助于促进与当地人消除隔阂。

5. 灵活使用驻站人员，关注年轻人的需求

白熊坪保护站是一个地处偏远、交通不便的保护站，在此处驻扎需要付出比其他保护站更多的时间、体力、社交成本。在无法大幅提高薪酬待遇的情况下如何吸引年轻人在此驻站，就是我们需要深度思考的问题。

很多保护区都面临留不住青年人才的困境，年轻人工作三五年之后就有集中离职的现象。我们采取了一种反其道而行之的模式，那就是每期面向社会招募的年轻人才只工作一年，每年到期之后就"必须"离开为下一批年轻人腾地方。因为从入职的那天就已经定下了离职的日子，所以这些年轻人在基层保护站工作的时候不需要考虑"上升空间"这种问题，也不用纠结好多保护区招人时面临的编制有限的问题。他们要做的就是在自己一年的服务期内把本职工作做好，做出色。我们把这戏称为"铁打的营盘，流水的兵"，人才是流动的，保护站是铁打的。白熊坪用人的价值观是"吸引"并"用好"人才，但是不刻意"留住"人才。

对于保护区方面派驻的野外员工，一方面，在与外面来的年轻人交流中可以学到各种新技能，我们有专门的时间来安排每个人向在站的其他人传授一项自己掌握的技能；另一方面，双方组织的多种形式的外出考察与交流，也使白熊坪的驻站人员比其他保护站的驻站人员有更多接触外部世界的机会。

6. 工作有新颖亮点

不管是开展多样的科研活动还是开展各种自然教育活动，建站的目的一是解决保护中的问题，二是用新的方式来更好地做自然保护。

我们找到的亮点就是开展旨在解决问题的科学研究，并依托这些应用型研究开展自然教育。建站之后，我们没有直接开展项目，而是由北京大学和山水组成的科研力量用了 7 个月的时间深入保护区方方面面，对保护区工作中可能存在的问题进行了深入的思考之后才开展第一个小的研究项目。对保护区和保护组织来说，即便有较深的科学背景和较好的科研资源，但是这些机构或组织的第一职责并不是开展高深的学术研究。白熊坪保护站要开展的科研项目定位就是"不以发学术论文为主要目的，研究那些虽然并非前沿课题，外部专家不愿意去研究，但是其积累的数据和研究结果能够为保护区日常管理与保护工作提供指导意义的研究"。

这些类型的研究成了白熊坪项目的一大亮点，而且因为并不是高深的纯理论研究，在研究过程中能将公众活动和自然教育很好地融合其中，收到的成效非常好，业界对此类工作的认可度也非常高。

7. 适度的宣传

作为一个新型保护站，保护站做了很多有意义的尝试，这些工作长远的意义在于可以复制，可以推广到更多的保护地，而宣传是推广的重要方式之一。此外，适度的宣传也可以唤起驻站人员的荣誉感，对提高大家的工作积极性帮助很大。从央视主流媒体到地方日报甚至自媒体平台，白熊坪保持比较活跃的热度，每季度能发表 1 ~ 2 篇宣传文稿。此外，白熊坪也举办了一些线下活动，频率为每年 2 ~ 3 次。

（二）问题与挑战

虽然白熊坪保护站取得了喜人的成绩，但在保护工作当中依旧暴露出了相应的问题，也积累了相应的经验。

1. 资金匹配问题提前说好

很多合作项目中都对双方共同出资，或者联合申请项目做出展望，有的

时候会对资金做出一些承诺。白熊坪项目也不例外，双方合作协议中规定"山水方可根据每年保护站科研和自然教育工作实际情况向唐家河方提出相关费用的申请，由唐家河方审定后按审定结果支付。"然而实际操作层面，由于种种原因，双方存在互相观望等待出资的现象，曾经因为资金不到位，一定程度上造成了时间和人力成本的浪费。如果能在合作一开始就商定各自投入的资金额度，则能有效地保障工作进度和避免浪费宝贵的时间与人力。

2. 权责问题需谨慎

以当前国内情况来看，责任人负责制已经深入各行各业，但是由外部机构来担任第一负责人的话，需要考虑权责匹配问题。建站第三年，白熊坪的第一负责人保护站站长，由山水方派驻改为由唐家河派驻，原因就在于作为一个外部机构担任第一负责人不仅有法律上的争议，也存在很大的风险。在只有名义上的权利或者权利得不到有效实施的情况下，尽量不要承担与自身权利不匹配的责任。

3. 地理位置过于偏远，需建立更加灵活的轮休制度

山水派驻白熊坪的员工和研修生是面向全国招募的，均不是本地人，所以周六日对派驻人员来说没有实际意义，虽然入职的时候已经做好了心理准备，大部分派驻人员都表现出了惊人的毅力，任劳任怨，甚至全年无休驻扎在山上，但是靠这种个人的牺牲来维持并不是长久之计。如果将所有假期累加进行休假，也存在一次性休假过长引起其他员工不满的情况，这种问题在驻站的保护区本地员工身上也有体现。

4. 慎重选派长期驻站人员

在长期驻站人员选择上，需要十分谨慎。白熊坪的驻站工作是十分辛苦的，虽然建立了比较完善的制度，但是野外工作中人的作用不可忽视。除了所立项目的特殊需求外，长期驻站人员应尽量选择生态保护相关专业出身而且对保护工作有强烈兴趣的人士。尽量挑选现有工作需求的人，避免在现有工作不确定的情况下选派不具有相关专业技能的人。

5. 合作模式需灵活调整

公益保护地的运营模式和运营主体不应该是一成不变的，而应该在相对

稳定的情况下及时调整。白熊坪建站伊始，由山水派驻站长；白熊坪运营第3年，原站长刁鲲鹏调为副站长；运营第5年，山水转型做社区保护，刁鲲鹏与原白熊坪团队成立青野生态，留下继续参与运营白熊坪保护站工作。自此白熊坪更换运营主体，兼顾运营隔壁的水池坪、自然教育中心三个站，工作重心由巡护监测、科学研究、自然教育转为科学研究、自然教育、保护地业务培训。虽然看似未能从始而终，但其实是在不断的实践中理清了各自优势、及时调整了各自的角色，以新的角色发挥更大的作用。

G.15
四川老河沟社会公益保护地的
探索与实践

田犨　靳彤*

摘　要：　老河沟社会公益型保护地位于四川省平武县，毗邻唐家河国
家级自然保护区与甘肃白水江国家级自然保护区，面积约110
平方公里，是大熊猫岷山北部种群一条重要的迁徙通道，但
未被纳入已建的自然保护区体系内。2011年起，在大自然保
护协会（TNC）与桃花源生态保护基金会的共同推动下，通
过林地委托管理和林权流转等创新模式的探索，老河沟成为
国内第一个在政府监督下，由民间机构建立和管理的社会公
益型保护地，其做法和经验对于社会力量参与自然保护地建
设具有一定的借鉴意义。

关键词：　老河沟　大熊猫　社会公益保护地　扩展区

一　背景

2010年，随着中国集体林权制度改革的全面推进，大自然保护协会

---

* 田犨，桃花源生态保护基金会副总裁，曾任保护国际协议保护项目亚洲区主管，长期致力于
推动建立社区自主管理的保护地，是第一批把协议保护引入中国的学者之一；靳彤，动物学
博士，大自然保护协会（TNC）中国项目科学主任，主要研究领域为保护地规划与管理，中
国社区保护地专家组成员，全过程参与了社会公益保护地模式的落地实践。

（TNC）较早地捕捉到了社会公益资金进入生态保护的契机，将美国土地信托保护模式引入国内，提出建立由政府监督、民间机构建立和管理的社会公益型保护地模式。在 TNC 与桃花源生态保护基金会的共同推动下，中国首个社会公益型保护地探索在四川省平武县老河沟区域落地。

平武县位于《中国生物多样性保护战略与行动计划（2011~2030年）》① 划定的中国 32 个陆地生物多样性保护优先区域之一——岷山 - 横断山北段生物多样性保护优先区内。根据第四次全国大熊猫调查，平武县野生大熊猫数量有 335 只，占全国的 24%，有"天下熊猫第一县"之称，其42% 的县域面积都是大熊猫栖息地；然而县域范围内已建的王朗、雪宝顶、小河沟和余家山 4 个自然保护区只覆盖了大约 30% 的大熊猫栖息地，仍然有 65% 的栖息地散布在国有林区和乡镇、村、社集体林区，缺乏有效的管护。将平武县的大熊猫潜在栖息地与已建的自然保护区边界进行叠加分析，可以识别出 4 个主要的保护空缺，分别是黄土梁片区、老河沟片区、虎牙片区和宽坝片区。经过多次实地考察，综合考虑保护价值、林地权属、社会经济等条件，老河沟区域最终被选为社会公益型保护地项目的实施点。

老河沟项目区位于平武县东部，毗邻唐家河国家级自然保护区与甘肃白水江国家级自然保护区，面积约 110 平方公里，由原老河沟国有林场、山河沟零星国有林和高村乡乡有集体林三片林地构成，是大熊猫岷山北部种群一条重要的迁徙通道，除了大熊猫以外，还生活着川金丝猴、羚牛、红豆杉、珙桐等多种珍稀动植物。在建成社会公益型保护地前，老河沟未被纳入任何有法律保障的自然保护地体系内。1998 年，国家开始实施天然林保护工程，叫停了区内所有的采伐经营活动，因此林场面临既要保护又要发展的矛盾。天然林保护工程实施后，投入这里的保护资金只有每年 50 多万元的天保经费，用于发放林场工人每人每月 960 元的工资，而保护工作也只是由林场工人按照天保要求巡山，做好防火防盗两件事。由于缺乏必要的巡护执法，该

---

① 《关于发布〈中国生物多样性保护优先区域范围〉的公告》，http：//www. mep. gov. cn/gkml/hbb/bgg/201601/t20160105_ 321061. htm。

区域偷猎下套、电鱼毒鱼、林下采集等人类干扰活动频发，生物多样性受到严重威胁。

二 治理及管理模式

（一）搭建社会资金平台

社会公益型保护地的最主要特征之一就是引入社会资金进行保护地的建设和管理。为实现这一目标，2011年9月，由22家国内知名企业和个人联合发起，在四川省民政厅注册成立了专注于生物多样性保护的非公募基金会——四川西部自然保护基金会（后更名为四川桃花源生态保护基金会，以下简称"基金会"），作为引入社会公益资金、支持保护地建立和建设的保护融资和管理平台。

（二）明确管理权限

在选定老河沟片区作为试点区域后，最紧要的就是明确民间机构的管理权限，这是民间机构开展长期自然保护工作的依据和保障。平武县人民政府专门成立了社会公益型保护地试点项目工作领导小组，并与项目团队针对试点项目的范围、内容、双方的权利和义务等进行了深入的探讨，尤其是林地管理权、固定资产以及原林场职工的处置方案。

2012年1月16日，平武县人民政府与基金会签署了合作协议，确定由基金会筹集资金，在平武县人民政府的指导下开展社会公益型保护地建设的试点项目。在合作协议中，平武县人民政府负责将四至范围内的国有林50年排他性管理权利授予基金会，协调将四至范围内集体林的林权及新旧林业管护用房等固定资产按具体协议转让给基金会。基金会将作为相关权利的受让主体，负责支付相应费用并承担相应的护林防火、森林抚育、病虫害防治和野生动植物保护等责任，并且尽量招用原林场职工作为保护地的管护人员。

在合作协议的框架下，2012 年 11 月，平武县林业局与基金会签订国有森林资源委托管理合同，将 72 平方公里的老河沟国有林场和 26 平方公里的山河沟零星国有林 50 年的排他性管理权无偿授予基金会，在保持国有森林所有权不变、生态公益性质不变的前提下，将区域内森林资源及所有非经营性配套设施的使用权、收益权和保护权一并委托给基金会管理使用和维护，基金会不得将林权用于抵押、融资等与非保护业务相关的活动。

基于当时的政策分析，在不改变林地用途的前提下，并没有明令禁止集体公益林的流转。因此，作为一个有益性的尝试，2012 年 12 月，平武县高村乡人民政府也与基金会签订流转合同，将约 11 平方公里的高村乡乡有集体林有偿流转给基金会，有效期限至 2058 年 12 月 31 日。流转合同中约定流转后的林地仅限用于建立自然保护地，不得改变林地用途和公益属性，也不得用于非林建设，且合同期满时的林地郁闭度不得低于合同生效并转让时的郁闭度。在流转合同存续期内，高村乡人民政府完整地享有国家现行森林生态效益补偿基金和支配权、今后国家可能出台的有关森林生态效益的相关补偿政策，以及森林生态产生的经济效益；基金会则承担相关的森林管护责任，支付管护费用，落实造林和管护的措施。但 2014 年出台的《四川省集体林权流转管理办法》对公益林的转让做了约束，因此这片林地的林权变更暂时搁置，但实际也由基金会进行管理。

同时，为了便于未来开展管护工作，基金会通过赎买的方式从老河沟国有林场原管理机构平武县林产有限责任公司手中获得了项目范围内原林场管护设施等固定资产的产权。至此，基金会拥有了老河沟范围内三片林地和必要管护设施的长期管理权和使用权，由基金会全面负责保护地的管理和资金投入。

（三）创新管理架构

2014 年 1 月，基金会在平武县民政局注册成立民营非企业——"平武县老河沟自然保护中心"（以下简称"中心"），由中心负责具体执行保护地的日常保护管理工作。中心初期编制 35 人，根据情况吸纳了 22 名原林场职工，对外公开招聘 12 名员工，由 TNC 提供全方位的驻点技术支持与能力培训，逐步形成了一支符合自然保护地管理要求的工作团队。

老河沟自然保护中心建立后，就朝着规范化、精细化管理的方向逐步发展。中心根据主要工作内容梳理了组织架构，设立了资源保护、科研监测、社区发展和综合办公室 4 个部门（见图 1），并明确了各部门的职能职责以及每个岗位的具体职责，并在岗位职责的基础上每年为员工设置年度工作目标和考核指标，通过月度回顾、季度评估和年度评估的方式掌控工作进展，实施激励性的绩效评估体系。

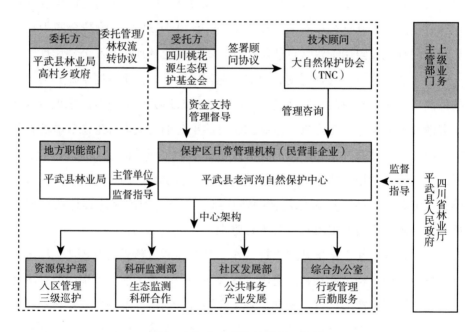

图 1　老河沟自然保护地管理架构

老河沟自然保护中心的很多工作人员是过去的林场职工，文化程度不高，工作热情也不够。为了改变工作面貌并提高员工素质，基金会推行了星级巡护员制度。员工需要全面学习动植物识别、野外生存救护、监测设备的操作使用等技能，达到星级标准才算是合格的巡护员。这一制度对巡护员的技能要求进行了具体的定义，员工的职务安排和对应的补贴都与这个星级巡护员挂钩，极大地激励了员工的学习热情，使得保护地能力建设向正规化方向前进了一大步。

三 保护和管理措施

（一）以保护对象为重点制定保护规划

要有的放矢地开展保护行动，首先要弄清楚到底需要保护什么，要保护的对象受到了哪些最主要的威胁，造成这些威胁的关键问题是什么。为了回答这一系列问题，项目团队应用了国际通用的保护行动规划方法（Conservation Action Planning，CAP）①，通过广泛的参与式讨论、文献综述和专家咨询，为老河沟识别保护对象、明确关键威胁、设计适宜的保护目标和策略，并开展相应行动。

项目团队首先召集了对老河沟历史情况和现状最为熟悉的来自原老河沟国有林场、四川省林业厅、平武县林业局、周边自然保护区的员工和代表，以及在这里开展过相关研究和自然保护项目的科研机构和NGO代表，坐到一起进行信息共享和参与式的讨论，初步识别保护对象、评价其生存现状并找到主要威胁。随后通过有针对性的文献和二手资料查阅和专家咨询，根据CAP筛选保护对象的代表性、重要性等原则，从生态系统、群落和物种三个尺度，确定了大熊猫及其栖息地、山地溪流生态系统、以羚牛和林麝为代表的森林有蹄类、以亚洲金猫为代表的大中型食肉类、低海拔常绿和落叶阔叶林、高山灌丛和草甸、川金丝猴这7个重点保护对象。

确定保护对象后，根据相关的研究以及采用专家评估等方式对每一个保护对象的现状进行评估，对于现状存在问题的保护对象找出影响它们生存状况的威胁因素，并且按照威胁因素对每一个保护对象的严重程度和影响范围

① 大自然保护协会编著：《保护行动规划手册》，刘大昌等译，中国环境科学出版社，2010。

通过排序识别出最为关键的威胁。在老河沟识别出的关键威胁是偷猎下套和毒鱼、电鱼、捕鱼（见表1）。

表1 老河沟保护对象及所受威胁排序

项目特定威胁名称	大熊猫及其栖息地	山地溪流生态系统	常绿及落叶阔叶林	森林有蹄类	亚洲金猫等大中型食肉类	川金丝猴	高山灌丛及草甸	威胁总排序
	1	2	3	4	5	6	7	
1 偷猎下套等	低	—	—	高	高	低	—	高
2 毒鱼、电鱼、捕鱼	—	高						中
3 历史上种植的外来物种人工林	低	—	中	低	低	低		低
4 水电站		中						低
5 低海拔地区频繁的保护管理活动		低	低	低	低	低		低
6 竹林更新困难	低			低	低			低
7 开矿	低	低						低
8 气候变化	—	低					低	低
9 对珍稀植物或观赏植物的人为破坏	—	—	低					低
10 生活污水	—	低	—	—	—	—	—	低

通过综合分析，找到这些关键威胁出现的根本原因，对于老河沟而言，有两个明显的问题：一是老河沟缺乏有法律保障的保护地位以及相应的保护管理，二是保护地外围村民生活和发展对保护地内资源存在依赖。针对这些根本问题，老河沟在建立初期的保护行动主要集中在三个方面：①申报成立保护区，获得法律保障；②保护区内进行严格保护，杜绝人为干扰；③保护区外扶持生态友好产业，推动社区支持保护，减少社区对保护区的资源依赖。

（二）区内严格保护

为了给老河沟的自然保护地地位赋予更有力的法律保障，基金会向平武县林业局和县政府提交了成立老河沟县级保护区的申请。2013年9月，平武县人民政府批复成立"平武县老河沟自然保护区",业务主管部门为平武县林业局,由基金会全面负责保护区的管理和资金投入。

通过前期的分析可知老河沟最主要的威胁是非法入区人员偷猎下套和电鱼毒鱼。为了实现保护目标,保护区主要做了三件事:第一,在有道路出入的三个入口处都设立检查站,对出入的车辆和人员进行检查和登记,禁止无关人员随意进入保护区。第二,在区内修建了 40 公里长的巡护步道,设置了 26 条巡护线路,基本覆盖全区范围,开展日常—重点—专项三级巡护:日常巡护主要针对沟谷和道路周边最容易发生人为干扰的区域定期开展巡护和巡护步道维护,每月每条线路至少巡护一次;重点巡护针对森林防火、反偷盗猎、林下采集、周边采矿点等威胁,根据保护区内的地形、资源、人为活动、野生动植物栖息生长等情况设定巡护线路和时间,特别是在森林防火警戒期对入区通道进行巡护,在夏季针对捕鱼盗鱼威胁进行固定河段夜间巡护,对周边采矿点进行定期巡查;专项巡护是根据日常巡护和重点巡护中发现的情况,制定行之有效的专项检查方案,包括每年一次的反盗猎联防活动以及在巡护中发现非法入区行为时抽调人员组织对所发现的人类活动干扰强度大、发生频繁的区域进行专项巡护排查,并及时进行处理。第三,与当地森林公安合作,在保护区最主要的检查站设立林区警务室并安排 4 名保护区员工成为协警,在发现非法行为时及时配合森林公安进行执法。

除此之外,老河沟还针对经常会面临的严重状况制定了消防、洪灾、野外救护等应急演练办法,每年组织全体员工进行演练,让大家熟悉出现各种意外情况后的操作流程,演练各种对应的技能,这使得保护区具备了处理各种紧急情况的能力。

为了解决本底信息严重不足的问题,保护区还引入了多个国内外科研机构,展开了覆盖植物、昆虫、鱼类、两栖爬行类、鸟类和哺乳类的生物多样性本底调查。在本底调查的基础上,根据保护对象的监测需求,保护区建立起一套生态监测体系,分别通过在全区范围内布设的 80 多个红外相机位点监测大中型哺乳动物和雉类的分布和相对密度,通过水生监测了解山地溪流

生态系统水质和鱼类种群状况，通过联合外部科研机构对川金丝猴野外种群进行跟踪研究了解其数量和活动范围等信息，以期为未来的保护成效评估提供定量依据。红外相机监测在了解野生动物活动情况的同时，还能够作为三级巡护体系的补充，时时监控保护区内的非法入区活动，为执法提供证据。

2019 年，基金会与阿里云合作，引入新的科研监测系统，巡护员的巡护监测数据可以直接上传云端。

（三）推动外围社区支持保护

（1）设立扩展区

与保护区紧紧相连的主要有平武县高村乡的民主村、福寿村和山河村三个社区，其中民主村在进入保护区的主要道路上，其社区的生产生活也与保护区的联系更为紧密。因此，为了缓解社区经济发展对保护区的压力，使当地村民在保护区外就能获得比过去在保护区内进行自然资源利用更高的收益，在保护区设立时就将民主村 19 平方公里的范围划定为保护区的"扩展区"。

基于对社区的参与式调查结果以及民主村社区的地理特点、资源禀赋等基础信息，保护区在社区进行了大量的尝试，包括引入公司协助发展绿色产业、设立社区产业发展基金、开展社区绿色聚落改造示范、设立垃圾分类及废物回收示范点等，经过一系列在社区开展的小活动，和社区建立良好的互动关系。随着对社区情况的逐步了解，社区工作目标凝练为打造保护区的社区"好邻居"，明确了"社区共管－村民议事会""公共服务－教育基金""可持续产业－定制农业"3 个关键模块。村民议事会在原有党支部和村委会推动下成立，是村民自我决策的议事机构，为社区与保护区提供了一个稳定、有效的交流和决策平台；定制农业，基于社区传统产业，如核桃、黄豆、柿饼、魔芋、禽畜养殖等，以家庭为单位，在农户承诺不到保护区内进行破坏性活动的前提下，通过保护区制定的高于欧盟标准的品控标准，根据订单进行农产品生产，再由保护区对接基金会理事会等高端市场进行销售，实现农产品的"高品质""高附加值"；而针对定制农业不能覆盖到的部分困难社区人群（无农地、无林地、无劳动力），从 2014 年起从产业发展收益中拿出一部分设立社区教育基金，通过村民议事会确立了《教育基金管理办法》，划定了"奖学金""助学金""营养费"等不同类型的帮扶项目。

保护区扩展区的实践在民主村取得了一定的成果，但也产生了一些负面效应，一些定制农户产生了依赖心理。究其原因，一是帮扶没有与社区对保护的贡献产生直接关联，二是定制农业等相对比较复杂的操作逻辑不易为农户理解，导致产业帮扶变成了公司加农户的结构性矛盾。

在民主村实践的基础上，基金会提出扩大保护扩展区的概念，保护区周边社区都应作为扩展区。外部对社区的帮扶应该基于当地社区的愿望和需求，以及社区对保护做出的贡献。有了众多的保护扩展区，大家比谁对保护区的贡献大，因此也就产生了良性竞争，也可以借此来打破结构性矛盾。

（2）社区保护地

新驿村在老河沟保护区的背后，那里没有保护站点，是打猎和人为干扰很严重的区域。新驿村历史上是打猎很厉害的社区，因很多人参与偷盗猎导致全村 200 多户人有 60 多户的户主被判刑，成为远近闻名的寡妇村。

为了守住后门，2017 年，老河沟保护区开始在新驿沟进行社区调研，试图用一种全新的社区参与方式在新驿村建立起社区保护地模式。新驿村薅子坪沟与保护区直接相邻，也是远近闻名的药材山。由于社区对自然资源缺乏管理，当地的药材近年来被严重采挖。很多老猎人刑满释放回来开始新的生活，大家开始担心药材继续这样采挖下去就要被挖绝了，以后无法再靠山吃山。保护区抓住这一需求切入社区，组织社区一起讨论药材该怎样来管理。为了社区的共同利益，村民们在保护区推动下通过了新的村规民约，对药材采集进行限制。

成功介入社区后，保护区推动社区建立了自己的巡护队，除了保护好自己的药材资源外，同时把这个区域的野生动物也保护起来。保护区与社区签订协议，由保护区支持巡护队的巡护补贴，在取得保护成效后，支持社区探索多种产业发展的可能性。

2017 年 10 月到 2018 年 9 月，保护区共投入支持资金 10 万元，另外投

资设备及运营等资金约 5 万元，支持了新驿村的社区巡护队。巡护队巡护 14 次，在社区范围内设置红外相机清除猎套。一年时间内，共清除猎套 150 副，缴获猎枪 1 支，阻止外来挖药人员 4 批，阻止外来钓鱼人员 2 批，取得了显著的保护成果。新驿村社区保护地的出现，相当于堵住了保护区的后门，并在外围建立起了一个 40 平方公里的保护缓冲区。

2018 年 10 月，老河沟保护区与新驿村签署第二轮保护协议，共投入资金约 24 万元，除了原有的巡护补贴外，还包含 6 万元的产业发展资金和 6 万元的保护奖金。保护区组织社区外出参观学习，社区自己投票选择他们自己希望获得支持的产业方向，自己选择进行产业试验的带头人。产业帮扶不再是外部希望社区做的事，而是社区的自主选择。通过一年的工作，社区巡护队从 8 人发展到了 14 人，社区开始自主地组织巡护活动，社区自我组织和管理能力也得到了很大提高。

关坝沟是新驿村的邻居，这里的社区已经建立起了关坝沟自然保护小区，对 40 平方公里的区域进行了有效管理，但在保护资源上还有欠缺。2018 年，基金会帮助引入蚂蚁金服资源，将关坝沟保护小区上线蚂蚁森林保护地，几个月时间内就获得了 1800 万网友的关注和支持。

2018 年底，老河沟保护区开始在福寿村开展前期社区调查和动员工作，2019 年 3 月，福寿村召开村民大会，以一事一议的方式，决定将福寿村约 24 平方公里的区域建立成为保护小区，并得到了县林业局的批复。目前，基金会和老河沟保护区正在帮助福寿村申请成为另一个蚂蚁森林保护地。

随着新驿村、关坝村、福寿村基于社区的公益保护地的建立，老河沟保护区 110 平方公里的外围，形成了一个保护的缓冲带，并连片地又扩展出了 100 多平方公里的受保护区域。

（四）保护管理的调整

值得注意的是，保护区的管理随着时间的推移会不断有新的威胁和问题出现，管理者需要根据对保护区了解的不断深入、新问题的出现和定期监测评估的结果不断调整和更新保护措施。

2017 年，保护区对保护管理进行了审视，并做出了一系列调整。从管理上首先强调全员巡护，所有保护区管理人员都必须保证每个月有巡护的工作量。其次，明确保护区中心、各个保护站、部门间的职责，划分责任片区，每月对工作情况进行考评。

保护策略上，在继续稳固保护区内监测和巡护的基础上，从内线作战跳出去到外线作战，把开展社区访问作为每个保护区巡护员的基本工作内容，并纳入月度考评。2018 年底，比照三级巡护体系，建立了三级社区访问相应工作制度，及时回应在社区里发现的与保护相关的问题。

同时，保护区设立社区工作小组，负责在社区开展公益性的保护和发展项目。公益性的保护和发展项目分两种，一种是基于社区发展层面的公益帮扶，主要是根据社区的需求，组织社区成员考察和学习，举办农民田间学校，进行一些探索性的产业扶持实验；另一种是发展基于社区治理的社区保护，发展建立社区保护地。

保护区有边界，但野生动物栖息地没有边界，威胁没有边界。为了消除保护死角，保护区还与相关部门协商，建立起了多部门多个社区共同参与的联合巡护机制。2017 年、2018 年分别组织了老河沟保护区、森林公安、林业发展公司、关坝村、新驿村、福寿村等共同参与的联合巡护，在秋冬狩猎季来临前对保护区与其他地区的边界地带进行巡护，对防止偷盗猎起到了很好的震慑和宣传效果。2019 年后，联合巡护发展成为覆盖四川、甘肃两省 3 个县十几家机构共同参与的常规活动。甘肃白水江保护区、四川青川的唐家河保护区、四川平武的老河沟保护区共同出资带动周边社区参与，在每年的春秋两季开展活动。

四　资金来源和可持续运营措施

保护区在筹建期间的经费都由基金会承担，2012～2013 年，共投入公益资金 1141 万元，主要用于管护基地建设。中心成立后，每年的基本运营费用大约为 300 万元人民币，每年年初由中心制定当年的年度工作计划和预算提交基金会，基金会审核通过后提供当年经费。公益资金主要用于自然保护区的

科学保护和促进周边社区的可持续发展，从 2014 年至 2017 年 10 月累计投入资金 1722 万元（见图 2）。2015 年底，基金会注册成立社会企业"平武县百花谷蜜业有限责任公司"，并在章程中规定，公司利润不进行分红和扩大再生产，扣除公司运营成本后获取的所有利润都返回保护区，进行自然生态保护工作。社会企业第一年的销售利润就已能够覆盖保护区的运营成本，基本实现自给自足。该公司经营蜂蜜加工、蜂产品销售，农产品、电力销售，蜂蜜酒生产、销售及餐饮服务、住宿服务、电力技术咨询服务，主要产品是以老河沟保护区内高质量的蜂蜜和水加工酿造的蜂蜜酒，面向理事会等高端市场进行销售。自社会企业成立并发展定制农业后，保护区对公益资金投入的依赖程度大幅降低，逐渐成为在资金上能够自我维持的自然保护区。

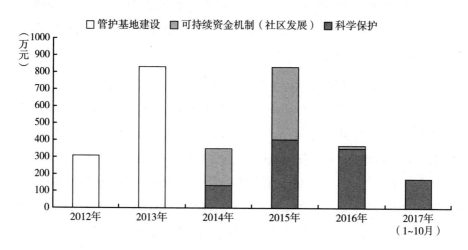

图 2 老河沟自然保护区公益资金投入情况（2012 年至 2017 年 10 月）

五 保护管理成效

从保护威胁的角度，保护区 2011 年开始筹建，2013 年正式建立，其间主要精力投入到了翔实的覆盖多个门类的生物多样性本底调查中，巡护工作虽然一直在开展，但对于巡护的记录和数据分析不够规范，造成了在关键威胁的趋势变化上，难以进行定量的前后对比。但从定性角度看，保护区筹建前，基本没有入区管理和巡护，社区居民可以任意出入保护区采集林下产品、电鱼和打猎，区内经常可以见到盗猎者留下的窝棚；保护区建立后，区内的偷猎下套、电鱼毒鱼、林下采集等人为干扰已经基本消失。在2017年3月，红外相机拍摄到了2名盗猎分子非法持枪进入的画面，保护区工作人员发现后迅速向平武森林公安报案，仅用了不到40个小时就抓获了犯罪嫌疑人。

从保护对象的角度，保护区首先开展了覆盖植被、高等植物、昆虫、水生生态系统、两栖爬行动物、鸟类和大中型哺乳类的本底调查，制作了植被分布图，并记录到了975种维管植物、220种蝴蝶、5种鱼类、15种两栖动物、18种爬行动物、188种鸟类、24种哺乳动物，其中包括了7个国家一级保护动物和1个国家一级保护植物，此外还有20多个国家二级保护动植物物种。在这个过程中，还发现并命名了2个植物新种和6个昆虫新种。针对大中型兽类的红外相机本底调查共记录到了24个野生兽类物种，与2005~2007年开展的红外相机调查记录到的14个物种相比，不仅多次拍到了野生大熊猫的影像，并且还证明在老河沟与唐家河接壤的山梁上，生活着四川最大的一个亚洲金猫野外群体。目前，采用与2005~2007年完全相同调查方法的红外相机调查也已完成野外工作，数据正在分析中，将为老河沟保护区建立前后的大中型兽类种群变化提供更为科学的证据。而对于大熊猫种群，根据最新的全国大熊猫第四次种群调查，老河沟保护区的范围内生活着13只野生大熊猫，与第三次种群调查的11只相比也有所增加。

从感性认识上，大熊猫、林麝、毛冠鹿、扭角羚等野生动物也越来越频繁地出现在公路边以及管理人员居住区附近。2020年7月，一头大熊猫还出现在了老河沟老检查站用房附近的公路上与巡护员近距离相遇，巡护员拍摄的与大熊猫偶遇的画面被中央电视台央视新闻报道。2020年冬季，一头羚牛来到老河沟保护中心的基地沙坝子，长期生活在附近，时不时进入中心的房舍活动，对基地的运行都构成了干扰，让巡护员们又开心又烦恼。针对山地溪流生态系统的保护也效果明显，根据持续的水生生物监测，2020年

红外相机在水边拍摄到消失多年的水獭，同时老河沟溪流中的裂腹鱼种群在不断恢复中。

从经济效益角度，保护区的建立为扩展区的社区居民带来了经济收入。保护区已经协助社区居民开发出了如黄豆、核桃、土鸡、香肠、柿饼等14种生态友好型农产品；参与定制农业生产的农户从2013年的13户增加至2014年的57户、2015年的77户、2016年的88户，2017年受益农户已经增加到114户，接近民主村全村的1/3。定制农业产值由2013年的13万元增加到2017年的900万元，不仅为保护区提供了保护资金，也为社区农户创造了产均万元的增收效益（见图3）。而社区教育基金截至2017年已经使得超过150名社区青少年及其家庭受益，资助金额约12万元。

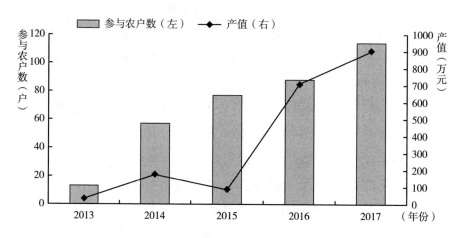

图3 老河沟自然保护区扩展区定制农业参与农户数与
定制农业产值（2013～2017年）

六　老河沟公益保护地的新发展

（一）林场撤出，管理调整

老河沟保护中心在管理上一直有一大痛点，就是在建立老河沟公益保护地的时候，在保护管理上仍然跟老河沟国有林场（林产公司）存在职能上的重叠，并且老河沟林场的很多工人以劳务合同的方式成为老河沟的工作人员。在历史上，这种安排解决了老河沟保护中心与林场同处一片区域的关系问题，解决了老河沟林场的职工安置问题，但也在现实中造成了管理上的"两张皮"问题，造成了林场老职工和完全招聘制新员工间的不同身份问题，给保护地的工作带来很多困扰和困难。经过与平武县政府、县林业局和林场的多轮艰苦谈判和努力，2020年7月借助平武县国有林场改革的机会，由平武县发文，林产公司退出老河沟区域的管护工作，原林产公司的员工重新统一安排岗位到平武县的其他国有林管护站。2020年8月底林产公司完全撤出老河沟，原林产公司员工14人离开；老河沟保护中心重新公开招聘11人补充进巡护员队伍，组建了全新的保护团队。

（二）主要工作业务调整

借着这个改革和调整的契机，老河沟保护中心对主要工作业务也进行了调整，把主要的时间和精力投注到更基本的保护地工作上，简称"三门基本功课"：上山、下乡、刷厕所。

所谓"上山"，就是强化野外巡护，在全域进行1公里网格的覆盖，提高巡护员的野外工作强度，以此提高其对当地山野的熟悉程度和业务能力。2020年7月开始推行这三门功课，第一期全域设置网格176个，2020年底扩展到260个；此外激励社区巡护队在新驿村、福寿村两个社区保护地布设了40台红外相机；2020年老河沟保护中心巡护员的巡护里程达到1.1万公里，截至2021年7月底巡护总里程达到8500公里。从巡护里程看较过去有了近10倍的增长。

所谓"下乡"，就是开展社区工作。除了前文提到的社区保护地的支持和对扩展区农户的帮扶以外，强化全员的社区走访，为社区农户建立基本数据库，之后从中间筛选出需要重点关注的重点户、社区联络户以及对社区资源利用产生重大影响的商贩，对这三类人进行持续性的走访，及时了解社区动态并在保护行动上进行响应。截至2021年7月，老河沟保护中心已经完成了民主、五一、福寿、光一、柏林、山河6个村近900户的基本信息建

档，并从中筛选出 112 户作为重点户、联络户和商贩需要进行反复的走访沟通，很多与保护相关的线索信息都从其中产生。

所谓"刷厕所"，就是做好基地的营运维护，保持基地基础设施的干净整洁，同时保持好团队的精神面貌。

经过这"三门基本功课"的锤炼，团队的工作能力和精神面貌有了很大的提升，在保护上也成果明显。两年以来，在保护区内以及周边的扩展区范围内保护中心巡护员和社区保护地巡护员发现并捣毁了很多人为的干扰和威胁，包含各种陷阱、猎套、兽夹等（见表 2）。其中约一半以上，是在社区访谈中获得信息线索而后采取跟进行动，进而发现和捣毁的。

表 2　"三门基本功课"推行后发现和捣毁的人为干扰数统计

单位：个

区　域	2020 年		2021 年	
	一年以内	一年以上	一年以内	一年以上
保护区内	0	5	13	10
保护扩展区内	12	8	34	20

需要特别指出的是，2021 年发现和捣毁的人为干扰数量显著增加了，是因为保护中心管理的面积进一步扩大（见下文），同时随着社区工作的深入，保护扩展区推广到了更广的区域，尤其是推广到了新的柏林村，这里是偷盗猎的"重灾区"。

（三）国家公园试点下的改变

从社会影响角度，老河沟社会公益型保护地的探索和实践引起了广泛关注，国家林业和草原局、四川省林业和草原厅、各省林草部门和保护区等政府领导多次前往老河沟考察，对政府监督指导、委托社会公益组织对保护区进行全面管理所取得的成果给予了高度肯定和鼓励。老河沟的实践证明了社会公益型保护地这个创新模式在中国是成功可行的。

随着四川大熊猫国家公园的试点推进，老河沟这样的公益保护地模式也成为国家公园建设中推动社区和公众参与的一个新的可能。作为试点过渡期的安排，由平武县政府发文在国家公园设立的管护站和管护区域划分中，老河沟区域加上相邻的柏林村区域 43 平方公里划归高村管护站。2020 年 8 月，高村管护站在老河沟保护中心挂牌。至此，老河沟公益保护地的实际管护面积增加至 153 平方公里。

老河沟保护中心在新划入的柏林村也建立了一个新的巡护站，并派驻巡护员驻守，"上山、下乡、刷厕所"的范围也随之扩大。

七　可供其他保护地参考的经验和教训

作为一个在国有林场基础上新建立并由 NGO 进行管理的保护区，老河沟取得了很好的保护成效，积累了很多经验，但也有很多教训值得其他类似模式的保护地在建立保护地和内部管理的时候予以借鉴。

（一）员工不能多重身份多头管理

中国的很多保护区过去都是由地方林业局甚至林场代管，由民间保护组织来建立保护地时很容易本着解决原来职工安置的思路进行承接，事实证明这会给未来的管理造成极大的困难。老河沟保护中心建立时，本着安置原来林场职工的思路，政府天保资金继续投入给这些职工，这样既能减轻民间组织投入压力，同时也代表了政府资金对保护的支持，原来林场职工继续保持了原企业员工的身份。他们跟林场继续签署劳动合同，与保护中心签署劳务协议。这在事实上造成了保护中心对这片区域的排他性管理权其实是不完全排他的，在管理上造成了保护中心员工的双重身份，并且形成了林场职工和完全自主招聘员工这两个不同的员工群体和不同的身份。这种混合体系直接导致管理上"两张皮"问题的产生，即员工在领两家工资的同时，也有了钻管理空子的空间，并且引发了不同群体间的矛盾。

（二）资产处置一定要干净，做到产权清晰

由于各种历史原因，中国林区的很多建筑和基础设施都没有按照相关的

法律法规办齐法律手续，没有取得完全的产权。在老河沟保护中心建立时，林场的资产和设备从林场转移到基金会，但因为其房产不具备完全产权，没有对应的产权证明，无法过户。再加上其他历史遗留问题，导致资产处置问题一直没有得到妥善解决，遗留到现在。

（三）平衡和解决好科研与保护管理的关系

保护区的科学研究应该有助于解决保护面临的问题。但很多民间组织会习惯性地做科研项目，很多专家也会习惯性地以取得科研成果为出发点开展项目。这对于建立一个保护区来说是需要避免的。在老河沟保护区建立之初，也没有平衡好科研和保护的关系，耗费了大量精力和资源放在本底调查和科研项目设计上，而对于最基本的入区管理和巡护重视不足，尤其是威胁定量信息的收集，造成在保护成效评估时难以进行量化比较。

（四）需要在一开始就设计好评估指标

老河沟保护区对成效评估考虑还不够，评估指标在一开始没有明确，很多指标没有考虑本底，因此后面的评估没有参考系统；此外，评估指标设计得过于复杂，在实际操作的过程中数据获得比较困难，有些指标的周期过长。

（五）要平衡好解决保护基本问题和保护创新的关系

很多保护区现在都在投入大量资金进行信息化管理，采取各种新技术。很多民间组织也习惯于要创新保护方法和方式。这些都特别有意义，但保护区最基本的还是要解决其面临的保护问题，简单适用有效应该是追求的目标，而不能是为了创新而创新。保护创新也需要是阶段性的，与保护区的管理和能力相匹配才行。

老河沟保护区在这方面也有一些经验教训，如信息化建设和部分监测项目，没有充分考虑实际需求和员工的学习动力和学习能力，造成后续的维护运行困难。此外，保护行动设计与本地员工的能力不匹配，造成执行和后续运行中的问题脱节。

（六）介入社区必须遵循社区工作的基本原则，建立相应的社区工作能力

保护区与社区关系的好坏是关系保护区未来能否解决保护面临的威胁、达成保护目标的重要因素，关起门来做保护明显是行不通的。但很多做生态保护方面的民间组织缺乏社区工作的经验和能力，对社区发展议题缺乏深刻的理解。在介入社区开展各种工作时，尤其要小心。

老河沟保护区在进入社区开展工作时其实也明显地带着外部视角和很多理想主义的色彩，做社区帮扶的思想浓厚。在帮助社区做各种发展项目和社区帮扶之前，缺乏充分的社区调查和社区动员，导致后续的社区工作留下众多后遗症。其一是没有强调集体行动力，没有把社区的自助自治放到首位，走了过去保护区社区共管的老路；其二是没有把社区帮扶与保护建立直接关联，社区获益并没有与他们对保护做了多少贡献联系起来，反而变成了"杯米养恩，斗米养仇"；其三是把民主村直接划成保护区的扩展区，只是因为其天然的地理位置而获得关照，却忽略了其他周边社区，也使得保护区失去了通过调动社区间的竞争来推动大家通过做好生态保护来获得好处的手段。

（七）社区生态农产品定制要遵循市场规律

民间组织对诸如保护地友好产品、公平贸易等都很熟悉，也相信好的生态产品一定应该有一个好的市场回馈。但当农产品成为商品时，它一定得遵循市场规律。而生态保护组织其实对市场是不熟悉的，更缺乏商业经营的能力。在帮助社区发展自己的生态农产品时一定要小心和谨慎。桃花源生态保护基金会在推动扩展区的民主村发展生态定制产品的时候也走过很多弯路。在一开始设计生态农产品的时候，不是真正依托市场，而是仅依托于理事单位的采购。对农户的认知水平和管理水平也认识不足，对小规模小农生产与外部商品化市场对接的难度估计不足，导致农产品品质控制一直很困难，产品转化为商品的成本非常高，进入市场难度很大。

附　录

Appendices

G.16
社会公益自然保护地定义及评定标准

前　言

2017 年，在中国自然保护地存在保护空缺、管理能力不足、民间保护热情高涨、政府大力支持社会力量参与的大背景下，23 家国际国内环保公益机构共同发起成立了致力于推动民间自然保护事业的"中国社会公益自然保护地联盟"，希望通过搭建资金、资源、技术、交流、能力建设平台，建立民间自然保护地规范、标准和评估体系，调动社会力量支持一线自然保护机构开展保护，推动中国自然保护地建设和法规完善，配合中国政府落实"爱知目标"，履行《生物多样性公约》，为建立中国多元化自然保护地体系、填补保护空缺、提高管理能力、扩大有效保护面积做出贡献。

本标准规定了社会公益保护地相关定义和判定标准的一般原则，明确了适用范围和依据。

本标准明确了社会公益保护地应满足的治理类型和管理类型，并为实现社会公益保护地的"体现社会公益性、提升有效管理、促进保育成效"原则而提出了倡导性指标。

本标准由社会公益自然保护地联盟 2017 年 7 月 1 日通过实施。

1. 权属

1.1 提出方

本标准由社会公益自然保护地联盟提出。

1.2 起草方及起草人

本标准由社会公益自然保护地联盟起草。

1.3 实施方

本标准为社会公益自然保护地联盟推荐使用标准和定义，以自愿遵守的原则，由社会公益自然保护地相关民间机构、社区或个人自愿实施。

社会公益自然保护地联盟将参照本标准来对其支持的社会公益自然保护地进行认可。

1.4 管理方与解释权

本标准由社会公益自然保护地联盟负责监督实施和解释，轮值主席机构负责具体说明。

2. 范围

本标准规定了社会公益自然保护地定义和判定标准的一般原则。

本标准适用于由社会公益自然保护地联盟在中华人民共和国的领土、内海、领海范围内支持建立、治理和管理的社会公益自然保护地。

3. 依据

3.1　法律法规和政策

《中华人民共和国草原法》《中华人民共和国森林法》《中华人民共和国野生动物保护法》《中华人民共和国水法》《中华人民共和国土地法》《中华人民共和国环境保护法》《中华人民共和国海洋环境保护法》《中华人民共和国野生植物保护条例》。

《中华人民共和国自然保护区条例》《风景名胜区条例》《海洋自然保护区管理办法》《关于运用政府和社会资本合作模式推进林业建设的指导意见》。

《中华人民共和国民法通则》《中华人民共和国公司法》《中华人民共和国慈善法》《中华人民共和国农民专业合作社法》《社会团体登记管理条例》《基金会管理条例》《民办非企业单位登记暂行办法》。

3.2　相关国家标准

国家标准如 GB/T 31759 - 2015《自然保护区名词术语》及行业标准如《自然保护区名词术语（LY/T 1685 - 2007）》、NY/T 1668 - 2008《农业野生植物原生境保护点建设技术规范》。

3.3　相关国际公约和标准

《生物多样性公约》《世界遗产公约》《国际湿地公约》《联合国防治荒漠化公约》《濒危野生动植物种国际贸易公约》。

《IUCN 自然保护地管理分类标准》《IUCN 自然保护地治理指南》《IUCN 自然保护地绿色名录中国标准》。

4. 术语和定义

本标准采用下列定义。

4.1 自然保护地

- 一个明确界定的地理空间；
- 通过法律或其他有效方式获得认可、承诺和管理；
- 以实现对自然及其所拥有的生态系统服务和文化价值的长期保护。

相关名词解释详见附录1。

4.2 社会公益自然保护地

由民间机构、社区或个人治理或管理的自然保护地，以促进生态保护和可持续发展。

相关名词解释详见附录2。

5. 评定原则

体现社会公益性、提升有效管理、促进保护成效。

6. 社会公益自然保护地治理类型

为体现社会性，社会公益自然保护地应满足以下一项或几项治理类型：

A1. 民间非营利性机构治理

在现有政府治理自然保护地范围外，通过非营利性组织（如非政府组织、大学等）建立、治理和管理的社会公益自然保护地。

A2. 民间营利性机构治理

在现有政府治理自然保护地范围外，通过营利性组织（如企业、公司等）建立、治理和管理的社会公益自然保护地。

B1. 社区治理

在现有政府治理自然保护地范围外，通过社区建立、治理和管理的社会公益自然保护地。

B2. 自然人治理

在现有政府治理自然保护地范围外，通过原住民、自然人建立、治理和管理的社会公益自然保护地。

C. 联合治理

在现有政府治理自然保护地范围内或外，通过政府和民间机构合作管理（不同的角色和机构通过各种方式共同工作）或联合管理（共同管理委员会或其他多方治理机构）而建立、治理和管理的社会公益自然保护地。

D. 政府委托民间管理

在现有政府治理自然保护地范围内，由政府委托民间机构和个人管理的社会公益自然保护地（如托管 NGO 组织）。

中国政府治理自然保护地参见附录 3。

7. 社会公益自然保护地管理类型

为体现公益性，参考 IUCN 自然保护地管理分类，社会公益自然保护地的管理类型应满足以下一项或几项。

第 Ia 类

最严格的自然保护地：受到严格保护的区域。设立目的是通过严格控制人类活动和资源利用，保护生物多样性（也可包括地质和地貌）等价值不受影响。

第 Ib 类

荒野保护地：大部分保留原貌，或仅有微小变动，没有永久性或者明显人类居住痕迹的区域。目的是保持其自然原貌及其自然特征和影响。

第 II 类

自然公园：大面积的自然或接近自然的区域。设立目的是保护大尺度的生态过程及相关的物种和生态系统特性，并为人类提供娱乐和游憩的场所。

第 III 类

自然历史遗迹或地貌：为保护因重要的自然原因而形成的地质遗迹、奇特地貌景观、古生物遗迹所特设的区域，如山东即墨马山自然保护区保护火山岩柱状节理和硅化木，广东丹霞山自然保护区保护丹霞地层、丹霞地貌和自然环境。

第 IV 类

栖息地/物种管理区：为保护重要的珍稀动植物及其栖息环境所特设的区域，如东北虎、藏羚羊、大熊猫、候鸟及其生存的栖息地等。

第 V 类

陆地景观/海洋景观：人类和自然长期相互影响而形成的区域，这里具有特征鲜明的生态、生物、文化和风景价值。保护并可持续利用该区域及其价值的关键，在于维护好人类与该区域的相互关系。

第 VI 类

自然资源可持续利用自然保护地：为了保护生态系统、动植物栖息地、文化价值和传统自然资源管理系统的区域。目的是保护自然生态系统，实现自然资源的可持续利用，实现保护和可持续利用的双赢目标。

8. 社会公益自然保护地倡导性指标

为实现"体现社会公益性、提升有效管理、促进保护成效"的原则，社会公益自然保护地的治理与管理应促进以下指标的实现。

（1）体现社会公益性

指标 1.1　符合社会公益自然保护地定义；

指标 1.2　明确符合社会公益自然保护地的治理类型；

指标 1.3　明确符合社会公益自然保护地的管理类型；

指标 1.4　有明确的边界，且权属明确，无重大法律或社会纠纷；

指标 1.5　明确列出所具备的生物多样性价值、生态服务价值和文化价值等；

指标 1.6　识别并分析保护地所面临的自然和人为威胁；

指标 1.7　明确识别利益相关者及潜在的社会经济影响；

指标 1.8　有明确的保护目标，包括社会性目标；

指标 1.9　设立治理机制和管理机构，职责界定明晰；

指标 1.10　严格遵守国家和地方法律法规及相关政策，公正体现和保障利益相关方的权益；

指标 1.11　建立并实施多方参与机制；

指标 1.12　决策透明、信息公开，并建有投诉受理和纠纷解决机制。

（2）提升有效管理

指标 2.1　建立有必要的分区管理体系；

指标 2.2　已制定并公开发布总体规划、管理计划或相应的策略措施；

指标 2.3　有完善的专项规划或详细规划，作为管理规划的配套计划；

指标 2.4　定期对管理目标的实现情况进行检查，并依据结果相应修改管理规划；

指标 2.5　核心价值可得到有效保护和管理；

指标 2.6　采取措施应对所识别出的自然和人为威胁，并得以有效执行；

指标 2.7　长期威胁核心价值的气候变化和其他因素的影响得到确定并积极应对，并得以有效执行；

指标 2.8　合理划定和开放游览区域，统计并有效管理游客容量；

指标 2.9　规范管理游客行为，使其不影响保护管理目标的实现；

指标 2.10　形成并公开绩效考核标准，内容涵盖多重管理目标，能够为衡量保护地的管理效能提供足够的客观基础和依据；

指标 2.11　有完善有效的监测机制，监测、记录和评估与保护目标和社会性目标相关的关键指标，确保生态与社会属性稳定在较好状态，并接受监督；

指标 2.12　为实施管理规划配备必要的基础设施、服务设施和设备，能够得到定期更换和维护；

指标2.13 为实施管理规划有可靠的资金来源；

指标2.14 为实施管理规划配备数量充足和有管理能力的工作人员，进行业务素质和技能培训。

（3）实现保护成效

指标3.1 有客观公正的保护成效评估方法；

指标3.2 主要威胁和挑战得到有效应对；

指标3.3 资源已得到规范管理和有效保护；

指标3.4 实现设定的生物多样性、生态系统服务及文化价值等保护目标；

指标3.5 已实现设定的社会性目标，带动当地社会的发展。

附录1 关于自然保护地的名词解释

名　　词	解　　释
明确划定的地理空间	包括陆地、内陆水域、海洋和沿海地区，或两个或多个地区的组合。"空间"包含三个范围，例如某自然保护地上空的空间需要保护，禁止飞机低空飞行；或者在海洋自然保护地中某一水深区域需要保护，抑或海床而非其海水需要保护；相反，地下区域有时则不受保护（例如可供矿产开发）。"明确划定"是指已经约定或划定边界的空间区域。这些边界有的是因随时间变化的物理特征（例如河床）定义的，有的则是通过管理方式（约定的禁区）等定义的
认可	表示保护可包括一系列由人们公布的多种治理类型，也包括由国家确定的保护类型，但是所有这些区域应该经由某种方式获得认可
承诺	表示通过以下方式，针对长期保护做出的有约束力的承诺： • 国际公约和协议； • 国家、省和地方法律； • 惯例法； • 非政府组织协议； • 私人信托和公司政策； • 认证体系
管理	通过建立自然保护地，保护自然价值（或其他价值）所采取的积极步骤；"管理"也包括做出决定将某区域完全保留原样作为最佳的保护策略
法律或其他有效方式	意味着自然保护地必须得到公示（即依据民法法令的认可），或经由国际公约或协议认可，或通过非公示但行之有效的方式加以管理，例如通过公认的传统约定或者建立非政府组织的政策对社区自然保护地进行管理

名　词	解　释
实现	意味着某种程度的有效性。虽然自然保护地的类型仍将由管理目标确定,但是管理有效性会逐渐被记录在世界自然保护地数据库中,从长远来看会成为判断和认可自然保护地的一个重要衡量标准
长期	自然保护地应该进行长期(至少15年)或永久管理,而不是作为一项短期或临时管理策略
保护	根据这一定义的背景,这里的保护指在就地保护生态系统、自然和半自然栖息地、在自然环境下物种的可长久繁育的种群
自然	指在基因、物种和生态系统水平上的生物多样性,经常也指地质多样性、地貌及更广泛的自然价值
相关的生态系统服务	指与自然保护相关但并不影响其保护目标的生态系统服务。这包括提供食品和水等供给服务、治理洪水、干旱、土地退化和疾病等的调节服务、土壤形成和养分循环的支持服务以及有关游憩、精神、宗教和其他非物质福利等文化服务
文化价值	包括不会干扰保护成果(自然保护地的所有文化价值应符合这一标准)的价值,特别包括: ● 为保护成果做出贡献的文化价值(例如,主要物种已赖以生存的传统管理方式); ● 本身已受威胁的文化价值

附录2　关于社会公益的名词解释

名　词	解　释
民间机构	根据中国相关法律成立的民间营利性机构(非公司企业、公司企业、合作社)和民间非营利机构(社会团体、社会服务机构、基金会)
社区	与特定地理单元(行政领域、地理区域、生态系统或生物栖息地)有着紧密和稳固的关系,在涉及土地、水域和自然资源的治理与管理中发挥较大作用,在事实和法律上有能力制定或执行相关规章制度的社会单元或群体
治理	依据合法的、传统的或者其他的途径,经过相应的法律、制度和程序,制定标准、体系、规划或规章,并行使所拥有的权力、权威和职责,制定自然保护地的目标和相关决策,并为其负责
管理	根据自然保护地的目标和相关决策,制定实施具体的方法和行动来实现既定目标

续表

名　词	解　释
生态保护	是针对人为活动造成的自然生态系统(森林、草原、荒漠、湿地、海洋等)的退化、破坏甚至消失所采取的保护和修复的活动,是协调人和自然关系的重要环节
可持续发展	能满足当代人的需要,又不对后代人满足其需要的能力构成危害的发展。它包括两个重要概念:需要的概念,尤其是世界各国人们的基本需要,应将此放在特别优先的地位来考虑;限制的概念,技术状况和社会组织对环境满足眼前和将来需要的能力施加的限制

附录3　中国政府治理自然保护地类型

类　型	定　义
自然保护区(含海洋自然保护区)	对有代表性的自然生态系统、珍稀濒危野生动植物物种的天然集中分布区、有特殊意义的自然遗迹等保护对象所在的陆地、陆地水体或者海域,依法划出一定面积予以特殊保护和管理的区域
风景名胜区	是指具有观赏、文化或者科学价值,自然景观、人文景观比较集中,环境优美,可供人们游览或者进行科学、文化活动的区域
地质公园	一个领地内含有一个或者多个拥有科学研究价值的遗址,这种科学研究价值包括地质、考古、生态以及文化价值
森林公园	以良好的森林景观和生态环境为主体,融合自然景观与人文景观,利用森林的多种功能,以保护遗产资源、弘扬生态文化、开展森林旅游为宗旨,为人们提供具有一定规模的游览观光、休闲度假、保健疗养、科学教育、文化娱乐、野外探险等活动的场所
湿地公园	是指以保护湿地生态系统、合理利用湿地资源为目的,可供开展湿地保护、恢复、宣传、教育、科研、监测、生态旅游等活动的特定区域
国家水产种质资源保护区	是指为保护和合理利用水产种质资源及其生存环境,在保护对象的产卵场、索饵场、越冬场、洄游通道等主要生长繁育区域依法划出一定面积的水域滩涂和必要的土地,予以特殊保护和管理的区域
国家水利风景区	是指以水域(水体)或水利工程为依托,具有一定规模和质量的风景资源与环境条件,可以开展观光、娱乐、休闲、度假或科学、文化、教育活动的区域
海洋特别保护区(含海洋公园)	海洋特别保护区:指对具有特殊地理条件、生态系统、生物与非生物资源及海洋开发利用特殊需要的区域,而采取有效的保护措施和科学的开发方式进行特殊管理的区域; 海洋公园:海洋特别保护区的一种类型,为保护海洋生态系统、自然文化景观、发挥生态旅游功能,在特殊海洋生态景观、历史文化遗迹、独特地质地貌景观及其周边海域划定的区域

续表

类　型	定　义
水源保护区	水源保护区是国家对某些特别重要的水体加以特殊保护而划定的区域。1984年的《中华人民共和国水污染防治法》第12条规定,县级以上的人民政府可以将下述水体划为水源保护区:生活饮用水水源地、风景名胜区水体、重要渔业水体和其他有特殊经济文化价值的水体
世界自然和自然与文化双遗产地	按照世界自然遗产和世界文化遗产的审批条件,经过申报和审批过程获得联合国教科文组织世界遗产地评选委员会认可的自然保护地或者自然和文化双遗产地
生物圈保护区	是联合国教科文组织(UNESCO)开展的人与生物圈(MAB)计划的重要组成部分,指受到保护的陆地、陆地水体、海岸带或海洋生态系统的代表性区域。其不仅具有一般自然保护区所具有的保护功能,还具有促进资源可持续利用和自然保护区与社区协调发展的功能,以及开展科学研究、教育、监测、培训、示范和信息交流等功能
保护小区	为保护国家或地方重点保护的野生动植物物种、典型植物群落,由各级政府或地方社区设定的面积较小的保护区域。目前已有广西、福建、江西、浙江、广东等省区建立,各地定义和范围有所区别,需参考其各自管理条例或办法
国家公园	参考GB/T 31759－2015,国家公园指为保护具有国家或国际重要意义的自然区域而划定的陆地或海域。其管理目标是在保护自然生态系统、物种及其生境或自然遗迹的同时为人类提供娱乐和游憩的场所
农业野生植物原生境保护区(点)	以保护野生植物为核心的自然区域。保护农业野生植物群体生存繁衍原有的生态环境,使农业野生植物得以正常繁衍生息,防止因环境恶化或人为破坏造成的灭绝

附录4　社会公益自然保护地评定表

1. 基本信息

社会公益自然保护地名称:＿＿＿＿＿＿＿＿＿＿＿＿＿

建立时间:＿＿＿年＿＿月＿＿日

地点:＿＿＿＿省（直辖市、自治区、特别行政区）＿＿＿＿市＿＿＿＿县（区）

管理机构:＿＿＿＿＿＿＿＿＿＿＿

管理机构联系人:＿＿＿＿＿＿（先生/女士）　联系手机:＿＿＿＿＿＿

评定时间：_____年___月___日

评定人：_____（先生/女士）　　　联系手机：_____

2. 民间推动方性质

类　　型		是/否	证明材料
民间营利性机构	非公司企业		
	公司企业		
	合作社		
	其他		
民间非营利机构	社会团体		
	社会服务机构		
	基金会		
	其他		
社　　区			
个　　人			
其　　他			

3. 社会公益自然保护地类型

类型矩阵	A1. 民间非营利性机构治理	A2. 民间营利性机构治理	B1. 社区治理	B2. 自然人治理	C. 联合治理	D. 政府委托民间管理
Ia. 最严格自然保护地						
Ib. 荒野保护地						
II. 自然公园						
III. 自然遗迹或地貌						
IV. 栖息地/物种管理区						
V. 陆地/海洋景观						
VI. 自然资源可持续利用自然保护地						

4. 社会公益自然保护地基本属性

属	性	描 述	证明材料
保护价值	生物多样性价值		
	生态服务价值		
	文化价值		
威胁	自然威胁		
	人为威胁		
	利益相关方		

5. 社会公益自然保护地目标

自然保护及社会性目标描述:

6. 社会公益自然保护地治理及管理现状及计划

项目	是/否	如是,证明或说明	如否,未来计划
有明确的边界,且权属明确,无重大纠纷			
设立治理机制和管理机构,职责界定明晰			
公正体现和保障利益相关方的权益			
建立多方参与机制			
决策透明、信息公开,并有纠纷解决机制			
有总体规划、管理计划或相应的策略措施			

G.17
社会公益自然保护地指南

前 言

2017 年，在中国自然保护地存在保护空缺、管理有效性提升空间较大、民间保护热情高涨、政府大力支持社会力量参与的大背景下，23 家国际国内环保公益机构共同发起成立了致力于推动民间自然保护事业的"社会公益自然保护地联盟"，希望通过搭建资金、技术、交流、能力建设平台，建立社会公益自然保护地规范、标准和评估体系，调动社会力量支持一线自然保护机构开展保护活动，推动中国自然保护地建设和法规完善，配合中国政府履行《生物多样性公约》，落实"爱知目标"，为建立以国家公园为主体的自然保护地体系、填补保护空缺、提高管理有效性、提升管理水平、扩大有效保护面积做出贡献。联盟目标为在 2030 年前，推动和支持民间力量帮助国家管理占国土面积1%的公益保护地。

本标准和指南是在 2017 年由世界自然保护联盟（IUCN）牵头完成《社会公益自然保护地定义及评定标准》的基础上，对定义和标准进行进一步的梳理，并提供更具有实操性的操作指南。

本标准和指南适用于公益自然保护地管理者，并推荐自然保护地主管部门采用本标准和指南对公益保护地进行监管，推荐基金会和私营机构采用本标准和指南对公益保护地提供资金支持。

标准和指南的意见征求稿由世界自然保护联盟（IUCN）组成工作组，由朱春全、侯博统筹，大自然保护协会靳彤、桃花源生态保护基金会杨方义、王西敏，柳逸月和中国环境科学研究院王伟、保护地友好体系解焱参与撰写。

1. 社会公益自然保护地基本定义

社会公益自然保护地采纳 IUCN 对自然保护地的定义：

自然保护地：一个明确界定的地理空间；通过法律或其他有效方式获得认可、承诺和管理；以实现对自然及其所拥有的生态系统服务和文化价值的长期保护。

根据 IUCN 的定义，结合中国自然保护地的政策环境，我们对社会公益自然保护地进行了如下定义。

社会公益自然保护地：由民间机构、社区或个人治理或管理的自然保护地，以促进自然保护和可持续发展。

本指南将社会公益自然保护地简称为公益保护地。

公益保护地联盟根据治理的主体，将公益保护地分为以下四类。

A1. 民间非营利性机构治理：在现有政府治理自然保护地范围外，通过非营利性组织（如非政府组织、大学等）建立、治理和管理的社会公益自然保护地。

A2. 民间营利性机构治理：在现有政府治理自然保护地范围外，通过营利性组织（如企业、公司等）建立、治理和管理的社会公益自然保护地。

B1. 社区治理：在现有政府治理自然保护地范围外，通过社区建立、治理和管理的社会公益自然保护地。

B2. 自然人治理：在现有政府治理自然保护地范围外，通过原住民、自然人建立、治理和管理的社会公益自然保护地。

C. 联合治理：在现有政府治理自然保护地范围内或外，通过政府和民间机构合作管理（不同的角色和机构通过各种方式，共同工作）或联合管理（共同管理委员会或其他多方治理机构）而建立、治理和管理的社会公益自然保护地。

D. 政府委托民间管理：在现有政府治理自然保护地范围内，由政府委托民间机构和个人而管理的社会公益自然保护地（如托管 NGO 组织）。

需要指出的是，公益保护地联盟根据中国自然保护地体系的现状，对公益保护地的分类与 IUCN 的治理类型有一定的交叉。但并不完全等同于私有保护地（Privately Protected Area），而是包括私有保护地、社区保护地、共管保护地，以及由政府委托管理的正式保护地。具体关系见表 1。

表 1　公益保护地相对应的 IUCN 治理类型

本指南的分类类型	对应 IUCN 的治理类型
A1. 民间非营利性机构治理	公益治理
A2. 民间营利性机构治理	公益治理
B1. 社区治理	社区治理
B2. 自然人治理	公益治理
C. 联合治理	共同治理
D. 政府委托民间管理	政府治理（其中的委托治理类型）

2. 公益保护地建设流程

2.1　选点

公益保护地建议选择具有重要生物多样性、地质遗迹和其他重要自然保护价值，目前还没有被纳入法定正式保护地体系的区域，开展保护工作。对于已经被纳入正式保护地体系，但并没有能开展有效保护活动的正式保护地，如果政府及保护地主管部门许可，也可以开展公益保护地的建设。

选点的工作步骤分为四步：开展保护地空缺分析、利益相关方沟通及保护地可行性分析、资金可行性分析。

2.1.1　通过开展保护地空缺分析确定优先工作区域

公益保护地优先考虑生物多样性保护区域，可以通过以下办法来识别。

方法一：根据中国生物多样性保护行动计划，位于 35 个优先区域内的

区域；

方法二：列入国家重要生态功能区、生态保护红线的区域；

方法三：列入世界自然遗产地、国际重要湿地名录、世界生物圈保护区的保护区域；

方法四：国际环保组织划定的保护优先区域，包括由 IUCN 和保护国际等划定的生物多样性优先区域（KBAs），世界自然基金会划定的全球 200 个生态区（WWF Global Ecology Region 200）和国际鸟类联盟划定的零灭绝联盟（AZE）；

方法五：如果工作区域不在以上优先区，但是能够证明区域内是国家一级保护动植物，或者是 IUCN 易危及以上濒危级别的物种的集中分布区，或是特有种的集中分布区（种群数超过全国种群数的 5% 以上），也建议划入公益保护地的优先工作区域。

符合以上五条中任何一条的非正式保护地，都可纳入公益保护地的优先工作区域。对于已经是正式建立的自然保护地，如果能证明民间力量参与的额外性，也可以纳入公益保护地的优先工作区域。

2.1.2 利益相关方沟通

在识别出优先工作区的基础上，开展利益相关方沟通，进一步了解拟建公益保护地的保护价值、威胁因子、管理现状、社区情况等，并与自然保护地行政主管部门以及土地权属所有人沟通公益保护地模式和设想。在充分交流的基础上形成建设公益保护地的合作意向，如果条件允许，可以签署合作意向书，并为下一步进行可行性分析准备资料和数据。

其中，关键利益相关方包括：

保护地主管部门：最主要的部门包括各级林业和草原管理部门等。在与各地行业主管部门沟通前，需要就法律和各地政策进行全面梳理，并对地方自然保护区管理办法和财政支持办法进行充分了解。

土地权属所有人：国有土地通常由自然资源主管部门代表国家管理，集体土地由村委会等代表集体行使管理权。在与土地权属所有人沟通前，需要向土地权属人所有完整、系统地沟通公益保护地的模式，并将各方权责利进行客观描述。目前，国有森林林权和土地所有权是统一的，都是由林草局作为林权所有人代表。

土地及自然资源合法经营人：公益保护地的建立，会对土地及自然资源的利用进行一定的限制，可能会影响到土地及资源合法利用人的权益，需要和他们进行沟通，将公益保护地模式及保护行动向他们系统完整地介绍，并得到他们的认可和支持。

县级及以上政府：县级及以上政府是土地利用和经济发展规划最重要的决策者，与政府部门的沟通也十分重要。要获得他们在土地利用规划上的理解和支持，避免土地利用规划变化对公益保护地产生潜在的威胁。

2.1.3 保护地可行性分析

根据保护地空缺分析、管理能力评估和利益相关方调查，对公益保护地可行性进行分析。分析包括以下几个方面。

关键利益相关方意愿，只有关键利益相关方充分理解，并认可公益保护地，才具备实施公益保护地的可行性。获得关键利益相关方的书面认可是公益保护地可行的重要一步。

保护团队，至少有一名愿意长期进行在地保护的保护地管理人员，是实施和开展公益保护地工作的关键。另外还需要有愿意参与保护行动的社区工作人员，以及有具备保护科学和生物多样性专业知识的顾问。

2.1.4 资金可行性分析

公益保护地至少需要进行 10 年的保护行动，有资金支持，是确保公益保护地长期有效保护的基础。在进行资金可行性分析时，可以考虑以下资金来源，并进行测算和预测。

公益捐赠：获取个人、企业、基金会等公益捐赠，这些捐赠可以承担保护地启动建设期（前三年）的资金需求。在运营期（第四年－第十年）建议公益捐赠不超过保护地总运营资金的 50%。

政府公共资金：中国正在实施大规模的生态补偿制度，例如天然林保护生态补偿政策等，以及各地开展购买民间组织的服务，在进行保护地资金可行性分析时，需要充分考虑公共资金参与配套的可能性。

市场化保护资金：自然保护地带来的生态价值，是有可能通过市场化的机制提供反哺资金，例如生态产品的开发、生态体验和自然教育以及森林碳汇交易等。在进行公益保护地资金可行性分析时，需要客观地预测市场化保护资金的潜力，建议在自然保护地运营期内，市场化保护资金能够涵盖25%的保护资金。

2.2 保护地认可

在通过保护地行动可行性和资金可行性评估后，需要形成公益保护地的建设方案，在建设方案中，明确利益相关方的责、权、利，正式签订保护议，并通过以下形式，获得公益保护地的正式认可。

2.2.1 法律法规认可

对于还没有获得正式法律地位的保护地，可以依据《中华人民共和国自然保护区管理条例》《中华人民共和国森林法》等法律法规，依法申请获得保护地位，申请相应的法律地位。但考虑到目前各地缺乏兴建保护地的动力，以及申报程序复杂，需要和主管部门充分沟通可能性。

全国各地，还有地方条例和规章，给予各类自然保护地相应的法律地位。例如广西、福建、湖北等地都出台了《自然保护小区管理办法》，山西省颁布《永久生态公益林条例》，云南省出台了《云南省生物多样性条例》，这些条例和规章中，都有各类保护地类型的法律认可流程。

对于已经具备正式保护地身份的拟建公益保护地，需要和主管部门或正式保护地管理机构沟通，在其职权责任范围内，签署委托合作协议，在协议中约定权责即可。

2.2.2 行业主管部门试点认可

对于没有可以执行的法律法规的地区，可以和行政主管部门沟通，以公益保护地试点的名义，行业主管部门正式出具支持试点和认可的书面文件，确保公益保护地得到认可。

2.2.3 联盟认可

公益保护地联盟是国际认可公益保护地的通用方式。由于中国民间机构发起的公益自然保护地联盟在国内还没有正式注册和机构化，目前开展的认可推荐被政府及基金会等接受。

3. 保护规划及管理计划

3.1 本底调查

保护团队在保护地规划期，就开始召集对当地情况熟悉的专家和自然保护工作者，以及社区本土自然保护者，对保护地的生物多样性和社区开展本底调查，以帮助确定保护对象、评估保护对象的生存现状，识别出关键的威胁，并且为未来的保护成效评估提供本底对照。

生物多样性本底调查的主要目标包括：摸清保护地内的土地利用现状、生态系统类型/植被类型及其空间分布；了解保护地内的重要动植物物种分布及其数量变化趋势；了解保护地内栖息地的现状及恢复潜力；了解保护地与周边社区接壤区域的人为活动和资源利用类型、频率和强度。调查应在全面掌握保护地已有二手资料和数据的前提下，通过咨询和访谈对当地情况熟悉的专家和自然保护工作者，确定调查对象和相应的调查方法，选择最能反映调查对象特点的调查时间，并组织一支对当地情况和调查对象都较为熟悉的调查队伍来开展调查。调查数据及结果应尽可能图示化到地理信息系统中，并撰写调查报告。

社区本底调查的主要目标：了解保护地周边社区的社会、经济及自然资源利用方式，了解社区与保护地建立之间的相互影响，判断保护地建立后社区的发展趋势，为社区参与保护工作策略提供客观依据。调查方法可参阅指南的第六部分。

3.2 关键威胁分析

确定保护对象后，识别关键威胁，是保护地规划的最重要内容。基于生物多样性本底调查中获取的保护地人为活动和资源利用信息，以及社区本底调查中获取的社区自然资源利用方式信息，利用科学分析的方法，或是采用

关键人物参与式讨论的方式识别威胁因子，并且根据其对每一个保护对象的严重程度和影响范围，通过排序或赋值的方式识别出最关键的威胁。可以在本底调查获取信息的基础上绘制保护地威胁分布图。

关键威胁的识别需要聚焦于严重程度，针对威胁最大的因素来制定后续的保护行动。避免在非关键因素上投入太多的精力。

3.3　设计保护规划

根据本底信息及威胁因素识别，公益保护地需要编制 3～5 年保护规划，针对消除或减轻关键威胁、提升保护对象的生存状态设计最具可实施性的保护行动，并提出可衡量的保护愿景、阶段性目标和任务。保护规划的制定方法可参照《保护行动规划手册》。

保护规划需要得到利益相关方的充分参与，并进行公示。

3.4　制定年度工作计划

公益保护地管理者应根据 3～5 年保护规划和每年对于保护行动效果的监测评估结果，编制年度工作计划，年度计划中应包括所有保护行动的阶段性目标和考核指标。

4. 保护行动

4.1　日常巡护

日常巡护是保护地必须开展的最基础的保护行动，可以直接及时发现和管控保护地内的非法人为活动/干扰，并掌握人为活动/干扰的类型、分布、频率和强度的变化趋势。根据保护对象分布和关键威胁因子分布，合理划定巡护线路，可针对关键威胁发生的时段和范围分为日常巡护路线和专项巡护路线。

日常巡护路线应该覆盖公益保护地的核心区域，并包括人为频繁活动区域。

专项巡护路线根据保护对象及威胁因子来划定，在威胁压力最大的时间段内对特定区域开展专项巡护。

巡护过程中应当填写巡护记录表格，如实记录巡护人员、巡护时间、巡护路线及巡护过程中的人为干扰位置和类型等必要信息。保护地管理者需要定期对巡护记录表格进行数据汇总和分析，根据结果对巡护路线、巡护时间、巡护频率等进行相应调整。

4.2 协助执法检查

公益保护地管理者不具备执法权，需要和林草局等行政主管部门以及森林公安等执法部门建立沟通和协同机制，对进入保护地内进行非法盗猎、非法采集以及其他非法活动的行为及时进行通报，协同执法。公益保护地管理机构可以主动和森林公安合作，在保护地内设立联合警务站。

4.3 科学监测

为及时了解主要保护对象的情况变化，保护地可以根据自身团队情况自行或依托外部科研机构开展长期监测。监测方法和监测指标的选择应当与本底调查尽量保持一致，以保障数据的可比性。按照保护团队的能力和保护资金状况，可以选择不同的监测方式。

日常监测：在日常巡护中，结合监测的需求，在巡护记录表格中对主要动植物物种及其痕迹进行记录。需要巡护员对于保护地内常见动植物物种及其痕迹具有基本的辨别能力，并且巡护路线和巡护频率较为固定。

重点保护对象监测：根据确定的保护对象选择最适合的长期监测方法。以森林和野生动物类型保护地为例，可通过在关键区域固定位点布设红外相机，对保护地内的大中型兽类和雉类物种进行长期监测。红外相机数据至少每 3~6 个月收集一次并且及时进行整理分析，掌握物种分布和频次的变化趋势。

支持科学监测：可以结合国家生态系统观测网络的生态监测网络，邀请科研机构，在保护地内开展长期科学监测，科研结果与保护地管理机构共享。监测内容、方法和指标选择可参考第五章。鉴于公益保护地资金有限，不建议公益保护地自行开展科学监测工作。

4.4　保护团队能力建设

公益保护地的保护力量几乎来自社区及民间组织，能力建设是公益保护地建设和运营中最重要的内容。公益保护地至少要包括管理团队、巡护员团队、社区工作团队和科学顾问等职能。

其中，巡护员是公益保护地最核心的团队，巡护员需要具备巡护设备使用和记录、科学监测、应急处理和野外救援等能力。

社会公益自然保护地联盟制定星级巡护员标准，对公益保护地的巡护员的能力进行考核，为公益保护地的巡护团队提供能力建设的支持。

5. 监测评估与信息化

社会公益自然保护地保护成效评估的最终目标，是实现科学研究与管理实践的有机结合。通过成效评估，可以识别保护地内存在的问题、短板，据此提出改进管理方式、手段等有针对性的解决方案，对下一个周期的管理计划有重要指导意义。因此，保护成效评估可以理解为基于适应性管理框架的最后一环，也可以看作是下一个管理周期的第一步工作。

开展主要保护对象和威胁因素的长期系统监测，对于掌握社会公益自然保护地内生物多样性、自然生态环境及人类活动干扰的动态变化趋势，推动保护成效评估和保护管理工作具有重要意义。因此，针对社会公益自然保护地的特点，应从保护地生物多样性与生态环境的保护目标出发，基于保护成效评估相应指标对于长期监测数据的需求，来指导相关监测方法、技术和工作。

值得强调的是，监测工作的目的是为执行保护成效评估提供数据基础。与此同时，信息化系统的建设也应与之相匹配，保证所获数据的标准化管理，服务于成效评估。因此，在保护地设立的初期，不可能对所有监测内容都全面铺开，而是根据保护成效评估的需求，优先选择最需要监测的内容和指标。

5.1 保护成效评估框架

保护成效评估工作主要由以下部分组成：明确保护地的主要保护对象和威胁因素，建立合适的评估指标体系，进行数据集成与分析，并基于分析结果提出下一步保护管理工作的重点（见图1）。

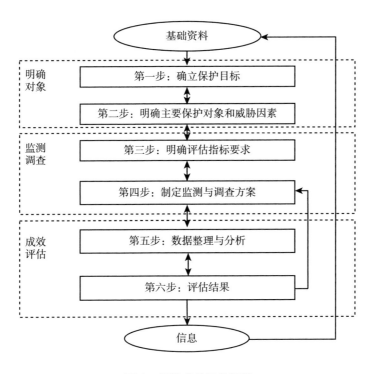

图1 保护成效评估框架

在具体操作过程中，可根据管理计划的实施周期，建议每5年开展一次保护成效评估。

5.2　明确主要保护对象和威胁因素

开展保护成效评估的目的是为保护地相关管理和决策提供科学有效的基础信息。因此,在实施评估之前必须明确保护地的主要保护对象,并识别保护对象的主要威胁因素。

主要保护对象就是根据社会公益自然保护地的设立目标,需要采取措施加以保护、避免破坏的生态系统和重要物种及其生境等要素,是设立社会公益型保护地的"初心"。从主要保护对象的类型来看,可以分为以保护生态系统为主的保护地,如森林、草原、湿地、荒漠、海洋等生态系统类型;或者以保护野生动植物为主的保护地,如物种多样性热点、受威胁物种重要避难所、珍稀濒危野生动植物集中分布区等,对物种的保护成效评估,可反映保护地对特定物种或某一类群及其栖息地的保护效果,亦可反映保护地对整体物种多样性保护目标的实现情况。另外,保护对象的识别是一个渐进的过程,可随着保护工作的开展不断进行修订和完善。

主要威胁因素可以通过利益相关方分析、历史数据模型分析等技术手段,分析保护地内影响主要保护对象的自然要素和社会经济要素,筛选提取关键因子。当确定保护对象后,需要评估每一个保护对象的现状,对于现状存在问题的保护对象找出影响它们生存状况的威胁,并且按照威胁对每一个保护对象的严重程度和影响范围,通过排序识别出最为关键的威胁。通常保护地面临主要威胁多包括农业开垦、林业砍伐、过度放牧、资源挖掘、基础设施建设、旅游游憩等,可通过历史数据的集成结合利益相关方分析,采用多元统计分析方法构建威胁因素与主要保护对象之间的相关性,用主成分分析方法判别影响主要保护对象的关键因子。

5.3　构建合适的评估指标体系

对于不同的社会公益自然保护地来说,在保护对象、功能、主要威胁以及采取的保护措施等方面不尽相同,因此需要围绕单个保护地在实际工作中的需求,构建科学合理的保护成效评估指标体系,并结合各项指标长期监测数据的动态变化分析，从而实现对保护地保护成效的系统评估。

实际操作中，可围绕社会公益自然保护地的主要保护对象和威胁因素，选择最适合本保护地的保护成效评估指标，并填写"社会公益自然保护地保护成效评估表"。

值得注意的是，由于多数社会公益自然保护地在建设初期，缺少系统的长期监测数据，通过少数指标对保护成效进行首次初步评估，能在一定程度上为保护地的有效管理和宏观决策提供参考。

5.4 保护成效评估数据获取——长期监测

5.4.1 监测范围

监测范围或点位的设置根据监测项目设计，满足代表性和延续性的基本原则。从保护成效评估的需求来看，监测范围或点位通常包括以下几种空间尺度，在具体监测过程中可分别通过中低分辨率卫星遥感、高分辨率卫星遥感、无人机、地面调查监测等不同手段获取。

①整个保护地尺度，可利用卫星遥感影像和地面核查相结合的方式，通过人机交互式影像解译，勾绘出保护地内植被类型组成及面积、土地利用类型及面积，同时计算各土地利用类型斑块的数量、面积和周长。

②生态系统监测样地，包括乔木监测样地、草本监测样地、荒漠监测样地等，可对典型植物群落设置永久样地或样方进行调查监测，通过测量、观察、记录、计数等方式获得监测指标。

③重点物种监测，包括哺乳动物监测样地、鸟类监测样线、两栖类和爬行类监测样线等，以及通过样方的方式对主要保护植物进行调查监测。可采用公里网格系统采样结合专项监测的方式，如利用红外相机记录各相机点拍摄起止日期、照片和视频拍摄时间、动物物种与数量、可能的性别、外形特征等信息；或依托巡护样线开展巡护监测一体化工作，沿着固定的线路行走，记录样线两侧所有见到或听到的物种种类、个体数量、栖息地类型等信息，必要时进行体型测量。

④环境要素监测样点，以气象状况、大气环境、水环境、土壤环境等要

素为主，获取保护地范围内的环境数据变化情况，为后续保护成效评估过程中可能涉及的数据分析和保护管理建议提供环境本底。

⑤人类活动干扰监测点位，在识别主要的人类活动影响因素基础上，可通过卫星遥感与无人机遥感相结合的方式对开发建设活动进行监测；可利用当地统计年鉴，监测记录保护地相关社区的人口数量和村镇数量情况；基于视频监控对旅游人次、时间、活动范围等信息进行监测记录。

⑥社区调查监测点，可选择具有代表性的居民，特别是与保护地直接的利益相关方，对其家庭结构、经济收入、保护意识等定点调查跟踪。

5.4.2 监测指标的选择

根据保护成效评估的指标不同，不同保护地的监测指标体系也不尽相同。表2提供了可供选择的监测指标体系和参考的监测周期，在具体实施操作过程中可根据实际情况借鉴使用。

表2 监测指标参考

监测内容	监测要素	监测指标	参考周期
生态系统	陆域	植被型与亚型、土地覆盖类型的面积和变化、植被覆盖度、净初级生产力、蒸散量、光合有效辐射、景观格局指数、群落或植物物种的面积和数量变化、林冠高度、分枝、叶面分布、三维变化、生物量等	遥感影像：每5年一次；无人机：按需随时进行；同时结合样地、样方调查监测
	水域	湿地流域面积、斑块平均大小、湿地水源类型、可能蓄水量、积水状况、湿地水文状况、湿地动植物群落特征等	
物种	动物	哺乳动物：种类组成、区域分布、种群数量、性比、繁殖习性、海拔、食性、食物丰富度、栖息地状况和受威胁因素；鸟类：种类、性比、成幼、居留型、数量、威胁因素、生境状况、行为；爬行动物：生境类型、食物丰富度、食性、威胁因素、种类、数量、性比、行为、环境因子；两栖动物：种类、数量、生活型、性比、体重、生境类型、威胁因素	样线、样方调查：项目期内1次，今后每5年1次；结合红外相机实时监测

监测内容	监测要素	监测指标	参考周期
物种	植物	主要观测乔木层:种类、群落规模、胸径、枝下高、冠幅、分枝、生长状态、多样性等	样地、样方调查:每2年1次
	外来入侵物种	种群面积、扩散面积、数量、盖度、密度、生境、危害程度	样地、样线、样方调查:每2年1次
	病虫害	种类、数量、危害程度	样地、样线、样方调查:每2年1次
生态环境	气象	气温、降水、湿润指数、日照指数、光合有效辐射、气候生产潜力、积温等	实时
	水文水质	径流量、透明度、水温、pH值、溶解氧、化学需氧量、氨氮、总磷、总氮、铜等	水质1年3次;水量实时监测
	土壤	土壤理化性质:有机质、颗粒密度、阳离子交换量、VOC、农药、重金属、污染指数等 土壤微生物:种类组成、频度、密度和生物量等	每3年1次
人类活动	社会经济	民族、人口现状、农村基本情况、农村工业情况、消费品情况、商饮点、医疗点、产业结构、经济总产值、卫生医疗等	每年1次
	人类干扰	耕地面积、农作物播种面积和产量、经济作物生产情况、作物长势、环境胁迫(水分胁迫、虫害胁迫、营养胁迫等)、牧业情况、林产品和竹木采伐、农业化肥情况等	

5.5 数据获取与集成

保护成效评估的基本数据与信息要通过监测、调查收集等途径获取。监测与调查方案是否有效可行,能否获得可靠的、动态的数据,是保护成效评估的重要基础保障。通过应用明确的评估指标,指导并制定科学的监测与调查方案,既能科学反映社会公益型保护地主要保护对象的变化趋势,又能促进保护地减少主要威胁因素,提升科学管理水平。

保护成效评估资料来源主要有历史资料、统计数据、调查数据、野外考察、现场监测、遥感与模型估算等。

社会公益自然保护地可建立标准化的监测数据集成平台。监测结束后，监测人员应及时核对记录表格，对记录内容进行整理、扫描、归档，监测数据、照片、视频等录入并存储到监测数据库中。

5.6 信息化系统的建立

对于一个保护地，信息化系统可包括日常管理、决策制定、紧急状况响应、科研专项监测、评估数据支撑、公众参与及信息透明公开等各项工作内容。各保护地可根据实际情况及资源进行信息化系统布局。但需要明确信息化系统建立的首要目的是提升保护行动的效率，服务于保护决策和成效评估，对此结合本章前述内容，我们提出如下建议。

5.6.1 必要的功能模块

（1）保护行动数据化：包括巡护行动及事件的时空数据（可使用 GPS 等移动巡护终端、执法记录）；干扰事件的发现－追溯－处理三级管理响应记录；

（2）保护对象监测标准化：包括典型群落生态环境情况、生物多样性监测、主要保护对象的种群监测；

（3）监测数据及行动数据的时空分析工具。

通过以上功能模块统一监测方法、统一数据、统一分析，从而实现快速的执法响应与决策调整，为成效评估积累标准化的数据。

5.6.2 管理原则

（1）公益保护地团队至少需要有一名科学顾问，在信息化系统启用过程中指导一线人员有效使用及维护信息化设备、规范数据的传输。

（2）根据保护地情况，对月、季度数据及时解读并支撑保护行动决策。

（3）根据实地巡护及监测工作，及时调整、优化信息化系统。

据此，公益保护地联盟将逐渐引入一套统一的信息化服务平台，以网格化红外相机布设以及搭载 GPS＋巡护记录 App 的三防移动终端为最基本的数据收集源，实现行动和监测数据化、在线化、实时化。平台会建立自动报告模块，可根据年度、季度、月度等不同周期进行报表分析，并自动生成监测报告。这使得各公益保护地管理者可以随时与联盟保持沟通，及时使用联盟推荐的解决方案。

6. 社区工作

在中国，当地社区的生产生活空间与生态空间高度重叠，社区的资源利用方式直接与生态保护相关。社区参与保护，除了采取监测巡护等主动的保护行动外，更重要的就是调整和约束社区自身的资源利用方式和强度，在保护与发展中达到平衡。这些保护行为，都需要建立在社区自己的社区治理能力基础上。很多自然资源是公共资源，调整资源利用方式和强度需要社区能够有很好的公共管理能力。此外，社区参与保护需要社区成为一个保护的主体，而不是原子化的一群散户个体，良好的社区治理才能使社区成为一个主体，具备集体行动力。因此社区治理是社区参与保护的基础。

社区工作通常包括社区调查、社区动员、社区组织、社区管理和计划、社区保护行动等几个方面。

6.1 开展社区调查

开展社区工作，首先是对社区有正确的认识和了解，包括对公共资源和公共事务的认识了解。认识社区，就要首先去认识社区的这些特征，梳理公共资源和公共事务，然后去了解社区对其的管理方式和规则，再通过对这些管理的了解，去发现社区原有的治理基础和特征，并筛选出社区的关键信息人和骨干。简单地说，认识社区的要点是：认识人，清家底，知道事，明关系，懂规矩。

社区调查主要包含两部分：一部分是基于社区治理方向出发的一般性社区调查，一部分是基于发动社区建立社区保护地所需要做的可行性调查。

（1）合理选择调查工具以形成具有逻辑顺序的工具包。通常工具包括大事记、半结构访谈、资源图季节历、利益相关方分析。

（2）用迭代方法设计调查方案。包括：调查目标、预期调查产出、调查的问题清单以及对应的调查方法、调查的行动计划、调查的人力和资源

等。步骤上，首先明确调查目标，然后确定预期得到什么样的调查成果（或者明确要回答哪几个问题），形成明确的产出。明确调查对象和对应的问题，根据对象设计调查方法。再根据需要设定需要的资源和人力，然后形成调查的行动计划。反复迭代并调整。

（3）实施调查过程控制。调查需要有确定的负责人，掌控调查的过程，保证它按照调查计划运行，不会偏离目标。其过程包括开展预调查、进行团队培训、设计社区问题、每日总结、实地踏勘等。

（4）撰写调查报告。不仅是把调查所获得的信息文本化，而且是把调查所获得的信息进行梳理和分析的重要步骤，同时也是相关工作痕迹管理、积累经验和资料的重要环节。

6.2 社区动员

社区动员是一个推动社区改变认知，增强意识并激发意愿的过程。这个过程的目的是推动社区在几个层面上达成共识。第一个层面是对未来共同的发展愿景达成共识；第二个层面是就现在存在的问题达成共识；第三个层面是就解决问题的方法和路径达成共识。这个共识是社区内部各个不同群体、各个利益相关方之间的；是社区精英与社区广大成员之间的；也是社区与外部推动机构之间的。广义的社区动员涵盖整个外部机构介入的项目期。

狭义的社区动员则主要是指具体的一些社区活动，通常的承载方式是社区座谈、社区会议。它通常应该安排在社区调查之后、具体开展社区相关项目之前，社区动员其实是进行社区项目设计和规划的一个重要手段和重要基础。社区动员通常以社区会议的方式进行。召开这样的社区会议，需要有三个参与式工具和能力的支持：一是社区愿景图，二是利益相关方分析，三是社区会议协调。社区动员的流程为：首先，建立共同愿景；其次，分析发现面临的问题和障碍；最后，讨论可能的解决这些问题的方法和路径。

社区动员是有阶段性的，在一个特定的阶段，社区关注的问题、社区认知的水平、社区治理的能力都是有限的。因此社区动员首先也需要有自己的计划，通过社区调查识别社区当前的状态，制定恰当的社区参与目标，社区动员应该是在现有的水平基础上前进一小步。

社区动员的最大成果就是社区能够就如何解决自身的某些问题达成共识，它往往体现在社区拿出了其自身认可的管理规则、行动计划等。这些东西的取得都需要最终通过社区会议的方式来达成。

6.3 社区组织

识别社区保护的利益相关方，并构建社区保护的组织形式，培养社区领导力和行动力。

6.3.1 社区问题分析

根据社区的自然环境、社会经济条件、传统治理方式等不同，不同社区保护组织形式会有非常大的差异。但无论如何，分析社区保护的问题和矛盾，是设计和建立社区保护组织的前提。

6.3.2 社区利益相关方分析

为摸清各方需求，使保护目标达成一致，形成社区行动的组织，必须进行利益相关方的识别和分析，以明确各利益相关方在社区中的作用和地位，以及可能对社区组织的行程产生的影响。地方保护的行业部门如林草局、环保局，土地所有权人、社区以及在社区开展工作的科研机构、企业、其他公益机构等，都是利益相关方分析的对象。

6.3.3 构建社区组织

首先，寻找集体力量的突破口，在基础调查和社区动员中，找到社区共同关心的问题，以此为突破口，形成社区集体行动力，构建利益共同体。比如合作社、社区资源管理委员会、共管委员会、环保小组等。其次，在形成合作社等形式的社区组织后，根据社区保护与发展计划，细分功能小组，分别选出带头人或负责人，细化社区领导力。最后，通过社区基金等形式，构建社区组织的资金保障。

在形成社区组织的领导集体后，需要制定系列针对领导力的本地和外地能力培训计划。首先对社区领导者、领导小组、小组长等进行专门的保护和发展能力培训。例如科学保护、生态巡护、环境监测等社区生态保护的能力

培训，培养一批社区保护的力量和人才，以有足够能力开展持续的社区保护行动。同样，根据社区生计计划，开展社区发展技术、合作社管理、对外交流与合作能力培训，使合作社等发展实体或功能小组经营规范化、稳定化、市场化和现代化。

6.4　社区保护行动

进入实施阶段后，NGO 应履行其承诺，并帮助社区履行其承诺。项目实施前，需要落实实施步骤（行动如何执行）、日程表（行动什么时候执行）以及执行各项任务的责任界定（谁将承担执行保护、收益分配、监测生物多样性和经济、监督协议执行等任务）。社区保护项目的实施在本指南的其他各章节均有具体的涉及，本节仅简单介绍项目实施的几个关键注意事项。

（1）建立社区管理制度和保护计划。包括分析社区制度缺陷，找准着力点；分析保护问题，规划保护方案；确定保护长期目标和短期具体目标；厘清社区资金计划和利益分配；构建保护队伍；用参与式方法产生保护行动；落实管理制度并签订协议。

（2）正确理解和运用参与式方法。操纵和治疗是彻底的假参与，告知、咨询和慰抚是象征性参与，而合作、授权和公众掌控才是真正的公众参与。避免假参与和象征性参与。社区工作的目标要促进和尽早实现社区合作、授权和社区掌控。

（3）制定周密计划和适时调整行动。为了保持与社区的良好关系，保证他们的尊重和信心，NGO 的行为必须可靠而专业，这就要求我们务必有仔细的计划，并与社区持续不断的交流。周详的计划可以贯穿从会议、动员、实施、监测和评估的每个环节。根据执行情况的变化适时调整也十分重要，但任何的计划调整都需要事先和社区进行充分的沟通交流，使其理解并同意这些变化调整。

（4）践行良好的社区行为习惯。a. 透明决策，比如巡护员的选择、巡护费用的发放、合作社的收益、保护效果等，通过村民大会、代表讨论传达、公示等方式，需要做到公开透明社区全体知晓；b. 尽可能按照时间表计划来工作；c. 与社区及利益相关方保持经常的沟通；d. 经常检查社区项目领导者确保他们能和社区的其他人如实地分享各种信息；e. 避免过度承诺，等等，都是良好的社区工作行为习惯。而奖励没有如实实现、违约惩罚没有被执行、社区收益被延迟、无法向社区及时传达信息等行为，则是应该极力避免的不良工作习惯，需要杜绝。

6.5　社区保护地及拓展区

社区保护地是人类最早开展保护的公益保护地类型。除了传统的土著居民和社区居民基于宗教和习惯法对自然的守护，还包括广泛发展的以社区为主体治理的各种类型的保护地，比如社区林地、社区协议保护地、保护小区等。在 IUCN 的分类中，社区保护地多数可以归为"原住民和地方社区治理"一类。公益保护地将鼓励社区采取保护行动，建立社区治理的保护地，从而扩大保护地面积，弥补保护空缺。公益保护地的目标之一就是让保护地内部及其周边的社区能够通过可持续的利用自然资源，以实现自然保护和社区发展双赢。因此，在涉及社区参与和共管的所有保护地类型中，都需要开展社区工作，推动社区形成良好的公共管理能力和社区治理能力，从而实现有效保护的目标。

对于社区保护地以外的其他所有公益保护地类型。社区发展都是重要的目标之一。可以通过设立拓展区的形式，将社区对资源的利用引导到核心保护区域之外，支持社区在拓展区内开展可持续的资源利用。例如生态产品开发、自然旅游等。

7. 保护地可持续资金

7.1　保护地友好产品

生态友好产品，"友好"的根本意义在于，产品的发展能够与地方经济

发展友好、推动全社会重视并参与生态保护。通过提升产品和服务的价值，把生物多样性价值纳入社会价值体系中，从根本上解决生物多样性不受社会关注、以破坏生物多样性为代价获取利益的发展方式。生态友好产品，致力于达到这样一种结果：通过保护生物多样性可以实现经济发展，并且比破坏生物多样性获得的利益要持平甚至更多。生态友好产品的运维，需建立严格的产品品质控制体系，搭建销售平台，在实现保护目标的同时，为消费者生产值得信赖的、自然健康的产品，并且得到社会认可与购买，形成可持续的保护闭环。

7.1.1　产品开发

一个完整的生态友好产品开发流程，应包括选择生产区域、确定生产品种、达到生产标准（包括保护和品控两方面）、出产合格成品、进行推广销售等这几个环节，让经济发展与自然保护得以平衡（良好的生态环境为友好产品提供生产条件，友好产品销售所得为生态环境保护提供支持）。

7.1.2　推广销售

生态友好产品是否被公众认可并消费，是检验其是否是有效产品的重要关键环节。在产品开发之初就需要评估其市场环境，并对产品的推广销售有一定计划。

公益保护地需要把精力放在公益保护地的管理上，以及产品开发上。公益保护地的管理者不一定善于进行产品和服务的推广和销售。建议公益保护地的管理者可以主动与一些生态产品销售的社会企业及品牌形成合作关系，特许他们来进行产品的运营和推广。

目前联盟推荐的生态产品销售体系包括：

（1）保护地友好体系：由联盟成员中科院保护地友好体系课题组开发运营。

（2）桃花制生态产品体系：由桃花香电子商务有限公司运营，对于符合桃花制产品标准的保护区产品进行销售。

7.1.3　自然保护地周边社区能力建设

自然保护地生态产品的运营需要社区和当地利益相关者的参与。特别是鼓励社区内的青年人带领社区使用市场化的手段进行生态产品的开发。公益保护地管理者需要及时向他们提供相应的能力建设。

（1）社区民主管理：生态产品的运营将可能产生一定规模的利益，如何让社区共享利益，并不破坏社区已有的结构，公益保护地管理者需要在社区开展民主管理的培训，方法和方式请参考社区工作部分的指南。

（2）社区契约精神培训：市场化进行生态产品的开发和销售，需要让所有参与方能够有契约精神，在合同的基础上进行产品开发和利润分配。需要与社区共同讨论规则，确保产品开发不伤害自然生态，以及确保产品能够达到一定的标准。

（3）构建与社会企业的合作伙伴关系：生态产品的开发和运营需要引入市场化、专业化的资源。每一个保护地都需要构建自己的社会企业网络，最好将生态产品的销售等委托给专业的社会企业来运营。

7.2 公益保护地生态旅行及自然教育

公益保护地的生态旅行和自然教育指在公益保护地及其周边开展的，以了解和体验保护地的自然资源（如地质、动植物资源等）和文化资源（农作习俗、社区经济状况等）等为主要内容，以培养参与者（主要为中小学生）对公益保护地的了解和认同为主要目的的教育过程。

7.2.1 场所准备

公益保护地开展自然教育的场所，既可以在公益保护地内，也应该包含保护地周边的社区。可以修建必要的基础设施来促进相关的生态旅行和自然教育，如住宿点、游步道和解说标识等，但不能以此为借口在公益保护地过度建设，特别是在保护的核心区和缓冲区，应该按照规定实行严格的保护措施，把人为活动控制在试验区开展。条件成熟的保护地，可以有一间自然教育中心展厅，内容可以包括保护地的历史和现状、常见及保护动植物种类、保护地主要工作职能等。

7.2.2 配备专业人员

能够定期开展自然教育的公益保护地，可以考虑配备 1~2 名专业的自

然教育从业人员进行课程的开发和实施。由于当前国内高校并不开设自然教育专业，加上自然教育本身属于较为综合的一种技能，因此，对从业者的专业并没有严格的要求，但如果从业者有基本的生态学、教育学和动植物学相关知识，会更加有利于工作的开展。对人手较为紧张的公益保护地，采取兼职或者利用志愿者的方式也是一种较好的选择。此外，和其他自然教育机构合作开展活动，也可弥补保护地人手不足的问题。

7.2.3　课程开发

公益保护地的自然教育需要有一套或几套以保护地为基础的课程服务公众。成熟的公益保护地自然教育课程的内容应该多元化，既能够为公众提供一天的课程，也能够为有研学需求的学生提供过夜课程（如 3~5 天甚至更长）。课程内容应该在保护地现有的自然资源和文化资源基础上加以设计，突出保护地的特色。在课程的设计上，应该避免长时间地讲授知识性内容，尽可能地设计户外的体验式内容，如自然观察、巡护体验、科学实验、社区走访、公益服务等。

7.2.4　客户选择和开发

尽管理论上来说，自然教育的对象不应该受到限制，但实际上，当前中国大多数自然教育的受众群体为中小学生。因此，自然教育课程主要为这些学生而设计。需要注意的是，自然保护地的课程应该考虑到城乡差别。自然保护地应该有意识地为保护地周边学校提供课程，作为鼓励学生了解家乡的一种方式，这也是促进社区支持保护地的有效手段。与此同时，对来自城市的孩子设计的课程，在向学生展示保护地动植物的丰富程度之外，还应该鼓励学生了解自然保护问题的复杂性，建立学生和保护地之间的联结，促进学生回到城市后采取更加对环境友善的行为，如减少一次性物品的使用、珍惜粮食、拒绝消费野生动物制品等。而对来保护地游览的普通公众（包括成人），提供必要的解说服务，不失为一种在短时间内让公众更好地理解保护地价值的方式。

7.2.5　公益性和营利性的平衡

自然教育作为一种服务，本身也要产生一定的成本，如人力资源的投入、课程的开发设计、交通及食宿安排等。因此，自然保护地可以开展收费的自然教育活动。并且，由于自然教育过程中，会涉及周边社区的走访、在社区居民家吃饭或者住宿、请社区居民提供讲解或者带路等，由此支付一定的费用也是社区增加收入的一种方式。与此同时，自然保护地可以积极申请国家的相关项目支持，在此基础上开展针对社区学生的免费自然教育活动，让更多人受益。

7.2.6 确保安全

由于自然教育活动涉及较多的户外内容，因此存在一定的安全风险，公益保护地开展相关的自然教育活动，应该充分考虑到安全性。在活动的设计上，避免采摘和触碰有毒的植物；避免和野生动物直接接触，特别是做好毒蛇或者较为凶猛的野兽的防范工作；充分考虑到在雨雪天气的活动预案等。保护地工作人员应该具备一定的野外救护常识，配备必要的野外救护装备及药品。活动应该为参加者购买保险，并做好安全隐患的提示工作。

7.2.7 自然保护原则

在公益自然保护地开展的自然教育活动，应该以尽量减少对保护地动植物的影响为原则。应避免出于非科研目的进行大规模的动植物标本的采集和制作；尽量在已有的路线上开展活动；不惊吓或追赶在活动期间遇到的野生动物；不得带走在保护地发现的各类自然物，如鸟类羽毛、岩石、动物骨骼等。

8. 保护地信息披露

8.1 信息发布

公益保护地应编制维护网站或公众账号，及时发布和更新公益保护地的相关信息，发布信息应该至少包括：

公益保护地边界的地理信息

公益保护地保护行动

公益保护地主要成效评估

8.2 录入公益保护地联盟数据库

公益保护地联盟建立数据库，收集公益保护地数据，并对保护地保护行动和成效进行记录，建议每年都提供数据，并由公益保护地联盟进行评估及评级。

8.3 录入世界自然保护地名录

由 IUCN 在全球建立世界自然保护地名录，可以考虑在名录中提交信息，进行信息公示。

G.18

2018～2019年
自然保护大事记

2018年2月23日 环境保护部原则审议通过《"绿盾2018"国家级自然保护区监督检查专项行动实施方案》，计划于2018年4月启动"绿盾2018"，全面排查全国469个国家级自然保护区和847个省级自然保护区存在的突出环境问题，坚决制止和惩处各类违法违规活动。

2018年3月17日 第十三届全国人民代表大会第一次会议通过批准《国务院机构改革方案》，决定组建自然资源部，统一行使全民所有自然资源资产所有者职责，统一行使所有国土空间用途管制和生态保护修复职责；组建生态环境部，统一行使生态和城乡各类污染排放监管与行政执法职责，加强环境污染治理；组建国家林业和草原局，加挂国家公园管理局牌子，由自然资源部管理，将国家林业局的职责、农业部的草原监督管理职责，以及国土资源部、住房和城乡建设部、水利部、农业部、国家海洋局等部门的自然保护区、风景名胜区、自然遗产、地质公园等管理职责整合，监督管理森林、草原、湿地、荒漠和陆生野生动植物资源开发利用和保护，组织生态保护和修复，开展造林绿化工作，管理国家公园等各类自然保护地等。

2018年4月10日 国家公园管理局正式挂牌成立，2018年5月国家公园体制试点工作的职责由国家发展改革委整体移交国家公园管理局。

2018年5月22日 为纪念《生物多样性公约》生效25周年，生态环境部在北京举办主题为"纪念生物多样性保护行动25周年"的专题宣传活动。生态环境部和中国科学院共同发布《中国生物多样性红色名录——真菌卷》和《2018年中国生物物种名录》。

2018年6月5日 生态环境部、中央文明办、教育部、共青团中央、

全国妇联等 5 部门在六五环境日国家主场活动现场联合发布《公民生态环境行为规范（试行)》，倡导简约适度、绿色低碳的生活方式，引领公民践行生态环境责任。

2018 年 10 月 29 日 祁连山国家公园管理局在兰州挂牌成立，大熊猫国家公园管理局在成都挂牌成立，标志着祁连山、大熊猫国家公园体制试点工作步入新的建设阶段。祁连山国家公园试点区总面积 5.02 万平方公里，其中，甘肃片区总面积 3.44 万平方公里，青海片区总面积 1.58 万平方公里。大熊猫国家公园体制试点区域地跨四川、陕西和甘肃三省，试点区总面积 2.71 万平方公里，试点区分布的野生大熊猫数量占全国野生大熊猫种群数量的 86.59%；大熊猫栖息地面积占全国大熊猫栖息地总面积的 70.35%。

2019 年 1 月 23 日 中央全面深化改革委员会第六次会议通过了《海南热带雨林国家公园体制试点方案》，提出开展海南热带雨林国家公园体制试点，这是继三江源、东北虎豹、大熊猫、祁连山国家公园体制试点以后，中央全面深化改革委员会通过的又一个国家公园体制试点方案。试点区东起吊罗山国家森林公园，西至尖峰岭国家级自然保护区，南自保亭黎族苗族自治县毛感乡，北至黎母山省级自然保护区，总面积 4400 余平方公里，约占海南岛陆域面积的 1/7。

2019 年 4 月 3 日 国家林业和草原局发布《关于充分发挥各类自然保护地社会功能 大力开展自然教育工作的通知》，要求各自然保护地在不影响自身资源保护、科研任务的前提下，按照功能划分，建立面向青少年、自然保护地访客、教育工作者、特需群体和社会团体工作者开放的自然教育区域。自然保护地管理部门要有专人负责管理、协调、组织、解说和安排社会公众有序开展各类自然教育活动，鼓励著名专家学者为公众讲授自然知识，打造富有特色的自然教育品牌，着力推动自然教育专家团队、优质教材、志愿者队伍建设，逐步形成有中国特色的自然教育体系。

2019 年 4 月 14 日 中共中央办公厅、国务院办公厅对外公布《关于统筹推进自然资源资产产权制度改革的指导意见》，对于加快健全自然资源资产产权制度，统筹推进自然资源资产确权登记、自然生态空间用途管制改革，构建归属清晰、权责明确、监管有效的自然资源资产产权制度，具有重大推动作用。

2019 年 4 月 22 日　在第 50 个世界地球日之际，国家林业和草原局发布数据显示，目前，中国各类自然保护地逾 1.18 万个（不包含近 5 万个自然保护小区），总面积覆盖了中国陆域面积的近 18%，覆盖了中国 90% 的自然生态系统类型、85% 的国家重点保护动物和 86% 的国家重点保护植物种类。

2019 年 6 月 26 日　中共中央办公厅、国务院办公厅发布《关于建立以国家公园为主体的自然保护地体系的指导意见》，标志着中国自然保护地进入全面深化改革新阶段。该意见指明了自然保护地体系建设的时间表和路线图，提出三个阶段性目标：到 2020 年，构建统一的自然保护地分类分级管理体制；到 2025 年，初步建成以国家公园为主体的自然保护地体系；到 2035 年，自然保护地规模和管理达到世界先进水平，全面建成中国特色自然保护地体系，自然保护地占陆域国土面积的 18% 以上。

2019 年 7 月 4 日　生态环境部等 6 部门联合召开"绿盾 2019"自然保护地强化监督工作部署视频会议，全面启动"绿盾 2019"自然保护地监督检查专项行动。"绿盾 2018"自然保护区监督检查专项行动开展后，共查处主要问题 2518 个，涉及采石采砂、工矿用地、核心区缓冲区旅游设施和水电设施等四类问题，整改完成率为 71.4%。

2019 年 7 月 5 日　联合国教科文组织世界遗产委员会在 7 月 5 日举行的第 43 届世界遗产大会上，审议通过将中国黄（渤）海候鸟栖息地（第一期）列入《世界遗产名录》。该项目成为中国第 54 处世界遗产。该区域为 23 种具有国际重要性的鸟类提供栖息地，支撑了 17 种世界自然保护联盟红色名录物种的生存。同时，这里还是世界上最稀有的迁徙候鸟勺嘴鹬、小青脚鹬的存活依赖地，也是中国丹顶鹤的最大越冬地。

2019 年 7 月 23 日　自然资源部、财政部、生态环境部、水利部、国家林业和草原局联合印发《自然资源统一确权登记暂行办法》，对水流、森林、草原以及探明储量的矿产资源等自然资源的所有权和所有自然生态空间统一进行确权登记。自然资源部相关负责人表示，这标志着我国开始全面实行自然资源统一确权登记制度，自然资源确权登记迈入法治化轨道。

2019 年 7 月 23 日　中共中央办公厅、国务院办公厅印发《天然林保护修复制度方案》，提出了天然林保护修复的总体要求、重大举措和支持保障政策，对天然林保护工作做出了顶层设计。

2019 年 7 月 26 日　生态环境部联合自然资源部、国家林业和草原局印发《关于印发长江经济带 120 处国家级自然保护区管理评估报告的函》（环办生态函〔2019〕539 号）。从各省总体情况来看，上海、江苏、浙江、湖北、江西等省（市）评估情况较好。其中评估结果前 10 名的保护区包括：四川卧龙、湖北五峰后河、江苏泗洪洪泽湖湿地、湖北神农架、江苏大丰麋鹿、贵州赤水桫椤、江西武夷山、浙江天目山、贵州梵净山、江西九连山。评估结果中也反映出一些共性问题。例如，部分地方政府仍然存在重视程度不高、落实保护区管理责任不到位等问题；保护区管理机构的人员配置与勘界立标等基础工作薄弱，科研监测、专业技术能力等方面存在明显短板；人类活动负面影响仍然不同程度地存在。评估结果后 10 名的保护区包括：安徽扬子鳄、重庆缙云山、重庆五里坡、贵州佛顶山、长江上游珍稀特有鱼类（贵州段）、云南文山、江西赣江源、江西铜钹山、四川察青松多白唇鹿、四川长沙贡玛。

2019 年 8 月 19～20 日　第一届国家公园论坛在青海省西宁市举行。论坛由国家林业和草原局（国家公园管理局）、青海省人民政府共同主办，围绕"建立以国家公园为主体的自然保护地体系"主题，450 余位国内外相关领域管理机构代表和知名专家学者探讨国家公园创新和发展。论坛发布了《国家公园论坛西宁共识》。

2019 年 9 月 3 日　生态环境部部长李干杰和联合国《生物多样性公约》（UN CBD）执行秘书克里斯蒂亚娜·帕斯卡·帕尔默（Cristiana Paşca Palmer）博士在北京共同发布了《生物多样性公约》缔约方大会第十五次会议（CBD CoP15）的主题——"生态文明：共建地球生命共同体"（Ecological Civilization-Building a Shared Future for All Life on Earth）。CBD CoP15 于 2020 年 10 月 19 日至 31 日在中国云南省昆明市召开。

2019 年 9 月 11 日　根据中共中央办公厅、国务院办公厅发布《关于划定并严守生态保护红线的若干意见》，生态环境部、自然资源部制定印发了《生态保护红线勘界定标技术规程》，要求各地参照本技术规程，推进生态保护红线勘界定标工作，于2020年底前全面完成。

2019年10月31日 以"生态文明背景下的自然保护地与绿色发展"为主题，由国家林业和草原局、世界自然保护联盟、广东省政府主办，深圳市政府承办的第一届中国自然保护国际论坛（2019）在深圳举办。来自奥地利、澳大利亚、加拿大、中国、希腊、日本、德国、南非、英国、新西兰、美国等10余个国家和地区的政府代表，自然保护、生物多样性方面的研究机构和保护组织代表，以及专家学者共计500余人，就如何共同努力保护全球生物多样性和生态系统服务达成"深圳共识"。

2019年10月31日~11月1日 由《生物多样性公约》第十五次缔约方大会筹备工作执行委员会办公室和欧洲环保协会主办、中欧环境项目支持的第三次中欧生物多样性闭门研讨会在北京召开。11月1日晚间，"为自然留出空间－非国家主体的生物多样性承诺"多利益攸关方交流会在昆仑饭店召开，来自中国和欧盟成员国的生物多样性谈判代表，以及来自联合国《生物多样性公约》秘书处、非政府组织、外交界、商界、学术界、媒体等领域的约70名代表参加了此次交流会。

2019年11月15日 国家发展和改革委员会印发《生态综合补偿试点方案》，决定开展生态综合补偿试点，进一步健全生态保护补偿机制。根据该试点方案，将在西藏和四川、云南、甘肃、青海涉藏工作重点省，福建、江西、贵州、海南四省，以及我国率先建立跨省流域补偿机制的安徽省，选择50个县（市、区）开展试点工作。

G.19

2018~2019年
社会公益自然保护地大事记

2018 年 1 月 24~26 日　国际土地保护网络（International Land Conservation Network，ILCN）第二届年会在南美智利的圣地亚哥召开，来自 24 个国家的 160 多位参会者分为 6 个主题 24 场分论坛，对全球的公益保护地管理进行了交流。社会公益自然保护地联盟代表参加了此次会议并分享了中国的公益保护地实践。

2018 年 3 月 5 日　全国"两会"召开，全国人大代表、腾讯公司董事会主席兼首席执行官马化腾提交了《关于鼓励社会公益组织参与国家公园建设和管理的建议》的提案，建议制定"国家公园法"，明确社会公益组织参与的法律地位及工作范围；建立健全国家公园公益捐赠、协议保护等机制；发挥社会公益组织在推动国家公园社区发展和自然环境教育方面的作用；建立社会公益组织参与的激励和监督机制；利用社会公益组织及各界力量，加强国家公园传播和舆论引导。全国政协委员、银泰集团董事长沈国军提交了《关于积极鼓励公益机构参与自然保护地建设和管理的提案》，建议将社会公益型自然保护地纳入国家官方保护地体系。

2018 年 5 月 16 日　第二个蚂蚁森林保护地关坝正式上线，近 1800 万人次参与保护地认领。这是阿里脱贫基金第一个"生态脱贫"试点。关坝公益保护地将以蚂蚁森林为基础平台，帮助村民生态脱贫。关坝位于四川省"熊猫第一县"平武，由关坝村民自发组建的关坝流域自然保护中心在各方支持下保护着 18 平方公里的大熊猫栖息地，是四川省唯一获得省林业厅认可的自然保护小区，也是典型的社区治理类型的公益保护地。

2018年6月23日 安徽省黄山市九龙峰公益保护地正式揭牌。黄山区政府与桃花源生态保护基金会正式签订委托管理协议，以九龙峰省级自然保护区为基础建立公益保护地，委托给桃花源生态保护基金会管理50年，并由安徽公益组织绿满江淮在地执行保护工作，建立起政府监督、社会公益机构管理的社会公益保护地新模式。考虑到生态系统的完整性，同时也将周边的洋湖林场纳入九龙峰保护地的保护范围。此外，桃花源生态保护基金会理事企业五星控股集团将牵头出资建立社会企业，帮助保护区周边社区发展生态产业，提高村民收入，减少社区对保护区资源的依赖，社会企业的盈利全部投入九龙峰的公益保护工作中，实现保护资金可持续。

2018年9月13~15日 国际自然保护地联盟（International Alliance of Protected Areas，IAPA）2018年年会在吉林长白山召开，来自全球22个国家的200余位重要嘉宾出席，并围绕着"自然保护地是人类生态安全底线"这个主题进行了交流研讨。社会公益自然保护地联盟代表在会上分享了社会公益自然保护地的最新进展和社会公益自然保护地联盟的建立。国际自然保护地联盟于2013年在长白山国际生态论坛上提出并建立，到2018年8月共有国内外86个自然保护地成为联盟成员。

2018年10月11~19日 社会公益自然保护地联盟代表参加了美国土地信托联盟（Land Trust Alliance）在匹兹堡举办的2018年度大会并分享中国的公益保护地实践。会后在林肯土地研究院的安排下，前往美国东北部实地考察了美国的私有保护地管理，与林肯土地研究院、美国土地信托联盟等机构开展深入交流，学习美国土地保护运动的发展历程和经验教训。

2018年11月20日 在埃及召开的《生物多样性公约》第14次履约大会（CBD CoP14）上，IUCN正式发布了《私有保护地指南》（*Guidelines for Privately Protected Areas*）。中国的典型公益保护地实践——老河沟被收录在指南中作为国家案例。

2018年12月17日 继安徽洋湖、四川关坝之后，山西和顺公益保护地上线蚂蚁森林，成为第三个蚂蚁森林保护地，1402万网友参与保护地的认领。面积为20平方公里左右的和顺保护地位于国家级贫困县山西和顺，

是国际一级保护动物华北豹栖息地，由民间公益组织和顺县生态保护协会开展保护工作。

2019 年 1 月 19 日　由中国科学院科技战略咨询研究院、中国科学院生态环境研究中心、清华大学国家公园研究院、北京林业大学自然保护区学院主办，社会公益自然保护地联盟协办的"国家公园体制改革回顾与展望研讨会"在北京召开。会上多位领导和专家对 5 年来我国国家公园体制试点工作取得的重要进展从不同角度进行解读。社会公益自然保护地联盟在大会上进行发言，分享了社会公益自然保护地联盟成立以来开展的各项工作。国家林业和草原局保护地司司长杨超表示欢迎公益机构在国家公园内开展社会公益保护地试点。

2019 年 2 月 27 日　神农架林区林业管理局与深圳市桃花源生态保护基金会签订协议，将徐家庄林场天然林管护工程长坊管理所辖区 128175.2 亩国有森林资源委托给其管理，神农架太阳坪生态保护中心作为所在地机构，履行监管职能。这是华中地区第一家，也是深圳市桃花源生态保护基金会托管的第五个社会公益保护地。

2019 年 2 月 28 日　社会公益自然保护地联盟在线发布了《2018 年公益保护地年度报告》，经过历时 4 个月的线上信息征集和线下核实及审核，最终认定了 30 块符合公益保护地定义和标准的记录，总面积达 7222.57 平方公里，占国土面积的 0.075%。社区治理是目前公益保护地最主要的治理类型，定期巡护和监测是公益保护地开展的最主要的保护行动，公益捐赠仍然是绝大多数公益保护地最主要甚至是唯一的资金来源。

2019 年 3 月 5 日　全国人大代表、腾讯董事会主席兼首席执行官马化腾再次关注国家公园议题，向两会递交了《关于推动深入开展国家公园体系建设的建议》，提出在政策层面，加大相关法律制定力度，完善自然保护地产权制度，理顺自然保护地的土地产权问题。全国政协委员沈国军提交了《关于加强自然资源生态保护地役权建设的提案》，建议构建保护地役权制度，为我国建立以国家公园为主体的自然保护地体系提供重要的支持，并且吸引社会力量通过购买和捐赠保护地役权参与自然保护地的建设。

2019 年 5 月 21 日　德钦保护地上线蚂蚁森林，成为蚂蚁森林的第四块保护地。公益保护地建设将支持由当地村民自发组建的民间公益机构对保护地内的天然林实施长期有效保护，为区域内的滇金丝猴提供安全的栖息地；同时，通过组织村民参与巡护、开展保护技巧及生态知识培训、科学布设监测设备等方式，充分调动周边居民持续参与的积极性，实现公益自然保护地的可持续发展。

2019 年 5 月 22 日　生态环境部与江西省人民政府在南昌共同举办"5·22国际生物多样性日"宣传活动。活动当天，在生态环境部的支持下，"公民生物多样性保护联盟"成立并发布倡议，号召具有远见卓识的企业家和热心的社会公众积极投身生物多样性保护事业。

2019 年 6 月 23 日　支付宝蚂蚁森林正式上线吉林汪清公益保护地，守护东北虎、东北豹等珍稀野生动物，上线仅 6 天就有超过 1000 万网友参与认领保护地。汪清地区是中国境内极少数同时有东北虎和东北豹栖息的地区之一，又是东北虎穿行的重要生态廊道，这个地区的保护对东北虎种群的恢复和扩散有着非常重要的意义。汪清公益保护地毗邻东北虎豹国家公园，将在当地组建专业巡护队，负责清理兽套、举报偷盗猎，并架设红外相机。

2019 年 7 月 15 日　云南省首个野生动物保护网络——滇金丝猴全境保护网络在云南省迪庆藏族自治州香格里拉市成立。该机构由云南省林业和草原局联合云南省绿色环境发展基金会、大自然保护协会（TNC）、白马雪山国家级自然保护区管护局等 13 家单位建立，第一次尝试建立政府管理机构、社会公益组织、科研机构以及地方民间团体广泛参与的联合保护机制，以更加开放的姿态推动滇金丝猴种群及其栖息地保护。滇金丝猴全境保护网络运行将实行政府管理机构主导、公益组织筹资、公众和企业参与、科学家指导、保护机构组织实施的可持续保护策略，旨在实现全域滇金丝猴种群健康增长，同时惠及滇西北和藏东南生物多样性及横断山系原始森林的保护，为中国旗舰物种的保护积累经验和树立典范。

2019 年 7 月 16 日　社会公益自然保护地联盟在线发布《社会公益自然

保护地指南》。在 2017 年发布的《社会公益自然保护地定义及评定标准》基础上，联盟与 IUCN 共同组织专家组，对定义和标准进行进一步梳理，并提供更具有实操性的操作指南，为公益保护地的运作提供了指导。

2019 年 9 月 4 日　自然资源部对十三届全国政协委员、银泰集团创始人兼董事长沈国军在两会上提出的《关于加强自然资源生态保护地役权建设的提案》做出答复，表示高度认可。自然资源部答复称，该提案非常有建设性，对推进生态环境保护、加快自然保护地建设具有现实意义。自然资源部将配合有关部门深入开展调研工作，总结各地实践做法，积极推进保护地役权法律体系和相关制度研究。

2019 年 9 月 19 日　陕西首个蚂蚁森林保护地——洋县公益保护地正式上线。陕西洋县八里关镇由洋县朱鹮爱鸟协会负责管理，这里曾发现过世界上仅存的 7 只野生朱鹮，也生活着川金丝猴、扭角羚等珍稀动物，建立保护地可以有效防止盗伐盗猎，促进人与自然和谐发展。

2019 年 10 月 20 日　由北京师范大学地理科学学部和北京师范大学国家公园研究院主办的"国家公园与自然遗产保护国际研讨会"在北京召开，社会公益自然保护地联盟代表以"自然保护地社会参与的立法保障"为题介绍了公益保护地的实践和挑战。20 日下午召开了自然保护地立法专家研讨会，对《自然保护地法》的相关议题进行了内部讨论。

2019 年 10 月 30~31 日　第六次中德环境论坛上，社会公益自然保护地联盟代表在"2020 年后全球生物多样性框架及执行分论坛"发言，代表中国公益机构做"从社区保护角度谈中国公民社会的生物多样性保护"的报告。

2019 年 11 月 24 日　社会公益自然保护地联盟在线发布了《2019 年公益保护地进展报告》。联盟对公益保护地进行了年度统计和评估，2019 年共确认 39 块公益保护地，面积为 7630 平方公里，占国土面积的 0.079%，距离 2030 年愿景还有较大的距离。报告认为，未来需要推动标杆公益保护地，建议资助型基金会将公益保护地作为资助方向之一，并利用 2020 年生物多样性公约缔约大会在昆明举办的契机，将公益保护地作为非国家主体的自主贡献纳入 2020 年后生物多样性目标。

G.20
2018～2020年
环境保护大事记

2018年1月1日 《中华人民共和国环境保护税法》开始施行,对于保护和改善环境、减少污染物排放、推进生态文明建设具有十分重要的意义。为进一步明确界限、增强可操作性,《中华人民共和国环境保护税法实施条例》与《中华人民共和国环境保护税法》同步施行。

2018年1月起 开始全面禁止从国外进口24种"洋垃圾",完善进口固体废物管理制度,切实加强固体废物回收利用管理。

2018年1月10日 环境保护部发布《排污许可管理办法(试行)》,规定了排污许可证核发程序等内容,细化了环保部门、排污单位和第三方机构的法律责任,为改革完善排污许可制迈出了坚实的一步。

2018年1月12日 环境保护部发布《饮料酒制造业污染防治技术政策》《船舶水污染防治技术政策》。并批准《制浆造纸工业污染防治可行技术指南》,以加快环境技术管理体系建设,推动污染防治技术进步,改善环境质量。

2018年3月1日起 京津冀大气污染传输通道城市("2+26"城市)新受理环评的建设项目将执行大气污染物特别排放限值。逾期达不到的,有关部门应严格按照法律要求责令企业改正或限制生产、停产整治,并处以罚款;情节严重的,经批准后可责令停业、关闭。这是切实加大京津冀及周边地区大气污染防治工作力度的又一重大举措。

2018年3月11日 第十三届全国人民代表大会第一次会议表决通过了《中华人民共和国宪法修正案》。将"推动物质文明、政策文明和精神文明协调发展"修改为"推动物质文明、政治文明、精神文明、社会文明、生态文明协调发展"。

2018 年 3 月 13 日 十三届全国人大一次会议举行第五次全体会议，表决通过了关于国务院机构改革方案的决定，根据该方案，将组建生态环境部。2018 年 4 月 16 日，中华人民共和国生态环境部正式揭牌。

2018 年 4 月 2 日 中央财经委第一次会议指出，打好污染防治攻坚战，要打几场标志性的重大战役：打赢蓝天保卫战，打好柴油货车污染治理、城市黑臭水体治理、渤海综合治理、长江保护修复、水源地保护、农业农村污染治理攻坚战，确保三年时间明显见效。

2018 年 5 月 18～19 日 全国生态环境保护大会胜利召开，会议对全面加强生态环境保护、坚决打好污染防治攻坚战做出系统部署和安排。大会最大的亮点是确立了习近平生态文明思想，为推动生态文明建设提供了思想指导和行动指南。

2018 年 5 月 29 日 2018 年全国生态环境宣传工作会议在北京开幕，会议对当前和今后一段时期生态环境宣传和舆论引导工作做出安排和部署，进一步强化生态环境宣传工作，为坚决打好污染防治攻坚战营造良好舆论氛围，加快形成全社会共同关心、支持和参与生态环境保护的强大合力。

2018 年 6 月 16 日 国务院印发《关于全面加强生态环境保护　坚决打好污染防治攻坚战的意见》，指出到 2020 年生态环境质量总体改善，主要污染物排放总量大幅减少，环境风险得到有效管控，生态环境保护水平同全面建成小康社会目标相适应。

2018 年 7 月 3 日 国务院发布《打赢蓝天保卫战三年行动计划》，环境保护将从行业、污染源及区域三个方面拓展，标志着大气治理第二阶段正式开启。

2018 年 8 月 3 日 生态环境部制定了《生态环境监测质量监督检查三年行动计划（2018～2020 年）》，计划明确了指导思想、基本原则、工作目标、重点任务、检查内容、组织方式及时间安排、结果应用、保障措施等内容。检查内容包括监测机构检查、排污单位检查、运维质量检查。

2018 年 8 月 31 日 十三届全国人大常委会第五次会议全票通过了《中

华人民共和国土壤污染防治法》。

2018 年 9 月 21 日　生态环境部印发《京津冀及周边地区 2018～2019 年秋冬季大气污染综合治理攻坚行动方案》，为贯彻党中央、国务院关于打赢蓝天保卫战决策部署，落实《打赢蓝天保卫战三年行动计划》，全力做好 2018～2019 年秋冬季大气污染防治工作做出重要指示。

2018 年 10 月 26 日　全国人大发布全国人民代表大会常务委员会关于修改 15 部法律的决定，涉及《中华人民共和国大气法》和《中华人民共和国环境保护税法》等。

2018 年 12 月 15 日　第二次全国污染源普查暨全国土壤污染状况详查工作推进视频会议召开。生态环境部部长李干杰强调，要严格质量管理，凝练调查成果，扎实推进第二次全国污染源普查和全国土壤污染状况详查，为改善生态环境质量、服务管理决策、打好污染防治攻坚战提供基础支撑。

2019 年 1 月　国家发展改革委、财政部、自然资源部等 9 个部门印发《建设市场化、多元化生态保护补偿机制行动计划》，明确到 2020 年初步建立市场化、多元化生态保护补偿机制，初步形成受益者付费、保护者得到合理补偿的政策环境。到 2022 年市场化、多元化生态保护补偿水平明显提升，生态保护补偿市场体系进一步完善。

2019 年 1 月 21 日　《国务院办公厅关于印发"无废城市"建设试点工作方案的通知》指出：在全国范围内选择 10 个左右有条件、有基础、规模适当的城市，在全市域范围内开展"无废城市"建设试点。综合考虑不同地域、不同发展水平及产业特点、地方政府积极性等因素，优先选取国家生态文明试验区省份具备条件的城市、循环经济示范城市、工业资源综合利用示范基地、已开展或正在开展各类固体废物回收利用无害化处置试点并取得积极成效的城市。

2019 年 1 月 29 日　生态环境部、国家发展改革委两部门联合印发《长江保护修复攻坚战行动计划》。在长江经济带覆盖的上海、湖北、贵州等沿江 11 个省市范围内，以长江干流、主要支流及重点湖库为重点开展保护修复行动。

2019 年 3 月 6 日　国家发展改革委、中国人民银行等七部委联合发布《绿色产业指导目录（2019 年版）》，该目录的出台为各部门制定相关政策措施提供了"绿色"判断标准。该目录涵盖了节能环保、清洁生产、清洁能源、生态环境、基础设施绿色升级和绿色服务等六大类，并细化出 30 个二级分类和 211 个三级分类，其中每一个三级分类均有详细的解释说明和界定条件，是目前我国关于界定绿色产业和项目最全面最详细的指引，能切实解决金融市场在具体实践操作过程中所遇到的困难。

2019 年 4 月 1 日　生态环境部、自然资源部、住房和城乡建设部、水利部、农业农村部联合印发《地下水污染防治实施方案》，进一步加快推进地下水污染防治各项工作。该方案提出，我国地下水污染防治的近期目标是"一保、二建、三协同、四落实"。"一保"，即确保地下水型饮用水源环境安全；"二建"，即建立地下水污染防治法规标准体系、全国地下水环境监测体系；"三协同"，即协同地表水与地下水、土壤与地下水、区域与场地污染防治；"四落实"，即落实《水十条》确定的四项重点任务，开展调查评估、防渗改造、修复试点、封井回填工作。

2019 年 4 月 14 日　中办、国办印发了《关于统筹推进自然资源资产产权制度改革的指导意见》，作为构建中国特色自然资源资产产权制度体系的重要顶层设计，该指导意见主要围绕完善自然资源资产产权体系为重点，以落实产权主体为关键，以调查监测和确权登记为基础，着力促进自然资源集约开发利用和生态保护修复，以期在完善产权制度、明确产权主体的基础上，促进自然资源资产要素的流转顺畅、交易安全、利用高效，实现资源开发利用与生态保护相结合的改革初衷。

2019 年 4 月 26 日　自然资源部下发通知，开启长江经济带废弃露天矿山生态修复工作。自然资源部要求，对长江干流（含金沙江四川、云南段，四川宜宾市至入海口）及主要支流（含岷江、沱江、赤水河、嘉陵江、乌江、清江、湘江、汉江、赣江）沿岸废弃露天矿山（含采矿点）生态环境破坏问题进行综合整治。到 2020 年底，全面完成长江干流及主要支流两岸各 10 公里范围内废弃露天矿山治理任务。

2019 年 5 月 "无废城市"建设试点在深圳正式启动。4 月底,从 60 个候选城市中正式选定"11 + 5"个城市和地区作为首批试点。各试点城市和地区按照"一城一策"原则制定具体实施方案并相继通过评审。首批试点城市将通过具体实践,形成一批可复制、可推广的示范模式,为 2021 年后"无废城市"试点次第推开探索路径。

2019 年 5 月 19 日 住房和城乡建设部、生态环境部、国家发改委联合发布《城镇污水处理提质增效三年行动方案(2019~2021 年)》,明确经过 3 年努力,实现地级及以上城市建成区基本无生活污水直排口。

2019 年 5 月 30 日 农业农村部印发《关于做好农业生态环境监测工作的通知》,全面部署农业生态环境监测工作。该通知要求,各级农业农村部门要重点抓好以下工作:一是做好农产品产地土壤环境监测。根据农产品产地土壤环境状况、土壤背景值等情况,开展土壤和农产品协同监测,及时掌握全国范围及重点区域农产品产地土壤环境总体状况、潜在风险及变化趋势。二是做好农田氮磷流失监测。依据农田氮、磷污染的发生规律和地形、气候等情况,开展农田氮磷流失监测,分析不同种植模式下区域主推耕作方式和施肥措施等对农田氮磷流失的影响。三是做好农田地膜残留监测。

2019 年 6 月 中共中央办公厅、国务院办公厅印发《中央生态环境保护督察工作规定》,明确原则上在每届党的中央委员会任期内,应当对各省、自治区、直辖市党委和政府、国务院有关部门以及有关中央企业开展例行督察,并根据需要对督察整改情况实施"回头看";针对生态环境突出问题,视情组织开展专项督察。7~8 月,第二轮第一批 8 个中央生态环境保护督察组陆续进驻上海等 6 省(市)和中国五矿、中国化工 2 家央企开展督察,央企首次成为被督察对象。

2019 年 7 月 1 日 《上海市生活垃圾管理条例》正式实施,上海开始步入垃圾分类强制时代。2017 年 3 月,国务院办公厅转发国家发展改革委、住房城乡建设部《生活垃圾分类制度实施方案》要求,46 个城市先行实施生活垃圾强制分类,到 2020 年底,基本建立垃圾分类相关法律法规和标准体系;2025 年前,全国地级及以上城市基本建成垃圾分类处理系统。目前,

一些重点城市在城区范围已实施生活垃圾强制分类，多地开始对垃圾分类工作进行严格考核。

2019 年 7 月 生态环境部、水利部、农业农村部、国家林草局、中国科学院和中国海警局联合召开"绿盾 2019"自然保护地强化监督工作部署视频会议。

2019 年 10 月 28~31 日 党的十九届四中全会在北京举行，审议通过了《中共中央关于坚持和完善中国特色社会主义制度、推进国家治理体系和治理能力现代化若干重大问题的决定》。全会提出，坚持和完善生态文明制度体系，促进人与自然和谐共生。要实行最严格的生态环境保护制度，全面建立资源高效利用制度，健全生态保护和修复制度，严明生态环境保护责任制度。这充分体现了以习近平同志为核心的党中央对生态文明建设的高度重视和战略谋划。

2020 年 1 月 16 日 国家发展改革委、生态环境部联合发布《关于进一步加强塑料污染治理的意见》，要求到 2020 年，率先在部分地区、部分领域禁止、限制部分塑料制品的生产、销售和使用。到 2022 年，一次性塑料制品消费量明显减少，替代产品得到推广，塑料废弃物资源化能源化利用比例大幅提升；在塑料污染问题突出领域和电商、快递、外卖等新兴领域，形成一批可复制、可推广的塑料减量和绿色物流模式。到 2025 年，塑料制品生产、流通、消费和回收处置等环节的管理制度基本建立，多元共治体系基本形成，替代产品开发应用水平进一步提升，重点城市塑料垃圾填埋量大幅降低，塑料污染得到有效控制。

2020 年 3 月 中共中央办公厅 国务院办公厅联合印发《关于构建现代环境治理体系的指导意见》。到 2025 年，建立健全环境治理的领导责任体系、企业责任体系、全民行动体系、监管体系、市场体系、信用体系、法律法规政策体系，落实各类主体责任，提高市场主体和公众参与的积极性，形成导向清晰、决策科学、执行有力、激励有效、多元参与、良性互动的环境治理体系。

2020 年 3 月 国家发展改革委、司法部联合印发《关于加快建立绿色生产和消费法规政策体系的意见》。九大主要任务：推行绿色设计；强化工业清洁生产；发展工业循环经济；加强工业污染治理；促进能源清洁发展；推进农业绿色发展；促进服务业绿色发展；扩大绿色产品消费；推行绿色生活方式。

2020 年 3 月 6 日　财政部、自然资源部、生态环境部和国家林业和草原局 4 部门联合印发《关于加强生态环保资金管理　推动建立项目储备制度的通知》，要求抓紧建立中央生态环保资金项目储备库制度、严格中央生态环保资金项目储备库管理、强化项目储备制度建设的实施保障。

2020 年 3 月　生态环境部出台《关于统筹做好疫情防控和经济社会发展生态环保的指导意见》，明确建立和实施环评审批正面清单和监督执法正面清单。"实施豁免一批，告知承诺一批，优化服务一批"；免除部分企业现场执法检查，推行非现场监管方式；实施动态调整。

2020 年 4 月 7 日　国家发展改革委、财政部、住房城乡建设部、生态环境部、水利部联合印发《关于完善长江经济带污水处理收费机制有关政策的指导意见》，严格开展污水处理成本监审调查，健全污水处理费调整机制；推行差异化收费与付费机制；降低污水处理企业负担；探索促进污水收集效率提升新方式。

2020 年 3 月 11 日　财政部、自然资源部、生态环境部、住房城乡建设部、水利部、农业农村部、国家林业和草原局、最高人民法院、最高人民检察院联合印发《生态环境损害赔偿资金管理办法（试行）》。

2020 年 4 月 20 日　财政部、生态环境部、水利部、国家林业和草原局联合发布《支持引导黄河全流域建立横向生态补偿机制试点实施方案》，实施范围为沿黄九省（区），具体包括山西省、内蒙古自治区、山东省、河南省、四川省、陕西省、甘肃省、青海省、宁夏回族自治区。

2020 年 4 月 30 日　国家发展改革委、国家卫生健康委、生态环境部 3 部门联合印发《医疗废物集中处置设施能力建设实施方案》，要求 2020 年底前每个地级以上城市至少建成 1 个符合运行要求的医疗废物集中处置设施；2021 年底前，建立全国医疗废物信息化管理平台。

自 2020 年 5 月 8 日起　首批中央生态环保督察正式开始反馈督察情况

（8 个督察组 2019 年 7 月 15 日完成入驻），这也是首次覆盖央企。2020 年第二轮第二批中央生态环境保护督察也纳入了 2 家央企——中国铝业集团有限公司、中国建材集团有限公司，同时还纳入了国家能源局、国家林业和草原局 2 个督察试点部门。

2020 年 9 月　我国提出将提高国家自主贡献力度，采取更加有力的政策和措施，二氧化碳排放力争于 2030 年前达到峰值，努力争取 2060 年前实现碳中和。

《固体废物污染环境防治法（2020 年修订）》落地，自 2020 年 9 月 1 日起实施。聚焦医疗废物、过度包装管控、建筑垃圾等新近热点问题，提出差别化管理原则，支持建立生活垃圾处理收费制度，加强生活垃圾分类管理，取消固废防治设施验收许可，明确生产者责任延伸制度等。

2020 年 10 月 29 日　中国共产党第十九届中央委员会第五次全体会议审议通过了《中共中央关于制定国民经济和社会发展第十四个五年规划和二〇三五年远景目标的建议》。到 2035 年，广泛形成绿色生产生活方式，碳排放达峰后稳中有降，生态环境根本好转，美丽中国建设目标基本实现。

2020 年 11 月 30 日　国家发展改革委、国家邮政局、工业和信息化部、司法部、生态环境部、住房城乡建设部、商务部、市场监管总局联合发布《关于加快推进快递包装绿色转型的意见》。该意见设立了主要目标，即到 2022 年，电商快件不再二次包装比例达到 85%，可循环快递包装应用规模达 700 万个。到 2025 年，电商快件基本实现不再二次包装，可循环快递包装应用规模达 1000 万个。

2020 年 12 月 15 日　《生态环境标准管理办法》发布。自 2021 年 2 月 1 日起施行，《环境标准管理办法》（国家环境保护总局令第 3 号）和《地方环境质量标准和污染物排放标准备案管理办法》（环境保护部令第 9 号）同时废止。

2020 年 12 月 16 日　国家发改委召开新闻发布会，国家发改委新闻发言人孟玮在发布会上表示，"十三五"期间，我国生活垃圾分类由点到面逐步推开，生活垃圾分类收集、分类运输、分类处置体系进一步完善，为营造干净整洁的人居环境、满足人民群众对美好生活的需要、推动生态文明建设发挥了积极的作用。截至目前，首批开展先行先试的46个重点城市的生活垃圾分类小区覆盖率已达86.6%，生活垃圾平均回收利用率为30.4%，厨余垃圾处理能力从2019年的每天3.47万吨提升到目前的每天6.28万吨，成绩初步显现。但同时也要看到，我国生活垃圾分类工作总体尚处于起步阶段，在落实城市主体责任、推动群众习惯养成、加快分类设施建设等方面，还存在一些困难和问题。

2020年12月22日 国新办召开新闻发布会，生态环境部副部长庄国泰介绍，"十三五"规划纲要确定的9项约束性指标和污染防治攻坚战阶段性目标任务超额圆满完成，蓝天、碧水、净土三大保卫战取得重要成效，生态保护和修复持续推进，应对气候变化工作取得积极进展，已经提前超额完成对外承诺的2020年目标。

2020年12月22日 国务院新闻办公室举行新闻发布会，生态环境部副部长庄国泰介绍了无废城市试点工作，表示通过两年多来的探索，已经凝练出一些示范模式。并表示"无废"建设是一个长期过程，我们还将重点开展三方面的工作：一是继续指导"无废"城市完成好试点任务，形成一批可复制、可推广的技术模式和经验；二是在"十四五"期间要逐步把"无废"城市建设在全国逐步推开，为"美丽中国"建设提供重要支撑；三是培育"无废"文化，包括抓好公众教育、鼓励公众参与。

2020年12月26日 第十三届全国人民代表大会常务委员会第二十四次会议通过《中华人民共和国长江保护法》。这是我国首部流域法律，通过规定更高的保护标准、更严格的保护措施，将保护和修复长江流域生态环境放在压倒性位置。再一次强调"突出共抓大保护、不搞大开发"基本思想，实行长江流域生态环境保护责任制和考核评价制度，夯实各方面责任。

Abstract

The year of 2018 – 2020 is a milestone stage of ecological and environmental governance in China. The establishment of President Xi Jinping's ecological civilization ideology and the "ecological civilization written into the Constitution" have driven the top-level design to achieve a series of far-reaching and important outcomes, which will promote a series of structural changes and even social recognition changes favoring green development. The past three years have also been the key implementation period of the three major uphill battles for prevention and control of pollutions of air, water and soils. The environmental quality has improved steadily, and certain progress has been made in the pollution prevention of air, water and soils. However, considering that the fundamental problems have not changed significantly, limited control of pollution sources, lack of civil society's participation, the complexity of cross-sectoral and cross-jurisdictional coordination, and the uncertainty of pollution problem itself, the long-term effective solutions to environmental challenges are still doubtful. In the long run, progress in these areas will be important to effective environmental governance. The general report of this book entitled "Significant Achievements in Pollution Prevention and Control, but the Fundamental Problem of Environmental Pollution Still Unsolved" provides a detailed introduction and analysis of the overall situation of China's environmental protection, from the perspective of top-level design, legal system building, law enforcement, and the achievements of pollution prevention and control efforts.

China has adopted many new measures in natural environmental protection during 2018 – 2020 as well. Especially, the General Office of the Central Committee and the State Council issued "the Guiding Opinions on Establishing a Protected Area System with National Parks as the Mainstay" in 2018, marking the protected area system in China has entered a new stage of comprehensively institutional reforms. "The Guiding Opinions" emphasized "multi-stakeholder participation" as one of the basic principles, and clearly pointed out that "exploration of protection mechanisms such as civic governance, community governance and share governance", providing more policy space to promote civil societies to participate in establishing and managing protected areas.

Civil protected areas are one model of protected areas governed or managed by civil society, local community or individuals, designed to fill the gaps of existing protected areas and complement the deficiency of funding, techniques and human resources in existing protected areas. Compared with government managed protected areas, civil protected areas are more flexible and could become a good supplement to the government' investment. The civil protected areas could connect and enlarge existing reserves, while incorporate collective lands or individual managed land into protection status at relatively low cost. This model provides non-government actors more opportunities to participate in nature conservation and also provides additional funding sources for reserve management. In 2017, 23 non-governmental organizations and foundations collaboratively established "the Alliance for Civil Protected Areas", aiming to stimulate civic-led land protection efforts and collectively help the country effectively protect 1% of China's total land area through adoption of civil protected areas by 2030.

The book put a special focus on "civil protected areas" in the context of ongoing national park and protected area system reforms, conducted a thorough introduction on the history, current status, challenges, development opportunities and institutionalized needs of the civil protected areas in China, reviewed the development and lessons learnt of civil protected areas in other countries from the global perspectives, and interpreted ten different case studies of civil protected areas, in order to provide specific policy recommendations and practical experiences to promote the future development of civil protected areas in China.

Contents

I General Report

Abstract: The three years between 2018 and 2020 marked a milestone in China's environmental governance. Driven by the establishment of Xi Jinping's Ecological Civilization as China's fundamental guiding political and development principle, this period witnessed a set of major breakthroughs in China's environmental legislation, governing infrastructure, and institutional capacity building. More importantly, the top-down ideological and institutional changes had led to a set of stringent environmental law enforcement and anti-pollution campaigns unprecedented in scale and extensiveness in the history of the People's Republic. The three years campaigns, targeting some of most high-profile and challenging issues such as air pollution, water pollution, and soil contamination, had led to visible improvement in environmental quality, but it still takes time to see whether such highly politicalised environmental law enforcement actions could transform into long-term environmental progress and more effective and institutionalised environmental governance.

It is worth mentioning that 2020 is a very special year because it not only marks. the end of the 13th Five-Year Plan and the three-years anti-pollution campaigns, but also witnessed the outbreak of an unprecedented public health crisis, namely the COVID − 19. This chapter also examines some of the emerging, both negative and surprisingly positive, impacts of the COVID − 19 pandemic on China's pollution control and environmental governance.

Keywords: The 13th Five-Year Plan; Anti-pollution Campaigns; Governing Infrastructure; Institutional Building

II   Thematic Reports

G. 2   Challenges, Opportunities and Institutional Development

of China's Privately Protected Areas

Huang Baorong, Wei Yu and Gong Xinyu / 021

Abstract: Since the first nature reserve has been established in 1956, China's protected areas has accounted for more than 18% of the national territorial area. Some progress has been made in the reform of the national park system, but problems still exist in building the protected area system with national parks as the backbone. This paper analyzes problems facing the national park system reform and privately protected areas construction, outlooks the prospect of privately protected areas in light of their characteristics, and proposes policy recommendations to promote the institutional development of privately protected areas in China. The study concluded that the process of reforming China's national park system faces conflicts and resistance from various stakeholders, and that there are problems such as shortage of funds, gaps in conservation, and an inadequate property rights system. By introducing public interest institutions, promoting the construction of privately protected area in terms of improving laws and regulations, rationalizing

supervisory responsibilities, establishing incentive mechanisms, improving communication and coordination mechanisms, and giving full play to the advantages and roles of public interest institutions etc. , we can improve the management effectiveness of China's protected areas in terms of new concept input, financial investment, and technical assistance, and provide strong support for improving the governance system of protected areas, improving ecosystem integrity, and guarding the bottom line of ecological security.

Keywords: Privately Protected Areas; Protected Areas; National Parks

G.3 Current Status and Development Trends of Civil Protected

Areas in China   *Jin Tong, Yang Fangyi* / 037

Abstract: The Alliance of Civil Protected Areas was officially launched in 2017 by 23 NGOs and domestic foundations, aiming to stimulate civic-led land protection efforts and collectively help the country effectively protect 1% of China's total land area through adoption of civil protected areas by 2030. To understand the current status and development trends to monitor the progress towards 1% target, the Alliance conducted online questionnaire surveys annually during 2018 −2020, and recognized 30, 39 and 51 civil protected areas at country level respectively based on the definition and criteria, with the coverage increasing from 7222 square kilometers in 2018 to 10311 square kilometers in 2020. Currently, the civil protected areas mainly distributed in southwestern, northeastern and southern China, where the biodiversity is relatively abundant and the civil societies are most active, demonstrating their high conservation value. Community-based governance by diverse types of community organizations is the major governance type among current civil protected areas, whereas conservation authorization agreements are the major basis for management and small nature reserves are the most common government recognition types. Government recognition and legal status, as well as sustainable funding sources are the major challenges for long-term development of civil protected areas in China.

Keywords: Civil Protected Areas; Governance Types; Biodiversity; Sustainable Management

III International Experiences

Abstract: This article introduces the management categories and governance types of protected areas from international perspectives, summarize the development history, current status and challenges of privately protected areas globally, and systematically analyzes the conservation mechanisms, status and incentive measures for privately protected areas in U. S. , Australia and Brazil, in order to provide best practices and experiences for civil protected areas in China.

Keywords: Civil Protected Area; Governance Type; International Experiences; Land Trust

Abstract: Conservation easements are voluntary legal agreements that impose permanent use restrictions on land in the public interest and originated in the United States and were gradually adopted by countries such as Canada and so on. Based on the private land ownership, United States and other countries have established the legal system to advance conservation easements for nature conservation on private land. China is in the process of reforming its protected

areas system, the advance of conservation easements system suitable for China's national conditions can address the demand for nature conservation on collective land and satisfy public interest. The advancement of conservation easements system can also encourage the public to participate to engage for nature conservation through the donation of conservation easements.

Keywords: Conservation Easement; Land Trust; Protected Area; Public Engagement

Ⅳ   Case Studies

G.6   Practice Analysis of Guanba Valley Protected Area
in Pingwu County, Sichuan Province   *Feng Jie* / 076

Abstract: Guanba valley natural conservation center in Pingwu County, which emphasizes community as the main body. Integrating resources, authorize the condominium, multipling inputs, transformation of local villagers excessive rely on natural resources production and living ways, participating in the protection and to continue to benefit, exploring the management of giant panda habitat outside the protected area, restoring native fish and water resources protection. The aim is achieving harmony between man and nature in the Giant Panda National Park. The goal of balanced community protection and development provides reference, promotes the restoration and protection of ecology, the growth of natural capital, the promotion of community pride, and realizes that lucid waters and lush mountains are invaluable assets.

Keywords: Giant Panda; Guanba Protected Area; Community Protection; Authorization Co-management

Contents

Abstract: The Qunan community considers its territory as a community conserved area (CCA) for the conservation of White-headed langur and sustainable use of natural resources. The CCA has its own governance institutions rooted in the collective decision of all members and the inclusive participation of key stakeholders. The customary laws of Qunan ensure effective management of CCA with the surveillance by each member. The community also runs an environmental education center now under the disciplines of prior and informed consent and equal benefit-sharing. The good-governance and effective management of CCA are not only restoring the langur population and habitats, but also enhancing the self-identity, solidarity and social capital of the community.

Keywords: Community Conserved Area; Qunan; White-headed Langur

Abstract: Under the opportunity of ecological conservation innovation and reform period, with the guidance of "Lucid Waters and Lush Mountains Are Invaluable Assets" theory, the article purses to explore the best local practice of Community Conservation Concession Agreement in China, improves the community-based economy, promotes sustainable development approach between ecology conservation and community development. Through practice and localize the CCCA mechanism in Sanjiangyuan area, the author expects to supply an innovative perspective and model for balance ecology and economy in China and

other developing countries.

Keywords：Sanjiangyuan；Community Co-management；Community Conservation Concession Agreement（CCCA）；Ecosystem Service-based Economy

G.9　Review and Reflection on the Community Protection
　　　　Project of Bojiwan Water-bird Breeding Area
　　　　in Caohai Nature Reserve　　　　*Li Shengzhi*，*Ren Xiaodong* / 125

Abstract：Caohai is the largest freshwater lake on the Guizhou Plateau, the Bojiwan Water-bird Breeding area is China's first wildlife sanctuary organized by villager in the Caohai Reserve. This article introduces in detail the practice of participatory in Bojiwan Village—Progressive Projects and Village Development Fund Projects, and the support of external force, villager in Bojiwan have implemented a water-bird breeding area protection project. The main goal is long-term eco-tourism. The establishment of water-bird breeding areas fully demonstrate that local villagers' needs for environmental protection can be transformed into effective action, which is of great significance to how to protect biodiversity in poor areas. Through the systematic review and reflection on the community protection project of the Bojiwan water-bird breeding area, the experience and lessons that can be used as reference for other publics welfare protection areas are summarized.

Keywords：Caohai；Bojiwan；Community Protected Area

G.10　Community-based Conservation in the Sanjiangyuan National
　　　　　Park：Lessons From the Angsai Experience
　　　　　　　　　　　　Zhao Xiang，*Shi Xiangying*，*Gengga Yiyan*，
　　　　　　　　　　　Liu Xinnong，*Dong Zhengyi and Liu Zhiqiu* / 142

Abstract：In cooperation with the Sanjiangyuan National Park Administration,

ShanShui Conservation Center has carried out a demonstration project of community-based conservation in Angsai, Zaduo County, a township located at the source of the Mekong River. This demonstration project brings the national park rangers into full play in four aspects: conservation of snow leopards and their ecosystem, human-wildlife conflict mitigation, nature watch and environmental education, and public participation. In so doing, it aims to provide case references and policy suggestions for park ranger performance assessment, wildlife conservation compensation, and community-based ecotourism. By harvesting experience from the demonstration project, we explore how non-governmental organizations can effectively participate in the pilot construction of national parks in China. We also propose a model for collaboration among multiple stakeholders such as government agencies, NGOs, and local communities.

Keywords: Community-based Conservation; National Park; Nature Watch; Community Monitoring

G.11 Practice of NGO-managed Urban Protected
Area-Shenzhen Futian Mangrove Ecological Park

Li Shen / 152

Abstract: Shenzhen Futian Mangrove Ecological Park is the first batch of municipal wetland parks in Shenzhen. It is an urban ecological park with integrated functions including ecological restoration, science education, recreation, and others. After its completion in November 2015, the park was authorized to be managed by Shenzhen Mangrove Wetlands Conservation Foundation (MCF) by People's Government of Shenzhen Futian District. It is the first ecological park in China that was planned and constructed by the government and managed by an NGO. In the past five years, MCF has carried out a lot of work to improve biodiversity in this urban natural reserve, including the restoration of microhabitats, the management of invasive species, the introduction of native plants, and the reconstruction of multiple types of wetlands. This work improved the biodiversity

of the park and provided citizens with green spaces. MCF also enhanced the connection between people and nature by installing nature interpretive signs and carrying out environmental education. The management of the park provides an innovative model of urban nature reserve management.

Keywords: Wetland Park; NGO; Biodiversity; Near-nature; Nature Education

G.12 Protected Area Co-management by the Government and NGO
—*Sichuan Anzihe Protected Area*   *Jiang Zeyin, Wang Lei* / 166

Abstract: The Anzihe protected area is located in the northwest of Chongzhou, Chengdu City, Sichuan Province. The protected area including Anzihe nature reserve, Jiguanshan National Forest Park and part of the collective forest in Yanfeng village, with a total area about 150 km². Anzihe protected area located in the middle of Qionglai Mountains, adjacent to Sichuan Wolong National nature reserve in the northwest, and bordering the Heishuihe nature reserve in the southwest, it is the key connection area for wildlife in Qionglai Mountains, it is also the Wenjing river basin of Chengdu's 2nd water source. At the end of 2014, Conservation International and Chongzhou Forestry & Tourism Development Bureau signed the co-manage framework agreement to promote the good management and perform multiple functions of PA, and this is the first co-management PA by government and NGO in China.

Keywords: Co-management; Protected Area; Anzihe

G.13 Innovative Experiment of Joint Management Between
National Nature Reserve and NGO
—*Case Study of Jilin Xianghai Civil Protected Area*

Wang Chunli / 178

Abstract: In November 2016, Jilin Xianghai National Nature Reserve

Administration, Tongyu County Government and The Paradise Foundation started collaboration to protect the 175 square kilometers within the core area of the reserve for 30 years. This is the first attempt of joint management between a National Nature Reserve Administration and civil society. There are two innovations in this case: First, cooperating with government policies, private capital participate in the attempt to solve the problem of land ownership as the supplement; second, civil institutions serve to supplement ecological protection forces in the management of National Nature Reserve Administration, and the government provides law enforcement support and supervision.

Keywords: Xianghai; The Paradise Foundation; Joint Management; National Nature Reserve; Civil Protected Area

G. 14 Co-management Collaboration between National Nature Reserve and NGO-Baixiongping Conservation Station within Tangjiahe Nature Reserve, Sichuan

Diao Kunpeng / 193

Abstract: The article introduced an innovative collaborative conservation model between Shanshui Conservation Center and Tangjiahe National Nature Reserve in Sichuan to co-establish and co-manage a remote conservation station called Baixiongping within the reserve. The model introduced external NGO into the reserve without changing the government-owned property right, and relied on rotational young volunteers to stay in the field and perform conservation works. The first collaboration period is five year since 2014, and the overall operation remained stable with management adjustments in between. When the collaboration agreement expired in 2019, Shanshui Conservation Center switched to conduct community projects due to strategy shift. The original conservation team in Baixiongping established a new local NGO named Qingye Ecology to continue daily operations. This conservation model is relatively stable and replicable. The

article summarized the process, made reflections and suggestions, aiming to provide experiences and lessons learnt for the management of other local-level conservation stations.

Keywords: Civic Conservation; Nature Reserve; Volunteers; Co-establish and Co-manage

G.15 Exploration and Practice of Sichuan Laohegou

Land Trust Reserve   *Tian Feng, Jin Tong* / 206

Abstract: Located in Pingwu County, Sichuan Province, Laohegou connects Tangjiahe National Nature Reserve and Gansu Baishuijaing National Nature Reserve, covering approximately 11000 ha of old-growth forest. It is a key migration corridor for north Minshan population of the giant pandas, but not yet included in any existing protected areas. Since 2011, The Nature Conservancy (TNC) China program worked with the Paradise Foundation to explore the land trust reserve model in Laohegou through forest conservation agreement and conservation lease. As the country's first land trust reserve, which is authorized and supervised by government agencies but funded and managed by civil societies, the experiences of establishing and managing Laohegou could be helpful to encourage more civic participation into protected area management.

Keywords: Laohegou; The Giant Pandas; Land Trust Reserve; Expansion Area

社会科学文献出版社

皮 书

智库报告的主要形式
同一主题智库报告的聚合

❖ 皮书定义 ❖

皮书是对中国与世界发展状况和热点问题进行年度监测，以专业的角度、专家的视野和实证研究方法，针对某一领域或区域现状与发展态势展开分析和预测，具备前沿性、原创性、实证性、连续性、时效性等特点的公开出版物，由一系列权威研究报告组成。

❖ 皮书作者 ❖

皮书系列报告作者以国内外一流研究机构、知名高校等重点智库的研究人员为主，多为相关领域一流专家学者，他们的观点代表了当下学界对中国与世界的现实和未来最高水平的解读与分析。截至2021年，皮书研创机构有近千家，报告作者累计超过7万人。

❖ 皮书荣誉 ❖

皮书系列已成为社会科学文献出版社的著名图书品牌和中国社会科学院的知名学术品牌。2016年皮书系列正式列入"十三五"国家重点出版规划项目；2013~2021年，重点皮书列入中国社会科学院承担的国家哲学社会科学创新工程项目。

中国皮书网

（网址：www.pishu.cn）

发布皮书研创资讯，传播皮书精彩内容
引领皮书出版潮流，打造皮书服务平台

栏目设置

◆关于皮书

何谓皮书、皮书分类、皮书大事记、
皮书荣誉、皮书出版第一人、皮书编辑部

◆最新资讯

通知公告、新闻动态、媒体聚焦、
网站专题、视频直播、下载专区

◆皮书研创

皮书规范、皮书选题、皮书出版、
皮书研究、研创团队

◆皮书评奖评价

指标体系、皮书评价、皮书评奖

◆皮书研究院理事会

理事会章程、理事单位、个人理事、高级
研究员、理事会秘书处、入会指南

◆互动专区

皮书说、社科数托邦、皮书微博、留言板

所获荣誉

◆2008 年、2011 年、2014 年，中国皮书
网均在全国新闻出版业网站荣誉评选中
获得"最具商业价值网站"称号；

◆2012 年，获得"出版业网站百强"称号。

网库合一

2014年，中国皮书网与皮书数据库端口
合一，实现资源共享。

中国皮书网

权威报告·一手数据·特色资源

皮书数据库
ANNUAL REPORT(YEARBOOK)
DATABASE

分析解读当下中国发展变迁的高端智库平台

所获荣誉

- 2019年，入围国家新闻出版署数字出版精品遴选推荐计划项目
- 2016年，入选"'十三五'国家重点电子出版物出版规划骨干工程"
- 2015年，荣获"搜索中国正能量 点赞2015""创新中国科技创新奖"
- 2013年，荣获"中国出版政府奖·网络出版物奖"提名奖
- 连续多年荣获中国数字出版博览会"数字出版·优秀品牌"奖

成为会员

通过网址www.pishu.com.cn访问皮书数据库网站或下载皮书数据库APP，进行手机号码验证或邮箱验证即可成为皮书数据库会员。

会员福利

- 已注册用户购书后可免费获赠100元皮书数据库充值卡。刮开充值卡涂层获取充值密码，登录并进入"会员中心"—"在线充值"—"充值卡充值"，充值成功即可购买和查看数据库内容。
- 会员福利最终解释权归社会科学文献出版社所有。

数据库服务热线：400-008-6695
数据库服务QQ：2475522410
数据库服务邮箱：database@ssap.cn
图书销售热线：010-59367070/7028
图书服务QQ：1265056568
图书服务邮箱：duzhe@ssap.cn

社会科学文献出版社 皮书系列
SOCIAL SCIENCES ACADEMIC PRESS (CHINA)

卡号：299143747499
密码：

S 基本子库
UB DATABASE

中国社会发展数据库（下设 12 个子库）

整合国内外中国社会发展研究成果，汇聚独家统计数据、深度分析报告，涉及社会、人口、政治、教育、法律等 12 个领域，为了解中国社会发展动态、跟踪社会核心热点、分析社会发展趋势提供一站式资源搜索和数据服务。

中国经济发展数据库（下设 12 个子库）

围绕国内外中国经济发展主题研究报告、学术资讯、基础数据等资料构建，内容涵盖宏观经济、农业经济、工业经济、产业经济等 12 个重点经济领域，为实时掌控经济运行态势、把握经济发展规律、洞察经济形势、进行经济决策提供参考和依据。

中国行业发展数据库（下设 17 个子库）

以中国国民经济行业分类为依据，覆盖金融业、旅游、医疗卫生、交通运输、能源矿产等 100 多个行业，跟踪分析国民经济相关行业市场运行状况和政策导向，汇集行业发展前沿资讯，为投资、从业及各种经济决策提供理论基础和实践指导。

中国区域发展数据库（下设 6 个子库）

对中国特定区域内的经济、社会、文化等领域现状与发展情况进行深度分析和预测，研究层级至县及县以下行政区，涉及省份、区域经济体、城市、农村等不同维度，为地方经济社会宏观态势研究、发展经验研究、案例分析提供数据服务。

中国文化传媒数据库（下设 18 个子库）

汇聚文化传媒领域专家观点、热点资讯，梳理国内外中国文化发展相关学术研究成果、一手统计数据，涵盖文化产业、新闻传播、电影娱乐、文学艺术、群众文化等 18 个重点研究领域。为文化传媒研究提供相关数据、研究报告和综合分析服务。

世界经济与国际关系数据库（下设 6 个子库）

立足"皮书系列"世界经济、国际关系相关学术资源，整合世界经济、国际政治、世界文化与科技、全球性问题、国际组织与国际法、区域研究 6 大领域研究成果，为世界经济与国际关系研究提供全方位数据分析，为决策和形势研判提供参考。

法律声明

　　"皮书系列"（含蓝皮书、绿皮书、黄皮书）之品牌由社会科学文献出版社最早使用并持续至今，现已被中国图书市场所熟知。"皮书系列"的相关商标已在中华人民共和国国家工商行政管理总局商标局注册，如LOGO（▟）、皮书、Pishu、经济蓝皮书、社会蓝皮书等。"皮书系列"图书的注册商标专用权及封面设计、版式设计的著作权均为社会科学文献出版社所有。未经社会科学文献出版社书面授权许可，任何使用与"皮书系列"图书注册商标、封面设计、版式设计相同或者近似的文字、图形或其组合的行为均系侵权行为。

　　经作者授权，本书的专有出版权及信息网络传播权等为社会科学文献出版社享有。未经社会科学文献出版社书面授权许可，任何就本书内容的复制、发行或以数字形式进行网络传播的行为均系侵权行为。

　　社会科学文献出版社将通过法律途径追究上述侵权行为的法律责任，维护自身合法权益。

　　欢迎社会各界人士对侵犯社会科学文献出版社上述权利的侵权行为进行举报。电话：010-59367121，电子邮箱：fawubu@ssap.cn。

社会科学文献出版社